国家出版基金资助项目
“新闻出版改革发展项目库”入库项目
“十三五”国家重点出版物出版规划项目

特殊冶金过程技术丛书

难选铜钼矿石氧化分选及钼提取技术

俞 娟 李林波 杨洪英 著

北 京
冶 金 工 业 出 版 社
2023

内 容 提 要

本书主要总结矽卡岩型难选铜钼矿石氧化分选及钼提取研究工作，从矿石性质、分选工艺、抑制机理、电化学调控分选机理等方面系统阐述了浮选过程中铜钼分离的影响因素、抑制剂与铜矿物的作用机理、铜矿物的电化学氧化行为、表面氧化相结构转化规律、浮选界面特性及目标氧化相的定向转化与重构调控机制。

本书可供矿物加工、冶金及材料领域的科研、生产和设计人员阅读参考，也可作为高等院校相关专业本科生和研究生的教学参考书。

图书在版编目(CIP)数据

难选铜钼矿石氧化分选及钼提取技术/俞娟，李林波，杨洪英著 .—北京:冶金工业出版社，2023. 7
(特殊冶金过程技术丛书)
ISBN 978-7-5024-9620-3

Ⅰ. ①难… Ⅱ. ①俞… ②李… ③杨… Ⅲ. ①钼铜矿—分选工艺 ②钼—提取 Ⅳ. ①TD954 ②TF841. 2

中国国家版本馆 CIP 数据核字(2023)第 163253 号

难选铜钼矿石氧化分选及钼提取技术

出版发行	冶金工业出版社	**电　　话**	(010)64027926
地　　址	北京市东城区嵩祝院北巷 39 号	**邮　　编**	100009
网　　址	www. mip1953. com	**电子信箱**	service@ mip1953. com

责任编辑 王 双 张熙莹 美术编辑 彭子赫 版式设计 郑小利
责任校对 石 静 李 娜 责任印制 禹 蕊
北京捷迅佳彩印刷有限公司印刷
2023 年 7 月第 1 版，2023 年 7 月第 1 次印刷
787mm×1092mm 1/16；12. 5 印张；301 千字；178 页
定价 89. 00 元

投稿电话 (010)64027932 投稿信箱 tougao@cnmip. com. cn
营销中心电话 (010)64044283
冶金工业出版社天猫旗舰店 yjgycbs. tmall. com
(本书如有印装质量问题，本社营销中心负责退换)

特殊冶金过程技术丛书

特殊冶金过程技术丛书

序

科技创新是永无止境的，尤其是学科交叉与融合不断衍生出新的学科与技术。特殊冶金是将物理外场（如电磁场、微波场、超重力、温度场等）和新型化学介质（如富氧、氯、氟、氢、化合物、络合物等）用于常规冶金过程而形成的新的冶金学科分支。特殊冶金是将传统的火法、湿法和电化学冶金与非常规外场及新型介质体系相互融合交叉，实现对冶金过程物质转化与分离过程的强化和有效调控。对于许多成分复杂、低品位、难处理的冶金原料，传统的冶金方法效率低、消耗高。特殊冶金的兴起，是科研人员针对不同的原料特性，在非常规外场和新型介质体系及其对常规冶金的强化与融合做了大量研究的结果，创新的工艺和装备具有高效的元素分离和金属提取效果，在低品位、复杂、难处理的冶金矿产资源的开发过程中将显示出强大的生命力。

"特殊冶金过程技术丛书"系统反映了我国在特殊冶金领域多年的学术研究状况，展现了我国在特殊冶金领域最新的研究成果和学术思想。该丛书涵盖了东北大学、昆明理工大学、中南大学、北京科技大学、江西理工大学、北京矿冶研究总院、中科院过程所等单位多年来的科研结晶，是我国在特殊冶金领域研究成果的总结，许多成果已得到应用并取得了良好效果，对冶金学科的发展具有重要作用。

特殊冶金作为一个新兴冶金学科分支，涉及物理、化学、数学、冶金、材料和人工智能等学科，需要多学科的联合研究与创新才能得以发展。例如，特殊外场下的物理化学与界面现象，物质迁移的传输参数与传输规律及其测量方法，多场协同作用下的多相耦合及反应过程规律，新型介质中的各组分反应机理与外场强化的关系，多元多相复杂体系多尺度结构与效应，新型冶金反应器的结构优化及其放大规律等。其中的科学问题和大量的技术与工程化需要我们去解决。

特殊冶金的发展前景广阔，随着物理外场技术的进步和新型介质体系的出现，定会不断涌现新的特殊冶金方法与技术。

“特殊冶金过程技术丛书”的出版是我国冶金界值得称贺的一件喜事，此丛书的出版将会促进和推动我国冶金与材料事业的新发展，谨此祝愿。

2019 年 4 月

总　序

冶金过程的本质是物质转化与分离过程，是“流”与“场”的相互作用过程。这里的“流”是指物质流、能量流和信息流，这里的“场”是指反应器所具有的物理场，例如温度场、压力场、速度场、浓度场等。因此，冶金过程“流”与“场”的相互作用及其耦合规律是特殊冶金（又称“外场冶金”）过程的最基本科学问题。随着物理技术的发展，如电磁场、微波场、超声波场、真空力场、超重力场、瞬变温度场等物理外场逐渐被应用于冶金过程，由此出现了电磁冶金、微波冶金、超声波冶金、真空冶金、超重力冶金、自蔓延冶金等新的冶金过程技术。随着化学理论与技术的发展，新的化学介质体系，如亚熔盐、富氧、氢气、氯气、氟气等在冶金过程中应用，形成了亚熔盐冶金、富氧冶金、氢冶金、氯冶金、氟冶金等新的冶金过程技术。因此，特殊冶金就是将物理外场（如电磁场、微波场、超重力或瞬变温度场）和新型化学介质（亚熔盐、富氧、氯、氟、氢等）应用于冶金过程形成的新的冶金学科分支。实际上，特殊冶金是传统的火法冶金、湿法冶金及电化学冶金与电磁场、微波场、超声波场、超高浓度场、瞬变超高温场（高达2000℃以上）等非常规外场相结合，以及新型介质体系相互融合交叉，实现对冶金过程物质转化与分离过程的强化与有效控制，是典型的交叉学科领域。根据外场和能量/介质不同，特殊冶金又可分为两大类，一类是非常规物理场，具体包括微波场、压力场、电磁场、等离子场、电子束能、超声波场与超高温场等；另一类是超高浓度新型化学介质场，具体包括亚熔盐、矿浆、电渣、氯气、氢气与氧气等。与传统的冶金过程相比，外场冶金具有效率高、能耗低、产品质量优等特点，其在低品位、复杂、难处理的矿产资源的开发利用及冶金“三废”的综合利用方面显示出强大的技术优势。

特殊冶金的发展历史可以追溯到20世纪50年代，如加压湿法冶金、真空冶金、富氧冶金等特殊冶金技术从20世纪就已经进入生产应用。2009年在中国金属学会组织的第十三届中国冶金反应工程年会上，东北大学张廷安教授首次系统地介绍了特殊冶金的现状及发展趋势，引起同行的广泛关注。自此，“特殊冶金”作为特定术语逐渐被冶金和材料同行接受（下表总结了特殊冶金的各种形式、能量转化与外场方式以及应用领域）。2010年，彭金辉教授依托昆明理工大学组建了国内首个特殊冶金领域的重点实验室——非常规冶金教育部重点实验室。2015年，云南冶金集团股份有限公司组建了共伴生有色金属资源加压湿法冶金技术国家重点实验室。2011年，东北大学受教育部委托承办了外场技术在冶金中的应用暑期学校，进一步详细研讨了特殊冶金的研究现状和发展趋势。2016年，中国有色金属学会成立了特种冶金专业委员会，中国金属学会设有特殊钢分会特种冶金学术委员会。目前，特殊冶金是冶金学科最活跃的研究领域之一，也是我国在国际冶金领域的优势学科，研究水平处于世界领先地位。特殊冶金也是国家自然科学基金委近年来重点支持和积极鼓励的研究

特殊冶金及应用一览表

名　称	外场	能量形式	应用领域
电磁冶金	电磁场	电磁力、热效应	电磁熔炼、电磁搅拌、电磁雾化
等离子冶金、电子束冶金	等离子体、电子束	等离子体高温、辐射能	等离子体冶炼、废弃物处理、粉体制备、聚合反应、聚合干燥
激光冶金	激光波	高能束	激光表面冶金、激光化学冶金、激光材料合成等
微波冶金	微波场	微波能	微波焙烧、微波合成等
超声波冶金	超声波	机械、空化	超声冶炼、超声精炼、超声萃取
自蔓延冶金	瞬变温场	化学热	自蔓延冶金制粉、自蔓延冶炼
超重、微重力与失重冶金	非常规力场	离心力、微弱力	真空微重力熔炼铝锂合金、重力条件下熔炼难混溶合金等
气体（氧、氢、氯）冶金	浓度场	化学位能	富氧浸出、富氧熔炼、金属氢还原、钛氯化冶金等
亚熔盐冶金	浓度场	化学位能	铬、钒、钛和氧化铝等溶出
矿浆电解	电磁场	界面、电能	铋、铅、锑、锰结核等复杂资源矿浆电解
真空与相对真空冶金	压力场	压力能	高压合成、金属镁相对真空冶炼
加压湿法冶金	压力场	压力能	硫化矿物、氧化矿物的高压浸出

领域之一。国家自然科学基金“十三五”战略发展规划明确指出，特殊冶金是冶金学科又一新兴交叉学科分支。

加压湿法冶金是现代湿法冶金领域新兴发展的短流程强化冶金技术，是现代湿法冶金技术发展的主要方向之一，已广泛地应用于有色金属及稀贵金属提取冶金及材料制备方面。张廷安教授团队将加压湿法冶金新技术应用于氧化铝清洁生产和钒渣加压清洁提钒等领域取得了一系列创新性成果。例如，从改变铝土矿溶出过程平衡固相结构出发，重构了理论上不含碱、不含铝的新型结构平衡相，提出的“钙化—碳化法”不仅从理论上摆脱了拜耳法生产氧化铝对铝土矿铝硅比的限制，而且实现了大幅度降低赤泥中钠和铝的含量，解决了赤泥的大规模、低成本无害化和资源化，是氧化铝生产近百年来的颠覆性技术。该技术的研发成功可使我国铝土矿资源扩大2~3倍，延长铝土矿使用年限30年以上，解决了拜耳法赤泥综合利用的世界难题。相关成果获2015年度中国国际经济交流中心与保尔森基金会联合颁发的“可持续发展规划项目”国际奖、第45届日内瓦国际发明展特别嘉许金奖及2017年TMS学会轻金属主题奖等。

真空冶金是将真空用于金属的熔炼、精炼、浇铸和热处理等过程的特殊冶金技术。近年来真空冶金在稀有金属、钢和特种合金的冶炼方面得到日益广泛的应用。昆明理工大学的戴永年院士和杨斌教授团队在真空冶金提取新技术及产业化应用领域取得了一系列创新性成果。例如，主持完成的“从含铟粗锌中高效提炼金属铟技术”，项目成功地从含铟0.1%的粗锌中提炼出99.993%以上的金属铟，解决了从含铟粗锌中提炼铟这一冶金技术难题，该成果获2009年度国家技术发明奖二等奖。又如主持完成的“复杂锡合金真空蒸馏新技术及产业化应用”项目针对传统冶金技术处理复杂锡合金资源利用率低、环保影响大、生产成本高等问题，成功开发了真空蒸馏处理复杂锡合金的新技术，在云锡集团等企业建成40余条生产线，在美国、英国、西班牙建成6条生产线，项目成果获2015年度国家科技进步奖二等奖。2014年，张廷安教授提出“以平衡分压为基准”的相对真空冶金概念，在国家自然科学基金委—辽宁联合基金的资助下开发了相对真空炼镁技术与装备，实现了镁的连续冶炼，达到国际领先水平。

微波冶金是将微波能应用于冶金过程，利用其选择性加热、内部加热和非接触加热等特点来强化反应过程的一种特殊冶金新技术。微波加热与常规加热不同，它不需要由表及里的热传导，可以实现整体和选择性加热，具有升温速率快、加热效率高、对化学反应有催化作用、降低反应温度、缩短反应时间、节能降耗等优点。昆明理工大学的彭金辉院士团队在研究微波与冶金物料相互作用机理的基础上，开展了微波在磨矿、干燥、煅烧、还原、熔炼、浸出等典型冶金单元中的应用研究。例如，主持完成的“新型微波冶金反应器及其应用的关键技术”项目以解决微波冶金反应器的关键技术为突破点，推动了微波冶金的产业化进程。发明了微波冶金物料专用承载体的制备新技术，突破了微波冶金高温反应器的瓶颈；提出了“分布耦合技术”，首次实现了微波冶金反应器的大型化、连续化和自动化。建成了世界上第一套针对强腐蚀性液体的兆瓦级微波加热钛带卷连续酸洗生产线。发明了干燥、浸出、煅烧、还原等四种类型的微波冶金新技术，显著推进了冶金工业的节能减排降耗。发明了吸附剂孔径的微波协同调控技术，获得了针对性强、吸附容量大和强度高的系列吸附剂产品；首次建立了高性能冶金专用吸附剂的生产线，显著提高了黄金回收率，同时有效降低了锌电积直流电单耗。该项目成果获2010年度国家技术发明奖二等奖。

电渣冶金是利用电流通过液态熔渣产生电阻热用以精炼金属的一种特殊冶金技术。传统电渣冶金技术存在耗能高、氟污染严重、生产效率低、产品质量差等问题，尤其是大单重厚板和百吨级电渣锭无法满足高端装备的材料需求。2003年以前我国电渣重熔技术全面落后，高端特殊钢严重依赖进口。东北大学姜周华教授团队主持完成的“高品质特殊钢绿色高效电渣重熔关键技术的开发与应用”项目采用“基础研究—关键共性技术—应用示范—行业推广”的创新模式，系统地研究了电渣工艺理论，创新开发绿色高效的电渣重熔成套装备和工艺及系列高端产品，节能减排和提效降本效果显著，产品质量全面提升，形成两项国际标准，实现了我国电渣技术从跟跑、并跑到领跑的历史性跨越。项目成果在国内60多家企业应用，生产出的高端模具钢、轴承钢、叶片钢、特厚板、核电主管道等产品满足了我国大飞机工程、先进能源、石化和军工国防等领域对高端材料的急需。研制出系列"卡脖子"材料，有力地支持了我国高端装备制造业发展并保证了国家安全。

自蔓延冶金是将自蔓延高温合成（体系化学能瞬时释放形成特高高温场）与冶金工艺相结合的特殊冶金技术。东北大学张廷安教授团队将自蔓延高温反应与冶金熔炼/浸出集成创新，系统研究了自蔓延冶金的强放热快速反应体系的热力学与动力学，形成了自蔓延冶金学理论创新和基于冶金材料一体化的自蔓延冶金非平衡制备技术。自蔓延冶金是以强放热快速反应为基础，将金属还原与材料制备耦合在一起，实现了冶金材料短流程清洁制备的理论创新和技术突破。自蔓延冶金利用体系化学瞬间（通常以秒计）形成的超高温场（通常超过2000℃），为反应体系创造出良好的热力学条件和环境，实现了极端高温的非平衡热力学条件下快速反应。例如，构建了以钛氧化物为原料的"多级深度还原"短流程低成本清洁制备钛合金的理论体系与方法，建成了世界首个直接金属热还原制备钛与钛合金的低成本清洁生产示范工程，使以Kroll法为基础的钛材生产成本降低30%~40%，为世界钛材低成本清洁利用奠定了工业基础。发明了自蔓延冶金法制备高纯超细硼化物粉体规模化清洁生产关键技术，实现了国家安全战略用陶瓷粉体（无定型硼粉、REB_6、CaB_6、TiB_2、B_4C等）规模化清洁生产的理论创新和关键技术突破，所生产的高活性无定型硼粉已成功用于我国数个型号的固体火箭推进剂中。发明了铝热自蔓延—电渣感应熔铸—水气复合冷制备均质高性能铜铬合金的关键技术，形成了均质高性能铜难混溶合金的制备的第四代技术原型，实现了高致密均质CuCr难混溶合金大尺寸非真空条件下高效低成本制备。所制备的CuCr触头材料电性能比现有粉末冶金法技术指标提升1倍以上，生产成本可降低40%以上。以上成果先后获得中国有色金属科技奖技术发明奖一等奖、中国发明专利奖优秀奖和辽宁省技术发明奖等省部级奖励6项。

富氧冶金（熔炼）是利用工业氧气部分或全部取代空气以强化冶金熔炼过程的一种特殊冶金技术。20世纪50年代，由于高效价廉的制氧方法和设备的开发，工业氧气炼钢和高炉富氧炼铁获得广泛应用。与此同时，在有色金属熔炼中，也开始用提高鼓风中空气含氧量的办法开发新的熔炼方法和改造落后的传统工艺。

1952年，加拿大国际镍公司（Inco）首先采用工业氧气（含氧95%）闪速熔炼铜精矿，熔炼过程不需要任何燃料，烟气中SO_2浓度高达80%，这是富氧熔炼最早案例。1971年，奥托昆普（Outokumpu）型闪速炉开始用预热的富氧空气代替原来的预热空气鼓风熔炼铜（镍）精矿，使这种闪速炉的优点得到更好的发挥，硫的回收率可达95%。工业氧气的应用也推动了熔池熔炼方法的开发和推广。20世纪70年代以来先后出现的诺兰达法、三菱法、白银炼铜法、氧气底吹炼铅法、底吹氧气炼铜等，也都离不开富氧（或工业氧气）鼓风。中国的炼铜工业很早就开始采用富氧造锍熔炼，1977年邵武铜厂密闭鼓风炉最早采用富氧熔炼，接着又被铜陵冶炼厂采用。1987年白银炼铜法开始用含氧31.6%的富氧鼓风炼铜。1990年贵溪冶炼厂铜闪速炉开始用预热富氧鼓风代替预热空气熔炼铜精矿。王华教授率领校内外产学研创新团队，针对冶金炉窑强化供热过程不均匀、不精准的关键共性科学问题及技术难题，基于混沌数学提出了旋流混沌强化方法和冶金炉窑动量—质量—热量传递过程非线性协同强化的学术思想，建立了冶金炉窑全时空最低燃耗强化供热理论模型，研发了冶金炉窑强化供热系列技术和装备，实现了用最小的气泡搅拌动能达到充分传递和整体强化、减小喷溅、提高富氧利用率和炉窑设备寿命，突破了加热温度不均匀、温度控制不精准导致金属材料性能不能满足高端需求、产品成材率低的技术瓶颈，打破了发达国家高端金属材料热加工领域精准均匀加热的技术垄断，实现了冶金炉窑节能增效的显著提高，有力促进了我国冶金行业的科技进步和高质量绿色发展。

超重力技术源于美国太空宇航实验与英国帝国化学公司新科学研究组等于1979年提出的“Higee（High gravity）”概念，利用旋转填充床模拟超重力环境，诞生了超重力技术。通过转子产生离心加速度模拟超重力环境，可以使流经转子填料的液体受到强烈的剪切力作用而被撕裂成极细小的液滴、液膜和液丝，从而提高相界面和界面更新速率，使相间传质过程得到强化。陈建峰院士原创性提出了超重力强化分子混合与反应过程的新思想，开拓了超重力反应强化新方向，并带领团队开展了以“新理论—新装备—新技术”为主线的系统创新工作。刘有智教授等开发了大通量、低气阻错流超重力技术与装置，构建了强化吸收硫化氢同时抑制吸收二氧化碳的超重力环境，解决了高选择性脱硫难题，实现了低成本、高选择性脱硫。独创的超重力常压净化高浓度氮氧化物废气技术使净化后氮氧化物浓度小于240mg/m^3，远低于国家标准（GB 16297—1996）1400mg/m^{3}的排放限值。还成功开发了磁力驱动超重力装置和亲水、亲油高表面润湿率填料，攻克了强腐蚀条件下的动密封和填料润湿性等工程化难题。项目成果获2011年度国家科技进步奖二等奖。郭占成教授等开展了复杂共生矿冶炼熔渣超重力富集分离高价组分、直接还原铁低温超重力渣铁分离、熔融钢渣超重力分级富积、金属熔体超重力净化除杂、超重力渗流制备泡沫金属、电子废弃物多金属超重力分离、水溶液超重力电化学反应与强化等创新研究。

随着气体制备技术的发展和环保意识的提高，氢冶金必将取代碳冶金，氯冶金由于系统“无水、无碱、无酸”的参与和氯化物易于分离提纯的特点，必将在资源清洁利用和固废处理技术等领域显示其强大的生命力。随着对微重力和失重状态的研究以及太空资源的开发，微重力环境中的太空冶金也将受到越来越广泛的关注。

“特殊冶金过程技术丛书”系统地展现了我国在特殊冶金领域多年的学术

研究成果，反映了我国在特殊冶金/外场冶金领域最新的研究成果和学术思路。成果涵盖了东北大学、昆明理工大学、中南大学、北京科技大学、江西理工大学、北京矿冶科技集团有限公司（原北京矿冶研究总院）及中国科学院过程工程研究所等国内特殊冶金领域优势单位多年来的科研结晶，是我国在特殊冶金/外场冶金领域研究成果的集大成，更代表着世界特殊冶金的发展潮流，也引领着该领域未来的发展趋势。然而，特殊冶金作为一个新兴冶金学科分支，涉及物理、化学、数学、冶金和材料等学科，在理论与技术方面都存在亟待解决的科学问题。目前，还存在新型介质和物理外场作用下物理化学认知的缺乏、冶金化工产品开发与高效反应器的矛盾以及特殊冶金过程（反应器）放大的制约瓶颈。因此，有必要解决以下科学问题：(1) 新型介质体系和物理外场下的物理化学和传输特性及测量方法；(2) 基于反应特征和尺度变化的新型反应器过程原理；(3) 基于大数据与特定时空域的反应器放大理论与方法。围绕科学问题要开展的研究包括：特殊外场下的物理化学与界面现象，在特殊外场下物质的热力学性质的研究显得十分必要（$\Delta G=\Delta G_{重}+\Delta G_{外}$）；外场作用下的物质迁移的传输参数与传输规律及其测量方法；多场（电磁场、高压、微波、超声波、热场、流场、浓度场等）协同作用下的多相耦合及反应过程规律；特殊外场作用下的新型冶金反应器理论，包括多元多相复杂体系多尺度结构与效应（微米级固相颗粒、气泡、颗粒团聚、设备尺度等），新型冶金反应器的结构特征及优化，新型冶金反应器的放大依据及其放大规律。

特殊冶金的发展前景广阔，随着物理外场技术的进步和新型介质体系的出现，定会不断涌现新的特殊冶金方法与技术，出现从“0”到“1”的颠覆性原创新方法，例如，邱定蕃院士领衔的团队发明的矿浆电解冶金，张懿院士领衔的团队发明的亚熔盐冶金等，都是颠覆性特殊冶金原创性技术的代表，给我们从事科学研究的工作者做出了典范。

在本丛书策划过程中，丛书主编特邀请了中国工程院邱定蕃院士、戴永年院士、张懿院士与东北大学赫冀成教授担任丛书的学术顾问，同时邀请了众多国内知名学者担任学术委员和编委。丛书组建了优秀的作者队伍，其中有中国工程院院士、国务院学科评议组成员、国家杰出青年科学基金获得者、长江学者特聘教授、国家优秀青年基金获得者以及学科学术带头人等。在此，衷心感谢丛书的学术委员、编委会成员、各位作者，以及所有关心、支持和帮助编辑出版的同志们。特别感谢中国有色金属学会冶金反应工程学专业委员会和中国有色金属学会特种冶金专业委员会对该丛书的出版策划，特别感谢国家自然科学基金委、中国有色金属学会、国家出版基金对特殊冶金学科发展及丛书出版的支持。

希望"特殊冶金过程技术丛书"的出版能够起到积极的交流作用，能为广大冶金与材料科技工作者提供帮助，尤其是为特殊冶金/外场冶金领域的科技工作者提供一个充分交流合作的途径。欢迎读者对丛书提出宝贵的意见和建议。

张廷安　彭金辉

2018年12月

前　言

钼是一种重要的战略稀有金属，其主要的矿物原料辉钼矿常与铜矿物伴生，浮选是目前工业中应用最为广泛的铜钼分离方法，但辉钼矿与铜硫化矿物可浮性相近，并且大多嵌布粒度细、嵌布复杂，造成了铜钼分离困难。铜钼如何有效分选并获得高品质的钼精矿和铜精矿，一直是国内外难以攻克的技术难题。

抑制剂是铜钼分选的关键，硫化钠类作为最常用和最有效的铜矿物抑制剂，广泛应用于工业中，但其存在易氧化分解、不稳定、生产过程中用量过大等问题，降低硫化钠用量和开发新型有机抑制剂一直是铜钼分选的研究核心。研究表明，在保持铜钼分选效果的前提下，与其他有机类抑制剂复配在一定程度上能够降低硫化钠的用量，但其他有机抑制剂的引入会导致浮选矿浆成分复杂，从而对分离产生一定的影响。分选过程中充入惰性气体也能够起到缓解硫化钠的氧化失效，起到降低其用量的作用。对新型有机抑制剂的研究表明，有机抑制剂可用于硫化铜矿物的抑制，但抑制效果仍需通过种类扩展、功能性改性及结构精准设计等手段加强，并进一步研究对其在实际分选体系下，各因素之间的相互作用，以指导生产。目前仍没有能够取代传统硫化钠用于铜钼分选的有效抑制剂。基于此，浮选新工艺成为另外一个重要的研究方向。基于电位控制的电位调控浮选分离技术，通过改变浮选体系的电化学条件，控制体系中硫化矿物表面的氧化还原反应，使目的矿物表面适度氧化，进而导致矿物表面疏水或矿物表面更容易与捕收剂作用而疏水，同时，使非目的矿物表面亲水，实现目的矿物与非目的矿物的分选，是一种能够实现硫化矿物的高选择性、低药剂消耗的浮选分离新技术。

本书是基于作者多年来的研究工作编写而成的，全书以铜钼分选及钼提取为核心，全面介绍了相关的基础理论知识，并涉及了一定的工程技术知识。主要内容包括：从分选工艺及抑制机理方面，系统研究了某低品位难选铜钼矿石的分选工艺及实践，探讨了不同抑制剂对分选效果的影响，并采用第一性原理研究了抑制剂与黄铜矿表面的相互作用机理；从电位调控新工艺方面，研究了黄铜矿在不同浮选体系中的电化学氧化行为，查明了电位对黄铜矿表面氧化相结构转化的影响，探讨了黄铜矿表面氧化相的定向转化与重构调控机制，丰富了电位调控浮选的基础理论数据。本书可为现行铜钼分选工艺及钼提取新技术的开发和应用提供帮助。

本书的出版得到了国家出版基金的资助，在此表示衷心的感谢。

由于作者水平有限，书中不足之处，恳请有关专家和广大读者批评指正。

作 者

2023 年 6 月

目　录

1 绪　论

1.1 钼的性质与应用

钼是一种难熔的稀有金属，属于元素周期表的第五周期第ⅥB 族[1]。钼的熔点为2620℃，仅次于钨和钽。钼的密度为 10.20g/cm^3，低于钨和钽。钼原子间的结合力极强，在高温下依然能保持很高的强度。钼的膨胀系数小、电导率大、导热性能好，化学性质稳定，常温下不与盐酸、氢氟酸及碱溶液反应，仅溶于硝酸、王水或浓硫酸，在大多数液态金属、非金属熔渣和熔融玻璃中也相当稳定[2]。

金属钼具有高强度、高熔点、耐腐蚀、耐磨等优点，因此，它在工业上得到了广泛的应用。从钼的全球消费结构（见图 1-1）看，钼的需求 80%源于钢铁行业，其中 30%用在不锈钢领域，30%用在低合金钢上，10%用于钻探刀头和切削刀具生产，10%用在铸钢上，另外 20%的钼应用在钼化学制品、钼基润滑剂和石油精炼等工业领域。此外，金属钼也在电子、金属加工及航天工业中得到了日益广泛的应用。因此，钼在国民经济和国防建设中发挥着至关重要的作用，钼又被称为“能源金属”“战争金属”，许多发达国家已将其作为一种重要的战略物资进行储备[3]。

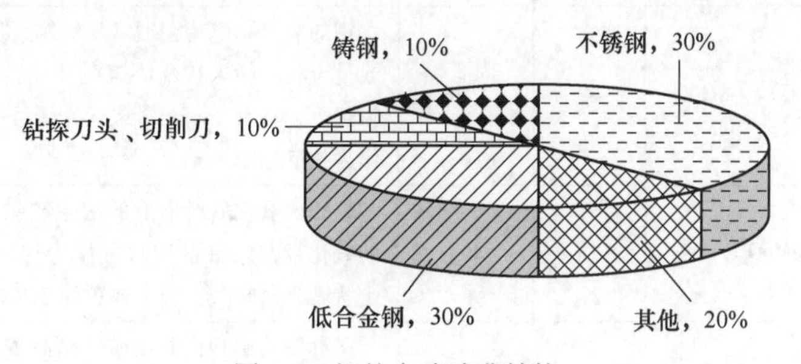

图 1-1　钼的全球消费结构

在钢铁行业中，钼主要作为生产各种合金钢的添加剂使用，或与钨、镍、钴、锆、钛、钒、铼等组合形成高级合金，达到提高合金刚强度、耐磨性和抗腐蚀性的目的。含钼合金钢用来制造运输装置、机车、工业机械及各种设备仪器；含钼 4%~5%（质量分数）的不锈钢可用于生产制备精密化工仪表；含钼 4%~9.50%的高速钢可用来制造高速切削工具；采用钼铼合金（含 50%铼）制成的无缝管具有良好的高温性能，可在接近其熔点的温度下使用，通常用作热电偶套管和电子管阴极的支架、环、栅极等构件的制备。

钼在化学工业中主要用于润滑剂、催化剂和颜料的制备与生产。二硫化钼由于其层状晶体结构，在高压下具有良好的润滑性能，广泛地作为油或油脂的添加剂使用。钼还作为油精炼过程中的催化剂组分使用，用于催化乙醇、甲醛及油基化学品的氧化还原反应。此外，钼的化学制品还广泛应用在染料、墨水、彩色沉淀染料和防腐底漆的制备中[4,6]。

1.2 钼矿石资源概况

1.2.1 钼矿物

钼在地球上的蕴藏量较少，在地壳中的平均含量为 1.10×10^{-6}，属于稀有金属[7-8]。钼属于典型的亲硫元素，自然界至今未发现单质钼。钼与硫结合，生成最为常见和最为稳定的正四价化合物 MoS_2。辉钼矿会发生氧化，氧化后钼以正六价 Mo(Ⅵ) 组成矿物。自然界中已发现的钼矿物有 30 多种，其中分布最为广泛且具有工业价值的主要是辉钼矿（约占世界钼资源开采量的 90%以上），其次是彩钼铅矿和硫钼矿，另外，在钼矿床中的氧化带常发现钼华、铁钼华、钼钙矿、钼铅矿和含钼针铁矿等矿物。表 1-1 所列为自然界中主要存在的钼矿物[9]。

表 1-1 自然界中主要含钼矿物

钼矿物	化学式	Mo 含量 /%	密度 /g·cm^{-3}	特　点
辉钼矿	MoS_2	59.94	5.05	呈铅灰色，强金属光泽；具有完全的底面解理，通常以片状、鳞片状或细小分散粒状产出；主要产于高温和中温热液及矽岩矿床中；在地表易风化形成钼华 $(MoO)_3$
钼华	MoO_3	66.7	4.49~4.5	辉钼矿的热液作用与表生作用的变化产物，常与辉钼矿伴生。钼华晶体细小，呈针状或板状；通常呈土状集合体，黄绿或淡黄色，金刚光泽
铁钼华	$Fe_2(MoO_4)_3\cdot8H_2O$	—	4.46	钼的氧化物矿物，通常呈纤维、皮壳、放射状集合体，或呈土状、粉末状及覆盖在其他岩石上的被膜状，颜色为黄色，具有金刚光泽或丝光泽；一般无工业应用意义，作为找矿标志
钼酸钙矿	$CaMoO_4$	72	4.5	辉钼矿氧化后所形成的次生矿物，一般见于钼矿矿床的氧化带，大量聚积时可作为钼矿石利用；金刚光泽，土状者光泽暗淡，淡黄或黄绿色，微透明，性脆
彩钼铅矿	$PbMoO_4$	26.1	6.7	又称钼铅矿和钼酸铅矿，结晶成为带有斜面的方形薄板，具有油脂光泽或金刚光泽，颜色为黄到橙红色或褐色，多见于铅锌矿矿床氧化带中，常交代白铅矿等

1.2.2 钼矿资源及储量

2016 年国土资源部发布的《全国矿产资源规划（2016—2020 年）》将钼列入战略性矿产[10]。全球钼资源分布较为集中，主要集中在南美洲、北美洲、亚洲（中国）和独联体国家，其次是东欧、非洲、大洋洲，大多数亚洲国家钼资源很少，日本和西欧基本无分布[11]。

从钼储量看，中国是全球钼资源最为丰富的国家。据美国地质调查局（USGS）统计[12-13]，2021 年全球钼矿储量约 1600 万吨（金属量，下同），其中中国、美国、秘鲁及智利四国储量占比达全球储量的 91%。中国储量 830 万吨，全球储量第一，占比 51.9%；

其次，美国储量270万吨，占比16.9%；秘鲁及智利储量分别为230万吨、140万吨，占比分别为14.4%、8.8%。表1-2所列为2021年全球钼储量及产量情况。

表1-2 2021年全球钼储量及产量

国家	储量/万吨	储量占比/%	产量/t	产量占比/%
中国	830	51.9	130000	43
美国	270	16.9	48000	16
秘鲁	230	14.4	33000	11
智利	140	8.8	51000	17
俄罗斯	80	5	—	—
墨西哥	—	—	27000	7
其他国家	50	3	18000	6
全球总量	1600	100	300000	100

全球钼资源的80%以上产于巨大的斑岩型钼矿床或共生在巨大的斑岩型铜矿床中，少量产于矽卡岩型和热液石英脉型矿床中。斑岩型钼矿床矿石品位一般较高，平均含钼0.12%，规模大，埋藏浅，具有露天开采的条件，常伴生钨、锡、铜、铅、锌等组分；斑岩型铜钼矿床矿石品位较低，一般含钼0.02%~0.08%，此类矿床分布较广，智利、秘鲁、墨西哥、美国和加拿大等国均有分布。矽卡岩型矿石品位为0.1%~0.3%，一般比斑岩型矿石品位高，但矿床规模多为中小型，仅在中国和俄罗斯有大型矿床分布[14-15]。因此，占全球80%钼资源产生的钼矿产品是作为铜矿生产过程的副产品回收的，铜钼矿石虽然含钼量较低，仅为0.015%~0.03%，但它是钼生产的主要来源，在美国66%~68%的辉钼矿来自斑岩型铜钼矿床，约100%的铼产自铜钼矿，智利的钼约100%来自于铜钼矿。与国外相比，中国的钼矿以原生硫化钼矿为主，矿床类型主要为斑岩型、矽卡岩型、热液石英脉型及沉积变质型，分别约占国内钼总资源量的85.75%、8.83%、2.79%和2.63%[16]。表1-3所列为我国钼矿床及矿床类型。

表1-3 我国钼矿床及矿床类型

矿床	矿床成因类型	矿床	矿床成因类型
新疆东戈壁钼矿	斑岩型	豫西火神庙钼矿	矽卡岩型
吉林大黑山钼矿	斑岩型	湖南黄沙坪钼多金属矿	矽卡岩型
河南东沟钼矿	斑岩型	辽宁肖家营子钼矿	矽卡岩型
陕西金堆成钼矿	斑岩型	福建马坑钼矿	矽卡岩型
河南汤家坪钼矿	斑岩型	内蒙古碾子沟钼矿	脉型
黑龙江多宝山铜（钼）矿	斑岩型	辽西兰家沟钼矿	脉型
安徽沙坪沟钼矿	斑岩型	河南石门沟钼矿	脉型
河南鱼池岭钼矿	斑岩型	内蒙古羊场钼矿	脉型
江西铜坑樟钼矿	斑岩型		

国外钼矿资源储量十分巨大，主要的钼矿山有科罗拉多州的克莱马克斯（Climax）和亨德森（Henderson）斑岩型钼矿、新墨西哥州的奎斯塔（Questa）矿、爱达荷州的汤普

森克里克（Thompson Greek）矿、亚利桑那州的西雅里塔（Sierrita）矿和巴格达（Bagdad）矿及内华达州的托诺帕（Tomopah）矿[17]。加拿大主要的钼矿山有恩达科斑岩钼矿和海兰瓦利斑岩铜钼矿。俄罗斯最大的钼矿床是北高加索的特尔内奥兹的钨钼矿。智利的钼矿山有楚基卡马塔和第斯皮达塔斑岩型铜钼矿。墨西哥的钼矿山有拉卡列达德斑岩铜钼矿。秘鲁最大的为托克帕拉斑岩铜矿。国外钼矿山分布很广，钼矿床主要采用露天开采，品位不高，且单一钼矿床较少，约85%的矿山中钼是以副产矿石的形式出现，大多是钼与铜共生的铜钼矿床。

中国是世界钼资源较丰富的国家之一，具有总量多、分布广、规模大的特点，除重庆、宁夏和天津没有发现钼矿床外，其他28个省（自治区）均有钼矿资源[18]。但储量较大的矿山则分布相对集中，主要分布在河南、陕西、吉林、山东、河北、辽宁、浙江等7省。其中，河南栾川、陕西金堆城、吉林大黑山属于世界级50万吨以上特大型钼矿床，它们与美国的克莱马克斯钼矿、亨德森钼矿、石英山钼矿和前南斯拉夫的麦卡钼矿并列称为世界七大钼矿[19]。

此外，我国钼矿床类型具有较为多样的特点，钼矿床类型有斑岩型、矽卡岩型、脉型和沉积型，其中斑岩型占总储量的77.3%，矽卡岩型占总储量的16.40%，热液脉型和沉积型占比较少。虽然我国钼储量丰富，但同世界主要的钼资源富集国家的钼资源相比，我国钼矿床品位显著偏低。品位大于0.30%的富矿只占总储量1%，品位大于0.12%的较富的钼矿占总储量的19%；品位大于0.08%的钼矿（钼矿坑采工业品位上限）占46%；品位为0.06%~0.08%的钼矿占24%，品位小于0.06%的占30%[20]。例如，我国陕西金堆城和吉林大黑山钼矿的平均钼品位仅为0.10%，德兴铜钼矿的钼品位仅为0.05%[21]。

1.3 铜钼矿石浮选工艺及研究进展

选矿作为基础产业，为下游冶金化工产业提供原料。但由于易分离矿石资源的枯竭，其发展面临严峻挑战，如矿物更复杂、品位更低、精矿质量要求更高、环境问题政策更严格。浮选因其经济、高效地富集难选矿物而在选矿行业中占有越来越大的比重，已是不争的事实。菲尔斯特诺等人指出，泡沫浮选从最初的硫化物矿物，再到非金属矿物和其他材料泡沫浮选，已在众多领域得到了广泛应用，它的发展对矿物工业产生了深远的影响。

1.3.1 浮选基础理论

浮选是利用矿物间表面润湿性的差异进行浮游分离的过程。一般地，可通过添加适当的浮选药剂和pH值调整剂来改变矿物表面的湿润性，进而实现从大量复杂矿石资源中将有用矿物选择性分离的目的。影响矿物润湿性的因素包括：

（1）矿物的结构。矿物表面的物理化学性质是决定可浮性的主要因素。矿物经过细磨后，矿物内部键能相互平衡，而矿物表面朝向外侧的空间键能未饱和，它是决定矿物可浮性的关键因素。例如，硅酸盐矿物和石英类矿物属共价晶格矿物，其断裂面往往呈现原子键，由于存在较强的静电力或偶极作用，表面具有较好的亲水性，故可浮性不好。而石墨和辉钼矿断裂面呈弱分子键，对水的吸引力弱，故可浮性较好，用气泡剂或中性油就可对其进行浮选。

（2）矿物的氧化。矿物表面受到空气中的氧、水和水中的氧等作用会发生表面氧化。

通过调整矿物表面的氧化还原过程，可以达到调节矿物可浮性的目的。措施包括：调节浮选机的充气量及搅拌强度，调节矿浆的pH值，加入氧化剂（二氧化锰、双氧水）或还原剂（二氧化硫），氧、富氧空气、氮、二氧化碳等代替空气作为浮选的气相，改变矿浆的氧化还原电位。

（3）矿物的吸附。浮选药剂在固-液界面上的吸附可以改变矿物表面的润湿性。吸附方式主要包括：1）非极性分子的物理吸附，如中性油在天然可浮性矿物表面的吸附；2）捕收剂分子的物理吸附；3）捕收剂在矿物表面或矿浆中反应产物的吸附；4）捕收剂与矿物表面作用过程中或在矿浆中可发生一系列反应所形成的反应产物在矿物表面上的吸附。

（4）矿物表面的电性。矿物在水中受水及溶质的作用，会发生表面电离，固-液界面分布与表面异种的电荷使矿物与水溶液的界面形成电位差，这种双层电荷称为双电层。浮选药剂在固-液界面的吸附常受矿物表面电性的影响。研究矿物表面电性的变化是研究药剂作用机理和判断矿物可浮性的一种重要方法。调节矿物表面的电性还可以调节矿物的抑制、活化、分散和絮凝的状态。

1.3.2 铜钼矿石浮选工艺及难点

全球钼资源的80%以上产于巨大的斑岩型钼矿床或共生在巨大的斑岩型铜矿床中。而斑岩型铜矿由于储量大，是获取钼的重要来源，也是世界上提取铜的重要资源。斑岩铜矿的特点是：原矿品位低，储量大，常伴生钼，铜和钼嵌布粒度细，多数为浸染状。

一般铜钼矿石浮选工艺主要有两种。一种是优先浮选，这种方法可先钼后铜或先铜后钼，工艺流程如图1-2所示，此工艺的问题是被抑制剂抑制过的铜矿再活化困难，因此工业上很少使用优先浮选流程。第二种是混合浮选，即先采用捕收剂进行铜钼混合浮选，将钼尽量都选入铜精矿中，然后再进行铜钼分离浮选，分别得到钼精矿和铜精矿，工艺流程如图1-3所示。由于矿石中铜和钼均以具有较好可浮性的硫化物形式存在，只要加入适当的捕收剂，如黄药、黑药等，铜钼混合浮选都能达到较高浮选效果，因此工业中一般多采用混合浮选流程。此工艺中的铜钼分离浮选是制约铜钼矿浮选技术发展的卡脖子问题。

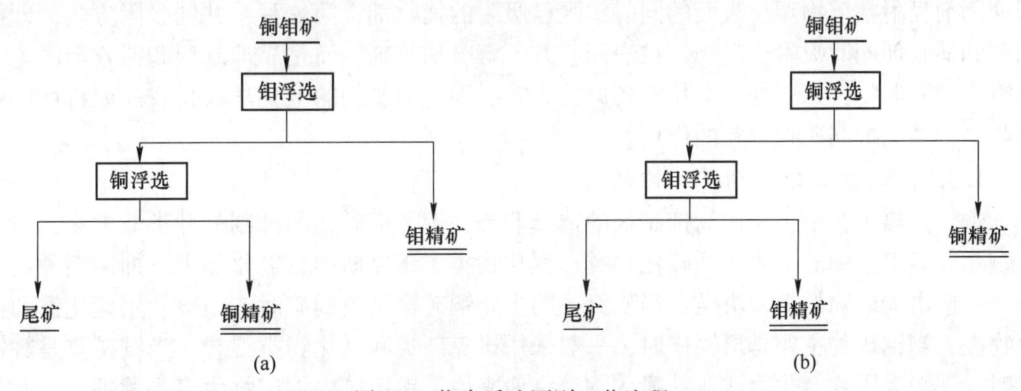

图1-2 优先浮选原则工艺流程

（a）先钼后铜；（b）先铜后钼

铜钼分离困难的原因主要有两点：（1）大部分铜钼矿原矿石中铜钼品位低，共生密切，嵌布粒度细，常为浸染状，造成难分离；（2）混合浮选后的铜钼混合精矿表面存在大

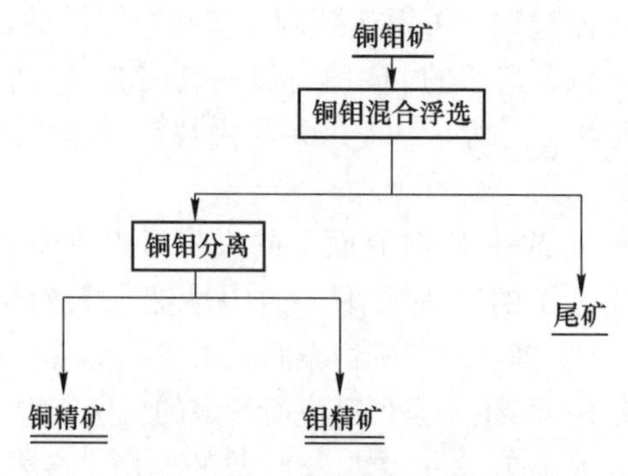

图 1-3　混合浮选原则工艺流程

量捕收剂，分离浮选过程中，要解析吸附在硫化铜矿物表面的捕收剂，需要加入大量的抑制剂。以最广泛应用的硫化钠抑制剂为例，用量至少要保证 10kg/t，甚至要达到 50kg/t 才能满足铜钼混合精矿的分离要求。而且大量硫化钠加入系统并长期在系统中循环使用，致使回水水质复杂，严重影响钼的回收率，此外，硫化钠易氧化分解，不易保存，造成铜钼分离难上加难。

目前，铜钼分离浮选工艺主要有“抑铜浮钼”和“抑钼浮铜”两种。辉钼矿的矿物结构决定了其天然可浮性要优于铜矿物。因此，在生产实践中铜钼分离一般都采用“抑铜浮钼”工艺。抑钼浮铜工艺操作复杂、成本较高，钼回收率不高。世界上只有美国的宾厄姆铜矿采用糊精抑钼浮铜工艺。

1.3.3　铜钼分选抑制剂及研究进展

铜钼分离工艺中，难点与关键问题是抑制剂的开发、选取和使用。抑制剂的抑制作用主要表现为阻止捕收剂在矿物颗粒表面的吸附、解吸矿物颗粒表面已吸附的捕收剂离子、消除矿浆中的活化离子和阻止矿物颗粒被活化等方面。

目前，抑制剂对硫化矿的抑制机理公认的主要有三种方式。第一种，竞争吸附方式，即抑制剂吸附在矿物颗粒表面的同时解吸已吸附的捕收剂；第二种，共同吸附方式，即抑制剂和捕收剂同时吸附于矿物颗粒表面，并不解吸捕收剂，而是靠抑制剂和捕收剂的竞争吸附来抑制矿物；第三种，电化学还原的方式，即靠抑制剂的电化学氧化及还原特性解吸捕收剂，达到抑制矿物颗粒的作用。

1.3.3.1　铜钼分离铜矿物抑制剂

铜钼分离工艺中，铜矿物抑制剂的选择非常关键。铜矿物的抑制剂种类非常多，应用在铜钼分离工艺中的主要包括硫化物类、氰化物类、诺克斯类、氧化剂等。抑制剂种类的选择一般由铜矿物的类型决定。当矿石中的主要铜矿物是黄铜矿时，一般使用硫化钠和氰化物类；当铜矿物主要是斑铜矿时，一般采用诺克斯类和氰化物类混合；当铜矿物是辉铜矿时，一般采用铁氰化物或亚铁氰化物。一般来说，铜钼矿中铜矿物大多是黄铜矿，此外还包含一定量的次生硫化铜矿。但氰化物有巨毒，污染环境，并且对含有金、银及次生硫化铜矿物的矿石不适用。

A　硫化物类抑制剂

硫化钠、硫氢化钠和硫化铵均属于硫化物类抑制剂，此类抑制剂主要用于以黄铜矿和斑铜矿为主的铜矿物。

以工业中最常用的 Na_2S 和 NaHS 为例，抑制过程为硫化物水解后产生 HS^-，反应见式（1-1）~式（1-3），HS^- 一方面能氧化双黄药为黄原酸离子，使黄药离开矿物表面，另一方面，HS^- 能够解吸矿物表面的黄原酸盐，达到清除矿物表面并抑制铜矿物的作用，反应见式（1-4）和式（1-5）。

$$Na_2S + 2H_2O \rightleftharpoons 2Na^+ + 2OH^- + H_2S \tag{1-1}$$

$$H_2S \rightleftharpoons H^+ + HS^- \qquad K_1 = 3 \times 10^{-7} \tag{1-2}$$

$$HS^- \rightleftharpoons H^+ + S^{2-} \qquad K_2 = 2 \times 10^{-15} \tag{1-3}$$

$$3X_2 + HS^- + 3H_2O \longrightarrow 6X^- + SO_3^{2-} + 7H^+ \tag{1-4}$$

$$CuX + HS^- + OH^- \longrightarrow CuS + H_2O + X^- \tag{1-5}$$

Na_2S 可有效抑制大多数硫化矿物，其抑制效果顺序一般为：方铅矿>闪锌矿>黄铜矿>斑铜矿>铜蓝>黄铁矿>辉铜矿[22]。

在铜钼分离生产实践中，硫化物类抑制剂的应用非常广泛。但是由于硫化钠不稳定易氧化失效，在生产过程中若单独采用 Na_2S 或 NaHS 作为铜矿物抑制剂，会导致其用量非常大[22]。此类抑制剂的缺点是处理成本高、易氧化失效、指标不稳定、环境污染大，且选矿废水无法使用。

B 氰化物类抑制剂

氰化钠（钾）、铁氰化钠（钾）和亚铁氰化钠（钾）等都属于氰化物类抑制剂，其中亚铁氰化钠（钾）是辉铜矿等次生硫化铜矿物的有效抑制剂，此类抑制剂可单独使用或与其他抑制剂混合使用。其抑制机理为氰化物可与铜矿物表面的铜离子作用，形成铜氰络合物，减少铜矿物表面的阳离子数量，从而减少捕收剂在铜矿物表面的吸附，使其得以抑制。还有一种观点认为，铜矿物表面的黄原酸铁和黄原酸铜可以和氰化物作用，形成铜氰络合物实现对铜矿的抑制作用。在过去的一段时期内，氰化物曾经是被广泛使用的铜矿物的有效抑制剂，我国的金锥城钼矿选矿厂、栾川钼矿选矿厂、杨家杖子选矿厂和美国的宾厄姆钼矿选矿厂、克莱马克斯（Climax）钼矿选矿厂等都曾经将氰化物作为铜矿物的抑制剂。氰化物作为抑制剂一般在碱性环境下使用，防止氰化物分解挥发，需分批加入，防止其抑制效果随时间延长而消失。氰化物类抑制剂其优点是用量少，抑制能力强，但因其剧毒、污染环境且溶解金、银，因而在含有金、银的矿物分选时不宜使用，生产实践中也较少采用[23]。

C 诺克斯类抑制剂

磷诺克斯和砷诺克斯属于诺克斯类抑制剂。此类药剂是辉铜矿、铜蓝等硫化铜矿物及硫化铅矿和硫化铁矿的有效抑制剂，其抑制能力强于硫化钠，尤其是当辉铜矿和方铅矿含量较高时，分选效果显著，具有反应速度快、加入量少、作用时间长等优点。磷诺克斯由五硫化二磷（P_2S_5）和氢氧化钠（NaOH）反应制得，砷诺克斯由三氧化砷（As_2O_3）和硫化钠（Na_2S）反应制得，通常诺克斯类药剂中会含有一定的硫化钠或者硫氢化钠。诺克斯类药剂的使用和硫化钠类似，但是其加入量较硫化钠低，抑制能力较硫化钠强，曾在许多选厂被使用。

此类抑制剂主要缺点为：在使用诺克斯试剂时，药剂消耗快且易氧化失效，泡沫难以控制。此外，含有磷或砷的诺克斯类药剂不可避免地将会进入精矿产品，对精矿产生一定的污染，目前生产中已很少使用[24]。

D 巯基类抑制剂

巯基乙酸（钠）、巯基丙酸（钠）、巯基丁酸（钠）、1-巯基甘油属于此类抑制剂。巯基类抑制剂是一种铜矿物有效有机抑制剂，具有可根据实际需要对官能团和相对分子质量进行设计的优点，近年来受到国内外专家学者的广泛关注。

学者对巯基类抑制剂的性能进行了研究[25-26]，结果显示巯基类抑制剂的抑制性能如下：巯基乙酸（钠）>巯基丙酸（钠）>巯基丁酸（钠）>1-巯基甘油。巯基乙酸（钠）的抑制效果最好。

巯基类抑制剂作为黄铜矿的优良抑制剂，在于它分子结构中—SH 的还原性、亲固性及羧基（—COOH）的亲水性。目前，企业中广泛采用巯基乙酸（$HSCH_2COOH$）和巯基乙酸钠（$HSCH_2COONa$）作为黄铜矿的抑制剂，抑制过程主要由巯基和羧基发挥作用，其抑制机理为其分子结构中的—SH 作为亲固基通过化学吸附作用牢固吸附在黄铜矿表面，同时取代已吸附的黄原酸，减弱铜矿物表面的疏水性，亲水基—COOH 与矿物产生离子交换吸附，分子中的巯基和羧基吸附在矿物的表面形成化学吸附层，吸附层层间通过氢键或氧化产生的—S—S—（二聚物）键合，使得矿物表面的亲水性被提高，两个基团同时作用，实现对黄铜矿的抑制。这也证实巯基乙酸在被氧化的情况下仍然具有良好的抑制效果。

赵镜等人[27]研究发现巯基乙酸钠在黄铜矿表面的吸附为化学吸附，并且有一定的厚度，而巯基乙酸钠不会吸附在以范德华键为主的辉钼矿表面上，表明巯基乙酸钠作为一种广泛使用的黄铜矿抑制剂不仅具有很强的抑制性而且还具有很好的选择性。吴桂叶等人[28]借助 Materials Studio 5.0 软件建立了巯基乙酸钠在黄铜矿、黄铁矿及辉钼矿三种矿物表面的吸附模型，在原子尺度揭示了巯基乙酸钠的选择性抑制机理。

巯基乙酸钠作为抑制剂能够有效地实现铜钼混合精矿的分选，而且其对 pH 值的适应性较强，在较宽的 pH 值条件下都可进行分选，同时药剂的选择性也比较高，药剂使用量少，环境污染较低，金、银等贵金属的回收率较高，是硫化钠、氰化钠良好的替代抑制剂，但是在生产中药剂的成本过高一直制约着其广泛推广，所以目前使用的铜抑制剂多数还是无机化合物，如硫化钠和硫氢化钠。

E 新型抑制剂

针对铜钼难分选的问题，近年来科研工作者不断尝试，合成了许多新型的铜矿物抑制剂。胡志强[29]对新型 BK511 从单矿物及人工混合矿两方面的应用特性进行了研究。结果表明，在 pH 值为 6~8 时，较小用量的抑制剂即可实现铜钼的分离，将其应用于西藏玉龙铜矿的铜钼分离试验取得了良好的试验结果。吴桂叶[30]采用 CAMD 技术设计合成了 BK509、BK511 及 BK516 三种新型有机抑制剂，用于处理山西某铜钼混合精矿，最终获得了钼品位为 46.31%、回收率为 89.94%、含铜 1.04%的钼精矿和铜品位为 22.69%、回收率为 99.97%、含钼 0.033%的铜精矿。Chen[31]采用合成的假乙内酰硫脲酸（PGA）进行铜钼分选，发现 PGA 在较少的用量下对黄铜矿有较强的抑制作用，能够得到钼品位为 26.17%、回收率为 89.83%的钼精矿。同时发现，PGA 可在黄铜矿表面发生化学吸附而在辉钼矿表面产生物理吸附，且在黄铜矿表面的吸附量远大于在辉钼矿表面的吸附量。Li[32]

研究了抑制剂2,3-二巯基丁二酸（DMSA）对铜钼浮选分选的影响，发现在pH值为4~12的范围内，少量的DMSA即可对黄铜矿产生强烈的抑制作用。李跃林[33]采用红外光谱分析和量子力学计算的方法研究了CMSD对黄铜矿的抑制作用机制，结果表明CMSD可以在黄铜矿（112）面和（101）面发生化学吸附，利用HS^-吸附在黄铜矿的表面，降低黄铜矿的表面能来实现对黄铜矿的抑制作用。殷志刚[34]研究了小分子有机抑制剂双（羧甲基）三硫代碳酸钠（DBT）对铜钼分离的抑制机理，发现DBT可以通过物理吸附的方式吸附在黄铜矿表面，而且DBT在黄铜矿表面的吸附强于在辉钼矿表面的吸附。

1.3.3.2　铜抑制剂硫化钠的氧化失效

硫化物类抑制剂对黄铜矿具有非常好的抑制效果，但其存在一定的缺点，即硫化物在浮选过程中易氧化失效，使浮选过程难以稳定，从而导致分离浮选过程中硫化物消耗量非常大。相对于铜钼混合精矿，硫化物用量至少为10kg/t，多者达到50kg/t。然而，在选厂中，即使这样大的用量对黄铜矿的抑制效果也不是很理想。针对硫化物在浮选过程中易失效及硫化物用量大等问题，国内外的研究工作者提出了一些措施：

（1）用氮气代替空气作铜钼分离的充气介质；

（2）对矿浆预先升温，降低矿浆中的氧含量，同时可促进铜表面捕收剂的分解，减少硫化物的用量；

（3）增加石灰的用量来提高溶液的pH值，起到保护稳定HS^-浓度的作用；

（4）把混合精矿在空气中存放一段时间，使铜矿物表面受空气氧化降低可浮性。

上述措施在生产中获得了一定的成功。其中，采用氮气（或其他惰性气体）代替空气作为铜钼分离的充气介质可使硫化物用量减少1/5~1/2，这是一个重大突破，该法于1972年获得美国专利。但这种方法在生产中应用还存在很多限制因素。因此，在国内外选厂中应用较少。而其他三种措施也不能从根本上解决硫化物失效和消耗量大的问题。

对于铜钼分离浮选，国内外学者仍然在努力攻关，致力攻克这一世界性难题[35-37]。

1.3.3.3　铜钼分离辉钼矿抑制剂

辉钼矿本身具有良好的疏水性，一般亲水的大分子有机抑制剂才能对其进行有效的抑制。铜钼矿石浮选一般采用混合浮选—铜钼分离流程，且铜钼分离流程一般采用抑制硫化铜矿物同时浮出辉钼矿。但有些特殊情况必须对辉钼矿进行抑制，如钼精矿中滑石或黄铜矿含量过高时则需要抑制辉钼矿，达到浮选出滑石或黄铜矿提纯辉钼矿的目的。常见的辉钼矿抑制剂主要有羧甲基纤维素（CMC）、糊精、淀粉、木质素、聚丙烯酰胺（PAM）和聚氧化乙烯（PEO）等。

Ansari[35-36]通过直接吸附量法和尺寸排阻色谱法研究了6种木质素在黄铜矿和辉钼矿表面的吸附规律。研究结果表明，6种木质素在黄铜矿表面的吸附量均大于辉钼矿，且吸附量与pH值和pH调整剂种类显著相关。添加剂石灰能够提高木质素在高pH值下的吸附，而添加剂苏打/KOH则会降低木质素的吸附。浮选结果表明，木质素只有吸附到黄铜矿表面，并且部分地解析其表面吸附的黄原酸时才会对黄铜矿产生抑制作用。6种木质素均对辉钼矿有强烈的抑制作用，但在辉钼矿表面被十二烷覆盖情况下抑制作用明显减弱，仅有木质磺酸钙和最高相对分子质量的钠盐依旧对辉钼矿有抑制作用。

Beaussart等人[38]利用吸附等温线和原子力显微镜（AFM）研究了不同离子强度下羧甲基纤维素（CMC）在辉钼矿表面的吸附情况。研究结果表明，CMC在辉钼矿表面的吸附等温线随着离子强度的升高不断升高，CMC 在辉钼矿表面的覆盖率随溶液浓度升高而增大。Kor 等人[39]通过椭圆偏光仪（SE）和 AFM 研究发现，CMC 在辉钼矿表面吸附层的厚度与 CMC 分子中羧基含量成反比关系，而且羧基含量越大 CMC 在辉钼矿表面的覆盖越零散。增大电解质强度会增加 CMC 在辉钼矿表面的吸附层厚度和覆盖率。

有报道称，糊精可以用来作浮选辉钼矿的抑制剂[40]。Braga 等人[41]向含 90%辉钼矿的含滑石钼精矿中加入 100g/t 的糊精抑制辉钼矿同时浮选滑石，可以得到纯度 93.4%的钼精矿。同时研究还发现，矿浆 pH 值对辉钼矿的可浮性影响显著；在无抑制剂体系中，辉钼矿的回收率在碱性条件下随 pH 值的升高而降低；pH 值几乎不对滑石的可浮性有任何影响。糊精的加入增大了辉钼矿表面的电负性，而对滑石的电负性基本没有影响。

Castro 和 Laskowski[42]研究发现高相对分子质量的阴离子型 PAM 对辉钼矿有显著的絮凝效果和强烈的抑制作用，而低相对分子质量的 PAM 虽然失去了对辉钼矿的絮凝作用但是依然会抑制辉钼矿。同时研究还发现非离子型的 PEO 在较宽 pH 值范围内可以有效絮凝辉钼矿，同时也对辉钼矿有一定的抑制作用。

1.4 浮选电化学理论及研究进展

1.4.1 浮选电化学基础理论发展过程

对于硫化矿的浮选电化学，其研究发展过程主要经历了 3 个阶段[43]。

第一阶段，1930—1950 年，人们在实践中发现，硫化矿氧化后浮选变得困难，而新鲜解离的未氧化的硫化矿物则易于浮选。

第二阶段，1950—1980 年，学者 Salamy 和 Nixon[44-45]首次使用循环伏安法研究了浮选药剂与硫化物电极表面的作用机理，提出硫化矿表面的化学作用可使用电化学原理进行解释，认为氧气是硫化矿浮选过程不可缺少的物质，它参与硫化矿浮选反应，并阐述了捕收剂、氧、硫化矿物三者的作用方式。这标志着硫化矿浮选电化学研究进入了新的阶段。

第三个阶段，1980 年至今，学者们对硫化矿浮选的电化学作用机理开展了大量的研究工作。R. Woods、D. W. Fuerstenau 和 S. Chander[46-48]等陆续采用电化学技术对硫化矿物的浮选体系进行了研究，认为硫化物的浮选行为与其氧化还原环境密切相关，提出了可以通过控制电位 φ 达到控制硫化物可浮性的观点。之后，国内外学者对硫化矿物在浮选体系中的电化学行为进行了广泛的研究[49-55]。研究表明，硫化矿浮选过程涉及电化学反应，从而通过改变浮选体系的电化学条件来控制矿浆体系中待处理硫化矿物表面的氧化—还原反应的进程甚至方向，使目的矿物表面适度氧化而导致矿物表面疏水或矿物表面更容易与捕收剂作用而疏水，同时使非目的矿物表面亲水，实现目的矿物与非目的矿物及脉石矿物的浮选分离。

1.4.2 浮选电化学反应机理

根据硫化矿浮选混合电位理论，无论是捕收剂浮选还是无捕收剂浮选，硫化矿物在浮选矿浆中都会发生一系列的氧化—还原反应，硫化矿物表面或不同静电位的硫化矿接触时都存在成对的电极反应，在硫化矿表面形成原电池，其中包括阳极氧化反应和阴极还原反应。

在无捕收剂浮选体系中（以MS代表硫化矿矿物，其中M为金属，S为硫）基本上存在如下的电化学反应，其中阳极反应见式（1-6）和式（1-7），阴极反应见式（1-8）：

阳极反应：

$$MS \longrightarrow M^{2+} + S^0 + 2e \tag{1-6}$$

$$HS^- \longrightarrow H^+ + S^0 + e \tag{1-7}$$

阴极反应：

$$O_2 + 2H_2O + 4e \longrightarrow 4OH^- \tag{1-8}$$

在有捕收剂浮选体系中，阴极反应与无捕收剂体系相同，但阳极氧化反应要复杂得多，但可以归纳为如下几类：

（1）捕收剂的阳极氧化（以X^-代表黄药捕收剂离子、X_{ads}代表矿物表面吸附的捕收剂组分、X_2代表捕收剂的二聚物）：

$$X^- \longrightarrow X_{ads} + e$$

$$2X_{ads} \longrightarrow X_2$$

$$X^- + X_{ads} \longrightarrow X_2 + e$$

即

$$2X^- \longrightarrow X_2 + 2e$$

（2）金属/捕收剂盐的形成：

$$MS|MS + X^- \longrightarrow MS|S + MX + e$$

$$MS|MS + 2X^- \longrightarrow MS|S + MX_2 + 2e$$

（3）硫化矿物表面氧化：

$$MS|MS + 2H_2O \longrightarrow MS|M(OH)_2 + S^0 + 2H^+ + 2e$$

（4）MX氧化分解：

$$MX + H_2O \longrightarrow MO + X^- + 2H^+ + e$$

$$MX + H_2O \longrightarrow MO + \frac{1}{2}X_2 + 2H^+ + 2e$$

（5）抑制剂使MX的分解：

$$MX + HS^- \longrightarrow MS + X^- + H^+ + e$$

在硫化矿浮选过程中较好地控制这几类电化学反应对浮选过程的优化十分有利[56]。值得注意的是，磨矿介质、硫化矿矿物、浮选捕收剂、硫组分、H^+和氧是电化学反应的重要组分，尤其是硫的作用，因此在研究浮选电化学时必须高度重视矿物组成和溶液中硫的作用。

1.4.3 抑制剂硫化钠的作用

在浮选过程中加入硫化钠（Na_2S），它会发生水解，水解组分HS^-的适度氧化可以生成硫S^0，并在硫化矿表面吸附，从而导致硫化矿表面疏水。

孙水裕等人研究了黄铜矿、黄铁矿、砷黄铁矿和方铅矿四种硫化矿物在有Na_2S存在时，其表面的疏水-亲水平衡关系，以$w_{S^0}/(w_{OH^-} + w_{SH^-})$来表征这种关系，认为$w_{S^0}$是导致矿物表面疏水的主要因素，而$w_{OH^-} + w_{SH^-}$则共同造成硫化矿表面较大的亲水性。另外，由于$HS^-$的最高占据轨道HOMO于黄铁矿表面最低空轨道LUMO对称性匹配且能量相近，

HS^-的 HOMO 上的电子可以转移到黄铁矿表面的 LUMO 上，然后再转移至分子氧的反 π 键 π^*上，其结果使 HS^-在黄铁矿表面氧化生成 S^0并吸附在其表面，使其变得疏水。

王淀佐等人研究了黄铜矿、黄铁矿的硫化钠诱导浮选行为。研究发现，黄铜矿表现出较差的硫诱导可浮性，而黄铁矿则很好。硫化钠诱导浮选是由 HS^-氧化生成疏水性的元素硫所致；还发现硫化矿表面的静电位高低决定了 HS^-氧化成 S^0的可能性。黄铁矿表面静电位高于 HS^-氧化生成 S^0的电极电位，因而黄铁矿表现出良好的硫化纳诱导特性；黄铜矿表面静电位低于这一电位，因此硫化钠诱导浮选性差。

在浮选过程中，当硫氢类捕收剂（包括黄药、黑药、硫氮等）在硫化矿物表面接触时，捕收剂在矿物表面的阳极区被氧化，氧气则在阴极区被还原。一般而言，只有当那些矿物的静电位大于相应的双硫化物生成的可逆电位时，硫氢类捕收剂才会在其表面氧化形成双硫化物[57]。那些静电位低的硫化矿物表面则形成捕收剂金属盐。这些理论对硫化矿浮选的选择性问题从电化学的角度做了解释。

1.4.4 表面硫组分的作用

1.4.4.1 无捕收剂浮选体系

硫化矿中的元素硫处于最低价态-2 价，在水溶液中不稳定。通过氧化反应可将矿物表面-2 价的硫氧化成-1、-2/*n*、0、+4、+6 价的硫，其中-2/*n* 和 0 价的硫具有疏水性，这是硫化矿无捕收剂浮选的依据。然而，对于硫化矿在电化学氧化过程中表面形成的疏水相的种类（中性硫 S^0、缺金属硫化物或金属多硫化物），一直存在着争议。

Buckley[58-59]对方铅矿和黄铜矿在无捕收剂浮选体系中的电化学氧化过程和表面形成的疏水物质的种类进行了研究。结果显示，方铅矿在最初的氧化过程中，金属原子铅移动到矿物表面，形成易溶于碱性溶液的氧化物和氢氧化物覆盖层，硫原子仍然留在矿物晶格内，构成具有疏水性的缺金属硫化物；黄铜矿在氧化过程中，表面形成具有疏水性的缺铁硫化物。Ternes 证实了 Buckley 的研究结果。Ternes[60]对金属多硫化物中硫原子的电子结合能进行了研究，提出金属硫化物中的硫原子与检测到的多硫化物中的硫原子不同。Vela′squez[61]研究黄铁矿在弱碱性溶液中自诱导浮选的疏水物质。结果表明，黄铁矿在较低电位下氧化后表面不存在金属多硫化物相。

然而，一些学者并不认为缺金属硫化物是硫化矿氧化形成的表面疏水相。Yoon 提出铁离开硫化矿表面后，留下的物质不具有晶格结构，形成的金属多硫化物才是表面疏水相。并且对采用紫外分光光度法检测到的矿物表面的中性硫 S^0表示质疑，认为中性硫 S^0的存在与矿物的可浮性无关[62-63]。

但是，一些学者支持中性硫 S^0是硫化矿氧化过程中表面形成的疏水相。Cecile[64]研究了磨矿对方铅矿表面氧化过程的影响。结果表明，磨矿过程中方铅矿表面会形成中性硫 S^0。在铜活化方铅矿时，方铅矿表面形成的中性硫 S^0是疏水物质。Costa[65]采用电化学、光电子能谱、拉曼光谱和溶液离子色谱法对砷黄铁矿表面的氧化进行了研究。结果表明，砷黄铁矿表面检测到的疏水产物主要是中性硫 S^0，还存在少量的亚硫酸盐和硫酸盐，表面没有检测到存在金属多硫化物相。王淀佐和孙水裕[66-67]对方铅矿自诱导浮选行为和表面疏水物质进行了研究。结果表明，方铅矿表面的疏水性物质为中性硫 S^0，并且采用溶剂提取—化学分析技术对方铅矿表面的中性硫 S^0进行了成功的提取，方铅矿的浮选回收率与表

面疏水物质中性硫 S^0 的量成正比。Gardner 采用线性电位扫描曲线对方铅矿在酸性和碱性体系中的氧化过程进行了研究。结果表明，在方铅矿表面存在疏水物质中性硫 S^0。

因此，对硫化矿在无捕收剂浮选过程中表面形成的疏水物质的种类和氧化机理仍然存在争论，这还需要更进一步的研究。

1.4.4.2 捕收剂浮选体系

20 世纪 50 年代，Salamy 和 Nixon 首次报道采用循环伏安法研究浮选药剂与矿物电极表面之间的作用后，国内外学者采用这种方法对硫化矿物与捕收剂之间的相互作用进行了大量的研究。目前较为统一的观点是：硫化矿与捕收剂之间的作用是电化学氧化过程，硫化矿或捕收剂发生氧化反应，在硫化矿表面形成疏水物质，溶液中的氧接受电子发生还原反应，整个过程可通过混合电位模型解释[68-73]。混合电位模型对应两种典型的硫化矿物。

第一类矿物以方铅矿为代表。当方铅矿在以黄药为捕收剂的溶液中时，其静电位低于黄药阴离子氧化为黄药二聚物的热力学平衡电位，这表明方铅矿比黄药阴离子容易氧化。因此，方铅矿表面氧化形成的疏水产物是黄药金属盐，反应见式（1-9）~式（1-11）：

阳极反应：

$$MS + H_2O \rightleftharpoons MO + S^0 + 2H^+ + 2e \tag{1-9}$$

$$MO + 2X^- + H_2O \rightleftharpoons MX_2 + 2OH^- \tag{1-10}$$

阴极反应：

$$O_2 + 2H_2O + 4e \rightleftharpoons 4OH^- \tag{1-11}$$

第二类矿物以黄铁矿为典型。当黄铁矿在以黄药为捕收剂的溶液中时，其静电位高于黄药阴离子氧化为黄药二聚物的热力学平衡电位，这表明黄药阴离子比黄铁矿更容易氧化。因此，黄铁矿表面氧化形成的疏水产物是双黄药，反应见式（1-12）和式（1-13）：

阳极反应：

$$2X^- - 2e \rightleftharpoons X_2 \tag{1-12}$$

阴极反应：

$$O_2 + 2H_2O + 4e \longrightarrow 4OH^- \tag{1-13}$$

因此，按照混合电位模型，硫化矿的静电位决定硫化矿表面疏水物质是捕收剂金属盐或是捕收剂二聚物。

近几十年，国内外学者对黄铁矿、磁黄铁矿、铁闪锌矿、黄铜矿、黝铜矿和砷黝铜矿在捕收剂浮选体系中形成的表面产物相的种类和电化学过程进行了研究。

Wang[74]采用红外光谱对中性溶液中黄铁矿与黄药作用后形成的产物膜种类进行了研究。结果显示，黄铁矿表面存在黄原酸铁和双黄药覆盖层，表面双黄药覆盖层的量大于黄原酸铁覆盖层的量。Valdivieso 等人[75]对乙基黄药、丙基黄药和丁基黄药在黄铁矿表面的吸附过程进行了研究。结果表明，黄铁矿表面发生氧化反应形成双黄药的过程伴随着表面氢氧化铁发生还原形成 Fe^{2+} 的过程，这导致在氧化过程中黄铁矿表面具有亲水性的氢氧化铁的溶解和疏水双黄药的增长。覃文庆等人[76]对黄铁矿在黄药溶液中的电化学氧化过程进行了研究。结果表明，黄铁矿表面只存在双黄药，双黄药吸附层的厚度随着 pH 值的升高而降低。当体系 pH 值为 9.18 时，双黄药的覆盖度为 3.06 个单分子；当体系 pH 值为 11 时，双黄药的覆盖度为 1.06 个单分子；高碱度条件下，双黄药难以稳定存在。

Fornasiero 等人[77]对乙基黄药在磁黄铁矿表面的吸附动力学和疏水产物膜的种类进行

了研究。结果表明，磁黄铁矿表面只存在双黄药，乙基黄药的吸附率和双黄药的形成均随pH值降低而增加。

余润兰等人[78]对乙基黄药在铁闪锌矿表面的吸附机理进行了研究。研究表明，表面的疏水物质主要是双黄药，在弱酸性体系中，铁闪锌矿表面有少量的EPX^-盐，在碱性体系中，铁闪锌矿表面存在少量的MTC^-盐。

Jerzy等人[79]对黄铜矿、黝铜矿和砷黝铜矿与乙基黄药的作用机理和表面形成的产物膜的种类进行了研究。结果表明，乙基黄药与三种矿物作用后形成三种类型的疏水覆盖层。黄铜矿与黄药阴离子最初在黄铜矿表面形成黄原酸铜，之后在黄原酸铜覆盖层上形成双黄药；黝铜矿和砷黝铜矿与乙基黄药作用后表面不形成双黄药，只形成黄原酸铜覆盖层。Mielczarski等人[80]对黄铜矿、黝铜矿和砷黝铜矿与戊基黄药作用形成表面产物膜的种类和状态进行了研究。结果表明，与戊基黄药作用后，在这三种矿物表面均形成黄原酸铜和双黄药吸附层，黄原酸铜位于矿物界面的内层，这种物质的量从亚原子单层到单层膜，而双黄药位于矿物界面的最外层，具有较大厚度。

Guler等人[81-83]对黄铜矿分别在DTP和DTPI捕收剂溶液中的电化学氧化过程和形成的疏水相种类进行了研究。结果表明，在DTP溶液中，黄铜矿表面形成的主要氧化产物为DTP^0；在弱酸性和中性溶液中相对较高的氧化条件下，黄铜矿表面形成的主要氧化产物是Cu(DTP)和$(DTP)_2$。在DTPI溶液中，黄铜矿表面形成的主要氧化产物是CuDTPI和$(DTPI)_2$，存在少量的DTPI和$DTPI^0$。Bagci等人[84]研究了黄铜矿在由SIPX和DTPI及SIPX和DTPI组成的不同配比的捕收剂溶液中的吸附行为。结果表明，捕收剂的加入比例和顺序对黄铜表面吸附产物的量影响非常大。当DTPI：SIPX=30：70，DTPI先加入时，黄铜矿表面产物的吸附量最大；当SIPX：DTPI= 50：50，DTP和DTPI同时加入时，表面产物的吸附量次之。Guo等人[85]研究了电位对黄铜矿在戊基黄药溶液中可浮性的影响。结果表明，在pH值为10、浓度为7×10^{-4}mol/L的溶液中，黄铜矿的可浮电位区间为-0.20~0.20V（vs. SCE）；在pH值为7，浓度为7×10^{-4}mol/L的溶液中，黄铜矿的可浮电位区间为-0.25~0.30V（vs. SCE）。

无论是无捕收剂浮选体系还是捕收剂浮选体系，文献中对硫化矿浮选电化学界面信息的研究非常少。在这方面交流阻抗（EIS）比循环伏安（CV）具有更大的优势，它用在很宽频率范围内获得的阻抗信息来研究电极系统，比其他常规电化学方法得到更多的动力学信息和界面结构信息。同时，该方法采用小振幅的正弦波扰动信号，不会使膜层在测量过程中发生大的改变，可以进行连续的测量[86]。

1.4.5 硫化矿可浮性与电位的关系

根据硫化矿浮选电化学理论，从热力学的角度考查硫化矿的可浮性与电位的关系，对于硫化矿MS，假设发生反应式（1-14），代表浮选开始。

$$MS + 2X^- \longrightarrow MX_2 + S^0 + 2e \tag{1-14}$$

根据Nernst方程则有：

$$E_1 = E_1^{\ominus} - \frac{RT}{2F}\ln c_{X^-}^2$$

式中，E_1为捕收剂在硫化矿表面形成疏水性产物的热力学平衡电位。

假设发生反应式（1-15），代表浮选开始被抑制。

$$2MS + 7H_2O \longrightarrow 2M(OH)_2 + S_2O_3^{2-} + 10H^+ + 8e \tag{1-15}$$

根据 Nernst 方程则有：

$$E_2 = E_2^{\ominus} + \frac{RT}{8F}\ln c_{S_2O_3^{2-}} - \frac{23.03RT}{8F}pH$$

式中，E_2 为硫化矿表面氧化形成亲水性产物的热力学平衡电位。

从热力学角度，只要当硫化矿物的电极电位 E 处于 E_1 和 E_2 之间时，硫化矿才具有可浮性，即：

$$E_1^{\ominus} - \frac{RT}{2F}\ln c_{X^-}^2 < E < E_2^0 + \frac{RT}{8F}\ln c_{S_2O_3^{2-}} - \frac{23.03RT}{8F}pH$$

该式也反映了电化学控制浮选的目标和调节方式。

在一定 pH 值条件下，对黄铁矿、方铅矿、黄铜矿和辉铜矿的研究表明，这些硫化矿浮选时各自存在一个浮选电位区间（E_L，E_U），超出其电位区间，浮选将受到抑制，如图 1-4 所示[87]。

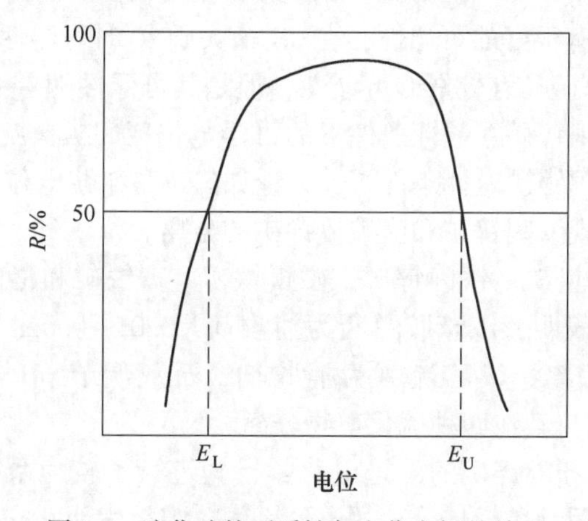

图 1-4 硫化矿的可浮性与电位之间的关系

1.4.6 电位调控浮选新工艺

基于对硫化矿浮选电化学机理的深入研究，人们逐步认识到浮选已不再以传统的捕收剂与 pH 值匹配为控制变量。矿浆电位与矿物的亲疏水性有着密切的关系。硫化矿物颗粒表面适度氧化，矿物表面的疏水性增强。因此，通过调节浮选体系的电位，从而达到控制硫化矿物的可浮性的工艺越来越广泛地应用到了矿物加工领域[88-89]。但是，电位调控浮选过程中，电化学参数的精确确定和它与浮选指标的对应密切相关。

近年来，国内外研究人员已开展了一些（矿浆）电位对硫化矿可浮性影响的研究。

Woods[90]早期研究了电位对方铅矿、黄铜矿和辉铜矿表面疏水产物性质和可浮性的影响。结果表明电位对这三种矿物表面形成的疏水产物相的覆盖度影响非常大，而表面疏水产物的覆盖度与硫化矿的可浮性具有良好的相关性。方铅矿在电位大于 0.1V 时可浮，黄铜矿在电位大于-0.10V 时可浮，辉铜矿在电位大于-0.1V 时可浮。

Gebhardt[91]研究了电位对辉铜矿和黄铁矿在黄药溶液中的可浮性的影响。结果表明辉铜矿在电位大于-0.15V时具有良好的可浮性，而黄铁矿在电位大于0.05V时具有可浮性。因此，辉铜矿和黄铁矿能够在-0.15~0.05V电位范围内实现良好的分离。

Hintikka等人[92]研究了电位对铜铅锌矿石分离浮选的影响。结果表明，黄铜矿和铅锌矿的最优分离电位为0V。

覃文庆等人[93]研究了黄铜矿、黄铁矿和方铅矿在有/无捕收剂两种情况下的浮选行为及其与矿浆电位的关系。结果表明，当pH值分别小于4.0时，黄铜矿无捕收剂浮选的电位区间为0~0.9V；当pH值为4或11时，矿浆电位大于0.85V，黄铁矿的浮选回收率低于20%；当pH值为11时，黄铜矿无捕收剂浮选的矿浆电位区间为0.35~0.85V。当pH值为10，丁黄药浓度为5×10^{-5}mol/L时，方铅矿浮选的矿浆电位为0.45~0.55V，而黄铜矿在0.45~0.8V的电位区间具有良好的浮选性能；对闪锌矿而言，当pH值为9时，矿浆电位在-0.4~0.8V区间可浮性差。在浮选体系中，黄铜矿表面氧化产生元素S^0，矿浆电位从-0.2V增大到0.6V。

黄水鹏[94]研究了铁闪锌矿和脆硫锑铅矿在乙硫氮体系下的浮选行为及矿浆电位对矿物浮选行为的影响。结果表明，脆硫锑铅矿在以乙硫氮或丁黄药为捕收剂时，脆硫锑铅矿在pH值小于10时，具有很好的可浮性，在pH值大于10时可浮性开始急剧下降；在酸性条件下（pH<5）铁闪锌矿具有较好的可浮性，但是其可浮性随着pH值的升高急剧降低。此外，脆硫锑铅矿和铁闪锌矿在酸性条件下的可浮电位区间$E_L<E_h<E_U$要宽于碱性条件下的可浮电位区间，且铁闪锌矿碱性条件下，无论如何调整矿浆电位均无可浮性。在一定的电位、药剂制度下可实现铁闪锌矿和脆硫铅锑矿的分离。

何名飞[95]开展了方铅矿、铁闪锌矿、磁黄铁矿、黄铁矿和毒砂浮选行为及其与矿浆电位的关系研究。结果表明，以苯胺黑药为捕收剂，0.05~0.02mV电位区间有利于方铅矿与其他四种硫化矿分离；以乙硫氮为捕收剂，石灰调节pH=12.0，矿浆电位低于0.175V时，方铅矿可以与其他四种硫化矿物分离。

高立强[96]对黄铜矿和闪锌矿的浮选电化学行为进行了较为系统的研究，建立了外控电位条件下，黄铜矿和闪锌矿最佳分离的电位区间。结果表明，在碱性介质、低电位、添加捕收剂的条件下，有利于黄铜矿和闪锌矿浮选分离。在Z200为1×10^{-4}mol/L、pH值为10.05时，黄铜矿和闪锌矿的最佳分离电位区间为-48~210mV。在电位为-200mV时，铜精矿中铜回收率可以达到84.4%，而铜精矿中的锌占有率为24.29%。外控电位与传统浮选因素进行匹配，在Z200为1×10^{-4}mol/L、pH值为10.05时添加$ZnSO_4$抑制剂扩大了黄铜矿和闪锌矿浮选分离电位区间，达到-30~240mV。同时提高浮选分离指标，使分离效果更好。在电位为-200mV时，铜精矿中铜的回收率可以达到94.75%，而锌的占有率下降到17.97%。

陈勇[97]对金川低品位铜镍矿中的黄铜矿和镍黄铁矿的浮选电化学理论及外控电位浮选技术进行了研究。结果表明，外控电位下无捕收剂浮选时，镍黄铁矿在酸性介质中的可浮电位区间为-700~100mV，在碱性介质中镍黄铁矿受到抑制，无可浮电位区间；外控电位下丁黄药体系中，镍黄铁矿在酸性介质中，可浮电位区间比碱性介质中的要大；在Z200体系中，镍黄铁矿在酸性介质中，可浮电位区间为-400~0mV，碱性介质中，镍黄铁矿无可浮电位区间。此外，在外控电位下人工混合矿铜镍分离最佳的条件为：无捕收剂时，矿浆pH值为10，分离外控电位为100mV；以Z200为捕收剂时，矿浆pH值为10左右，分离的外控电位为200mV，可得到含铜31.9%、含镍1.83%的铜精矿和含镍31.37%、含铜1.85%的镍精矿，铜、镍的回收率分别为94.6%和94.3%。铜镍分离效果较好。

1.5 第一性原理在浮选中的研究进展

1.5.1 第一性原理及其理论计算方法

在计算材料科学领域，第一性原理运用原子精细结构常数、电子质量和电量、原子核质量和电量、普朗克常数及光速，在不引入任何经验参数的情况下，结合数学工具近似求解薛定谔方程，得到基态材料几乎一切基本性质的算法。由于实际的研究体系大多为多电子系统，在求解薛定谔方程时需要进行一些近似和简化，首先进行绝热近似，将原子核与电子分别处理；然后进行自洽场近似（SCF），将多电子方程转化为单电子方程。

以第一性原理为出发点的理论研究方法主要有两种，即绝热近似的前提条件下，通过自洽场方法分别对Hartree-Fock（HF）方程和Kohn-Sham（KS）方程求解，分别为HF法和密度泛函（DFT）法。它们都是从第一性原理出发，无需任何经验参数或半经验参数，准确性较好。这两种方法中，HF是通过求解体系波函数，获得其他相关性质；而DFT是通过求解体系电荷密度（电子密度），获得其他相关性质。

目前，DFT理论是研究矿物晶体结构十分有效的方法，它认为系统的电子密度是唯一确定的基态物理性质。而且，DFT理论通过寻找更为精确的密度泛函进行处理，是基于半经验的一种计算方法，可以最大程度地提高计算效率，已成为目前量子化学研究中比较通用的第一性原理计算方法。此外，由于DFT理论考虑了电子相关性，即电子交换相关能，更适于对含有过渡金属元素的分子体系进行理论研究，而且，近年来随着电子交换相关能模型的迅速发展，使第一性原理的计算更加准确和接近事实。

DFT理论经历了Thomas-Fermi模型、Hohenberg-Kohn定理、Kohn-Sham方程和交换-关联能泛函近似修正等理论的不断发展过程。1927年，Thomas和Fermi提出了Thomas-Fermi模型，但是该模型理论对于实际体系中的多电子原子只考虑了原子核与电子及电子间的相互作用，没有考虑原子交换能，所以其计算精度较其他方法略低。DFT计算方法是用来研究多电子体系电子结构最常用的量子力学方法，Hohenberg-Kohn定理和单电子自洽方程Kohn-Sham（KS）方程是它的两大核心原理。

1.5.1.1 Hohenberg-Kohn定理[98]

基于非均匀电子气理论，Hohenberg和Kohn于1964年提出了Hohenberg-Kohn定理，它是DFT计算的基础。HK定理的核心可概括为：

定理一： 粒子密度函数$\rho(r)$为表征每个基态性质的唯一泛函，它决定体系的基态波函数和性质，如$\rho(r)$外加一个常数便可以确定体系的外部势能$V(r)$。

定理二： 对于任何一个多电子体系，如果体系粒子数不变，那么密度函数$\rho(r)$取极小值便可得到基态能量泛函$E[\rho(r)]$和大小。这个定理的要点是：在保持粒子数不变的条件下，仅通过计算能量对密度函数的变分就可以得到系统基态的能量$E[\rho(r)]$。

根据HK定理，系统的基态能量泛函可以表示为：

$$E[\rho(r)] = \int \rho(r) V_{ext}(r) \mathrm{d}r + F_{HF}[\rho(r)] = \int \rho(r) V_{ext}(r) \mathrm{d}r + T[\rho(r)] + U[\rho(r)] \tag{1-16}$$

式中，$T[\rho(r)]$、$U[\rho(r)]$ 分别为体系动能泛函和库仑相互作用泛函。

HK 定理说明能量泛函对粒子数密度函数的变分是确定系统基态的途径，粒子数密度函数是确定多粒子系统基态物理性质的基本变量，但是对于粒子数密度函数$\rho(r)$、体系动能泛函 $T[\rho(r)]$ 及交换关联泛函 $E_{xc}[\rho(r)]$ 在数值上均没有确定。

1.5.1.2 Kohn-Sham 方程[98]

1965 年，Kohn 与 Sham 提出了一个多粒子系统的电子密度函数可以通过一个简单的电子波动方程求得，这个简单的单粒子方程就是 Kohn-Sham 方程。他们假定动能泛函 $T[\rho(r)]$ 可由已知的5粒子的动能泛函 $T_s[\rho(r)]$ 代替。将 T 和 T_s 的差别中无法转换的部分归入交换关联泛函 $E_{xc}[\rho(r)]$ 中，系统的电子密度函数 $\rho(r)$ 可由组成系统的单电子波函数的平方表示：

$$\rho(r) = \sum_{i=1}^{N} |\varphi_i(r)|^2 \tag{1-17}$$

$$T_s[\rho(r)] = \sum_{i=1}^{N} \int \varphi_i^*(r)(-\nabla^2)\varphi_i(r)\,\mathrm{d}r \tag{1-18}$$

对密度 ρ 的变分可用对波函数 $\varphi_i(r)$ 的变分代替，拉格朗日乘子用 E_i 代替后得到：

$$-\nabla^2 + V_{KS}[\rho(r)]\varphi_i(r) = E_i\varphi_i(r) \tag{1-19}$$

$$V_{KS}[\rho(r)] = v(r) + \int \frac{\rho(r)}{|r-r'|}\mathrm{d}r + \frac{\delta E_{xc}[\rho(r)]}{\delta\rho}$$

其中 Kohn-Sham 方程中有相互作用的粒子，哈密顿量中的相应项被无相互作用粒子模型代替，从而有相互作用粒子的全部复杂性被归入交换关联相互作用泛函 $E_{xc}[\rho(r)]$ 中。也就是说将多电子系统基态本征值的问题在形式上能转换成单电子问题。但是 $E_{xc}[\rho(r)]$ 在数值上仍是未知的，要想让 Kohn-Sham 方程精确给出严格的电子态，需要找出交换关联函 $E_{xc}[\rho(r)]$ 的准确表达式。

1.5.1.3 交换-关联能泛函近似[98]

DFT 方法中的电子交换-关联效应非常重要。因此，亟待解决的问题是确定交换-关联能泛函的具体表达式，为密度泛函理论寻找更好的泛函方式，研究工作者根据研究的实际体系，通过对 Kohn-Sham 方程中的势做合理有效的近似处理，提出了不同的近似方法。目前，交换-关联能密度泛函比较常见的近似方法有：(1) 局域密度近似（LDA）；(2) 广义梯度近似（GGA）；(3) 杂化密度泛函 Hybrid；(4) 依赖动能密度变量的 Meta-GGA；(5) 完全非局域泛函；(6) 离散变分 Xα 法。LDA 近似法一般用来研究电子密度变化小的体系，如果研究较大电子密度梯度体系会出现低估半导体的带隙或者高估分子间键能等明显误差。一般较大电子密度体系采用 GGA 近似法来代替 LDA，并搭配 PBE 和 PW91 交换能泛函，其中 GGA-PBE 泛函在量子力学计算中使用频率非常高。

A 局域密度近似（LDA）

基于把系统中整体非均匀电子区域分割成许多小的区域，进而将这些小区域电子近似为均匀的思想，Kohn 与 Sham 提出交换关联泛函局域密度近似 LDA。通过均匀电子气的密度函数得到非均匀电子气交换关联泛函的具体形式：

$$E_{xc}^{LDA}[\rho(r)] = \int \rho(r)\varepsilon_{xc}[\rho(r)]\,\mathrm{d}r \tag{1-20}$$

LDA 忽略了 r 周围所有非均匀性效应，同时假定 $\varepsilon_{xc}[\rho(r)]$ 是局域的。对于均匀电子气，LDA 中的交换能泛函可以给出精确的表达形式，但是均匀电子气的关联能泛函比非均匀电子气的复杂，只有采用一些近似算法才能得到。目前所有的 LDA 关联泛函都是在 Ceperly 和 Alder 利用蒙特卡罗（Monte Carlo）方法计算均匀电子气总能量的基础上发展起来的。LDA 近似计算原子电离能、分子离解能和结合能的精度不高，但对分子和固体的键长、原子位置的计算精度较高。一般而言，LDA 在半导体或金属的结构和振动性质计算方面可以得到较令人满意的结果，但带隙的计算值则偏低。

B 广义梯度近似（GGA）

在交换关联泛函中增加粒子数密度的梯度函数变量 $|\nabla\rho(r)|$，为广义梯度近似（GGA）。

$$E_{xc}^{GGA}[p(r)] = \int\rho(r)\varepsilon_{xc}[\rho(r), |\nabla\rho(r)|]dr \tag{1-21}$$

GGA 比 LDA 更适于计算粒子数密度非均匀的情况。计算 GGA 近似交换关联泛函的方法有两种：(1)“经验”法，即通过对试验数据的拟合或者对分子或原子的性质严格计算得到所有的参数；(2)“参数自由”法，新的参数由已知的展开系数和其他精确的理论条件确定。

1.5.2 电子结构及性能研究方法

在材料科学研究过程中，材料微观电子结构的分析表征方法主要有实验技术表征方法和基于量子力学的第一性原理研究表征方法。其中，实验技术表征方法很多，包括俄歇电子能谱（AES）、角分辨光电子能谱（ARPES）、光致发光光谱（PL）及 X 射线吸收精细结构光谱（XAFS）等。然而，实验技术表征手段无法深入原子及电子层次上获得材料的电子结构及晶体结构与电子结构之间的关系。而基于量子力学的密度泛函理论计算方法可以研究固体材料原子尺度的微观结构与性能之间的关系，常见电子性能的理论研究与分析包括能带结构、态密度、差分电荷密度分布和布局分析等。

能带结构图中包含位于费米能级（E_F）以上的最低允带-导带（CB）和位于费米能级以下的最高允带-价带（VB）。禁带宽度就是导带底和价带顶之间的间隔。目前，由于 DFT 原理中求解 KS 方程无法考虑体系的激发态，因此半导体带隙的 DFT 理论计算结果通常与实验结果存在较大的偏差。不过，通常都可以利用 DFT+U 和杂化泛函方法来克服 DFT 带隙计算偏小的问题。

态密度用来表征固体材料中连续密集的能级分布，它是指能量介于 E 和 $E+\Delta E$ 之间的量子态数目 ΔZ 与能量差 ΔE 之比，即单位频率间隔之内的模数。态密度又可分为局域态密度（LDOS）和分波态密度（PDOS）。二者均是用来对电子结构进行分析的半定量工具。LDOS 显示了系统中各原子的电子态密度对总态密度谱的每一部分贡献，PDOS 则是根据电子态的角动量来分辨这些贡献，如来自 s、p、d 或者 f 电子态密度主峰的贡献。而研究过程中只能用 X 射线发射光谱法测定态密度。

电荷密度分析主要用来反映平衡体系中电子在整个晶格空间的分布密度。通常用二维等值线或者三围等值面来表示，可直观地观察电子在不同原子间的转移方向和成键情况（共价键、离子键或者金属键）等。电荷密度分布又分为差分电荷密度图、自旋极化电荷密度图和二次差分电荷密度图等。无论哪种电荷密度均是基于对电荷聚集/损失的具体空间分布特征及电荷分布形状的分析判断成轨道类型和强弱的方法。

布局分析是指通过定量计算电子电荷在各组分原子之间和化学键上分布情况分析原子之间得失电子情况。但计算得到的原子电荷量只是一个相对量而非绝对量。比如通过Mulliken 布局分析可以得到原子、原子轨道和原子间化学键上的定量电荷分布情况。布局分析对应典型的原子布局、轨道布局及成键布局。可通过成键布局情况分析原子间成键情况，比如共价性或离子键。一般来讲，成键布局数值越高越偏向共价性，越低则越偏向离子键。

第一性原理计算与模拟过程主要包括：模型构建→任务设置→精度选择→性质设置→执行计算→结果分析。其中，常用的模型有：晶体结构、超晶胞模型、表面模型、界面模型、团簇模型等。一般的计算任务有单点能计算、结构几何优化、弹性常数计算、分子动力学计算、过渡态搜索、频率优化等。而在精度选择方面主要包含截断能设置、自洽精度选择、*K* 点大小、布里渊区和收敛标准等。在性能设置方面，根据计算目标可以在计算性能中选择能带结构、态密度、光学性质、电荷分布、声子谱等。在设置最合适的参数组之后，可以选择串行或者并行的计算策略开始运行计算任务。计算任务结束之后，根据性质设置进行相关体系结构得物理化学性质分析，如晶格常数测试、电子结构分析、光子图谱比对、力学常数及热力学性质分析，或者轨道布局分析等。一般计算模拟可分为三个步骤：首先，对于固体材料需要根据空间点群、晶格常数及原子坐标位置等来建立几何结构；而对于分子体系，则需要根据原子间几何关系、点群对称性、原子位置坐标等来建立合理得结构模型。然后，对建立的结构进行几何优化或者过渡态搜索，包括体系电子能量最小化和几何结构弛豫优化等过程。最后，对计算的物理化学性质进行具体分析，如电子密度分析、能带结构、态密度、光学性质分析等。

1.5.3　第一性原理理论计算在浮选中的研究进展

浮选过程实际上是矿浆多相界面的一系列吸附和解吸行为的综合表现。矿物表面行为和与水、浮选药剂及空气的相互作用是浮选的基础。近几十年来，经典化学的引入及分析方法（傅里叶变换红外光谱、X 射线光电子能谱等）的快速发展，极大地丰富了浮选理论。但是，现有手段仍然无法满足浮选多相界面复杂微观机理的研究及新型浮选药剂的开发[99]。

基于密度泛函理论（DFT）的第一性原理是物理学、化学和材料科学中研究原子、分子和凝聚相等多体系电子结构的一种建模方法。经过几十年的发展，能够对晶格常数、吸附能、能带结构、表面活性和其他物理化学性质进行预测[100]。基于此，可通过构建模型来分析微观机理。近年来，浮选理论在矿物晶体化学及晶格缺陷方面的研究、矿物表面水化（如亲水性和疏水性）研究、表面调控机理研究及捕收吸附机理研究等方面取得了快速的发展。

1.5.3.1　*矿物晶体化学及晶格缺陷研究*

浮选体系中，固相主要由目的矿物和脉石矿物组成。通常，矿物具有相对稳定的晶格参数（化学成分、键合类型、配位几何构型），这些参数不仅能够确定矿物的基本信息，也是影响矿物可浮性的主要因素。陈建华[101]采用 DFT 方法研究了黄铁矿（FeS_2）、白铁矿（FeS_2）和磁黄铁矿（FeS_{1-x}）的电子结构及其与可浮性之间的关系。计算结果表明，黄铁矿为直接带隙半导体，白铁矿为间接带隙半导体，而磁黄铁矿为导体。黄铁矿和白铁矿为低自旋态，而磁黄铁矿则为自旋-极化态。三种硫铁矿被氧化由易到难的顺序为磁黄铁矿、白铁矿、黄铁矿；用黄药捕收的可浮性由强到弱的顺序为白铁矿、黄铁矿、磁黄铁矿。研究结果从理论上解释三种硫铁矿与氧气作用的难易程度，以及用黄药捕收的可浮性难易程度。

有色金属硫化矿分选体系中，虽然给矿品位、药剂种类、药剂浓度及矿物的主要成分没有变化，但由于矿物晶格缺陷（空位缺陷、填隙缺陷、替位缺陷等）的存在，同一矿物即使在同一条件下也会出现浮选行为上的差异。而硫化矿的浮选行为已证实与电化学过程密切相关。研究人员对矿物的晶格缺陷和杂质的存在对浮选的影响做了相关研究。

Chen 等人[102]研究了 Zn 和 S 空位缺陷及闪锌矿表面活化机理。结果表明，空位缺陷的存在影响了闪锌矿的表面状态，Zn 空位的变化主要发生在 S 3*p* 轨道，S 空位由费米能级附近的 S 3*p* 轨道和 Zn 4*s* 轨道贡献，S 空位闪锌矿的电导率增大，Zn 和 S 空位缺陷均能够增大闪锌矿表面反应活性，Zn 空位闪锌矿的表面结构比 S 空位表面更加稳定，Cu 对 Zn 空位的取代反应比 Cu 对含 S 空位的 Zn 原子的取代反应容易，活化作用主要由 Cu 离子吸附在 Zn 空位的闪锌矿表面引起。此外，还研究了 10 种典型杂质对理想方铅矿的电子结构的影响[103]。研究发现，Mn、As、Bi、In 和 Sb 杂质使费米能级向较高能级移动，而 Ag、Cu 和 Tl 杂质使费米能级向较低能级移动。Mn、In、Sb、Zn 和 Tl 杂质会降低方铅矿的离子性，Sb、Mn 杂质可能导致方铅矿的过度氧化，不利于后续方铅矿的浮选。Li[104]计算了 Fe 和 S 空位缺陷黄铁矿的电子结构及对黄铁矿浮选行为的影响。研究结果表明，理想黄铁矿的 S—Fe 键的共价性大于 S—S 键，空位缺陷会导致周围原子的键之间的共价性增强，这有利于后续黄铁矿浮选；但是空位缺陷的存在会影响黄铁矿费米能级附近的电子能带结构，在禁带中出现了新能级，导致黄铁矿的费米能级升高，这又不利于黄铁矿的浮选。综合考虑空位的存在对矿物费米能级及原子间共价性的影响，提出空位的存在不利于黄铁矿的浮选。此外，还研究了含杂原子的黄铁矿电子性质及其与氧和黄药的反应活性[105]。研究表明，杂原子的存在使得黄铁矿晶胞体积扩大，杂原子与其周围原子之间存在较强的共价相互作用。含 As、Co 或 Ni 的黄铁矿比含 Se 或 Te 的黄铁矿更容易被氧氧化，含 Co 或 Ni 的黄铁矿与捕收剂的相互作用更大，理论计算结果与实验结果一致。

1.5.3.2 表面水化吸附研究

浮选过程中，矿物与药剂接触之前，会先跟水接触，即发生水化过程，矿物的水化对浮选有重要的意义。在实际生产中，为了将矿石组分中的目的矿物与非目的矿物分离，需要添加多种浮选药剂来调整不同矿物表面的亲水性或疏水性。但在 H_2O 分子存在的条件下，硫化矿表面的结构和电子性质会发生变化，浮选药剂在矿-水界面的吸附将不同于矿物表面[106]。因此，H_2O 分子对浮选药剂与硫化矿物表面的影响十分重要。经典的润湿理论从宏观上很好地解释了矿物表面的水化，极大地推动了浮选基础理论的研究。然而，在浮选理论已经深入分子甚至原子层次，经典理论已不能解释矿物-矿浆界面颗粒间的微观相互作用。基于 DFT 方法，近年来研究工作者开展了与浮选密切相关的水化机理。

Zhao 等人[107]采用 DFT 方法研究了 H_2O 分子在不同硫化矿物表面的吸附及其相互作用（见图 1-5)。研究结果表明，对于天然疏水性的矿物（如方铅矿、辉铜矿、辉锑矿和辉钼矿)，H_2O 分子只能通过不稳定的范德华力吸附在矿物表面，H_2O 分子与矿物表面相互作用原子之间的距离大于它们的半径之和，如单个 H_2O 分子在 MoS_2(001) 表面吸附后，Mo 与 O 的距离（0.4172nm）大于 Mo 与 O 原子半径之和（0.266nm）；而对于亲水性矿物(如黄铁矿)，H_2O 分子与矿物表面相互作用原子之间的距离小于或接近它们的半径之和，如 H_2O 分子的 O 与黄铁矿表面 Fe 原子的距离（0.2184nm）明显小于半径之和(0.237nm)，H_2O 分子在黄铁矿表面的吸附较为牢固。吸附能计算值（疏水性强其吸附能也越大）也证实了这一点。

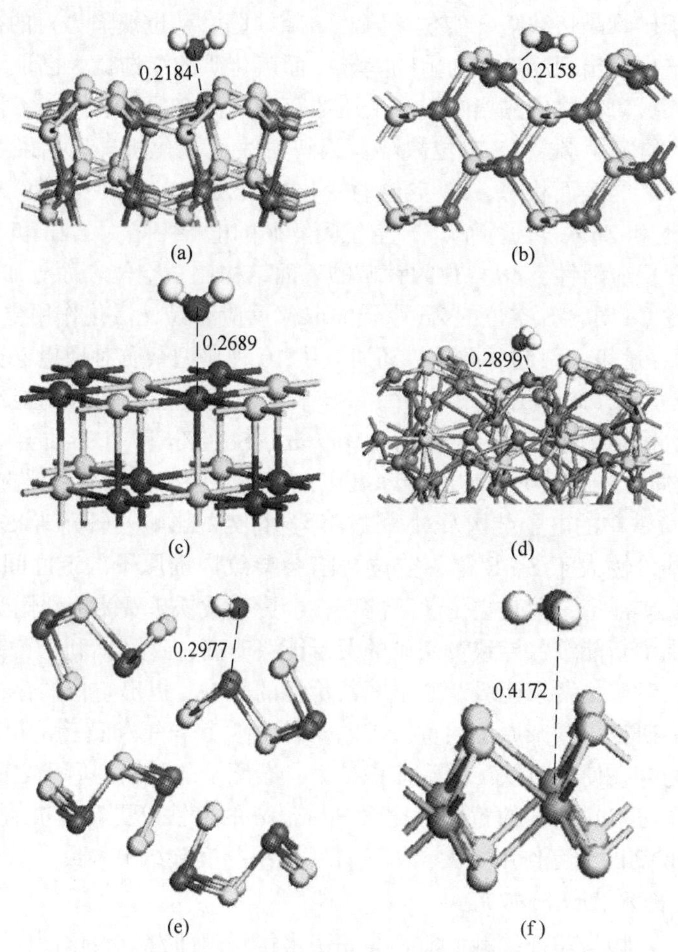

图 1-5　水分子在不同硫化矿物表面的吸附模型（单位：nm）
(a) FeS_2；(b) ZnS；(c) PbS；(d) Cu_2S；(e) Sb_2S_3；(f) MoS_2

多层水在矿物表面的吸附能够更为深入地揭示水化机理，Chen[108]研究了水分子在疏水性方铅矿（PbS）和亲水性黄铁矿（FeS_2）表面的吸附行为。计算结果表明，水分子在疏水性 PbS 表面的吸附主要通过 S 原子与 H 原子之间的氢键作用，在亲水性 FeS_2 表面的吸附主要通过表面 Fe 原子与水的 O 原子之间的相互作用，如图 1-6 所示。此外，还发现，方铅矿表面多层水的氢键作用减弱了 S…H 键相互作用，导致方铅矿表面疏水。黄铁矿表面多层水的氢键作用增强了 O 2p 轨道的活性，有利于 O 2p 与 Fe 3d e_g轨道的相互作用，导致黄铁矿表面亲水性增强，发生较大的弛豫。多层水的吸附会对方铅矿和黄铁矿表面的后续界面反应产生明显影响。Cui[109]研究了 H_2O 分子在氟磷灰石（001）表面的单分子和三层吸附行为。研究发现，单个 H_2O 分子与氟磷灰石（001）表面形成稳定的单位吸附、双位吸附和三位吸附的化学吸附结构，吸附通过 Ca 原子与水分子中 O 原子相互作用形成，长度为 0.23nm，与体中 Ca—O 键长度接近，它们的重叠主要由 O 2*p* 和 Ca 4*s* 态贡献，如图 1-7 所示。三层水团簇吸附在界面处发生了严重的水化重构，并形成了含有 Ca 原子的水分子的过渡界面区。过渡区下层以 Ca—O 离子键为主，上层以氢键为主（见图 1-8）。

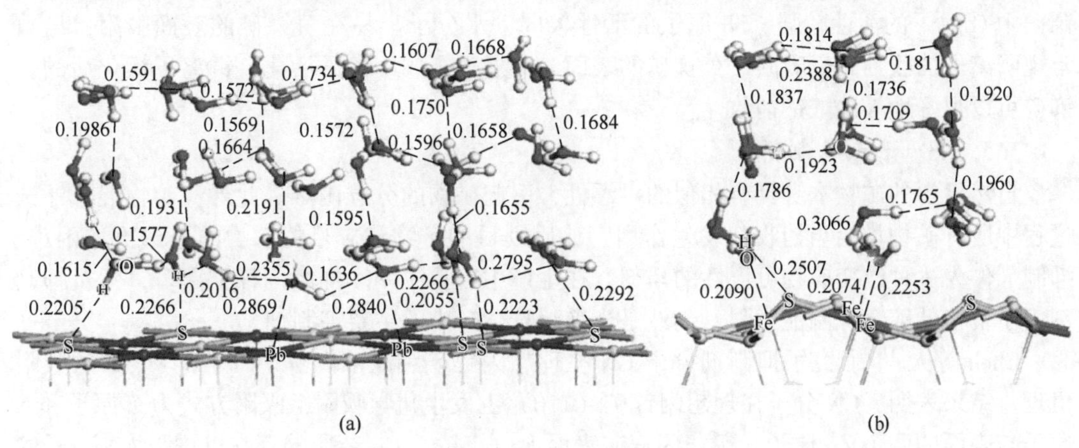

图 1-6 多层水分子在方铅矿和黄铁矿表面的吸附模型（单位：nm）

（a）PbS；（b）FeS_2

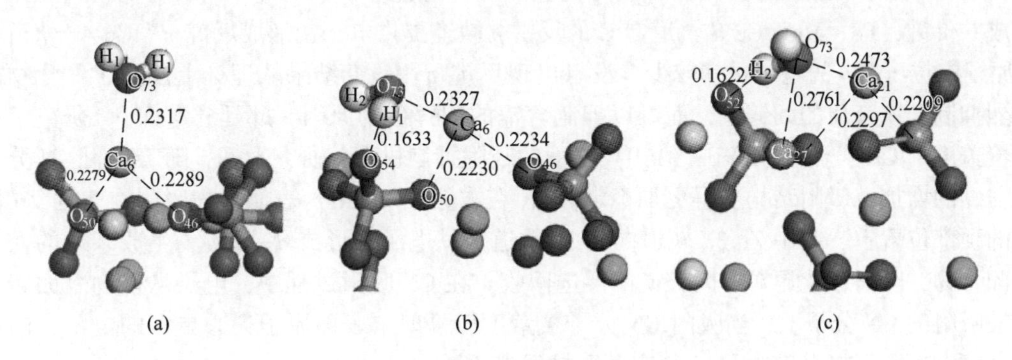

图 1-7 单个水分子在氟磷灰石表面的吸附构型（单位：nm）

（a）单位吸附；（b）双位吸附；（c）三位吸附

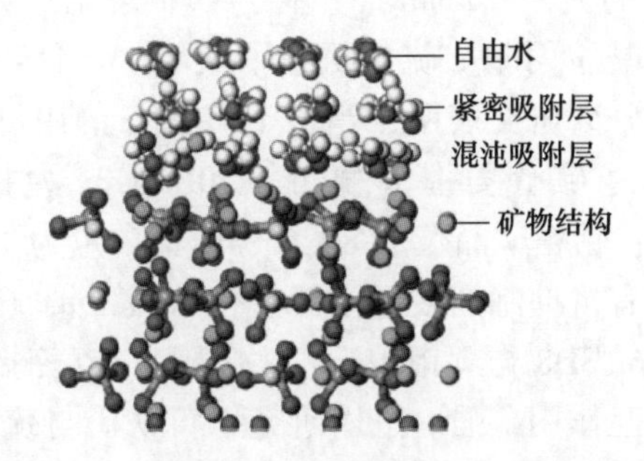

图 1-8 三层水分子在氟磷灰石表面的吸附构型

研究表明，水分子能以多种形式吸附在矿物表面，使得浮选更加复杂。Long 等人[110]研究了 H_2O 分子对疏水性方铅矿 PbS 和亲水性闪锌矿 ZnS 表面三种典型巯基捕收剂（黄药、二硫代氨基甲酸盐 DTC 和二硫代磷酸酯 DTP）相互作用的影响。研究发现，水分子的存在对矿物表面原子的电子分布、共价键合和反应活性有明显的影响，进而影响捕收剂与矿物表面的相互作用。水的吸附降低了亲水性闪锌矿 Zn 原子与 S 原子之间的共价键结合，并降低 ZnS 表面 Zn 原子对巯基捕收剂的反应活性，但对疏水性 PbS 表面影响不大。王进明等人[111]对 H_2O 分子在黄锑矿（Sb_2O_4）、（001）表面的吸附的研究结果也证实，黄锑矿中 O 原子的活性较强，Sb 原子的活性较弱，水分子容易在黄锑矿的表面吸附，导致常规阴离子捕收剂难以吸附于黄锑矿的表面，需通过金属阳离子活化，铜离子活化后的黄锑矿可以很好地被油酸钠捕收。

1.5.3.3 表面抑制研究

自然界中的矿物本身具有相似的可浮性，引起矿物的分选困难。此外，矿物混合浮选过程中所有矿物均会与捕收剂发生作用，让后续目的矿物和非目的矿物的分选更加困难。抑制剂作为一种改变矿物可浮性的药剂，在生产中广泛应用。抑制剂种类繁多，无机抑制剂由于价格低廉、抑制能力强，仍然是当前浮选生产中的主要抑制剂。

Chen 等人[112]研究了抑制剂分子 CN 在理想闪锌矿和缺陷闪锌矿（110）表面的吸附机理。结果表明，CN 分子在理想闪锌矿（110）上发生化学吸附，吸附方式为 C 原子和 N 原子与表面的两个 Zn 原子成键；闪锌矿表面 Fe 、Mn 、Cu 杂质的存在可增强 CN 分子的吸附，吸附方式主要通过 C 原子与杂质原子相互作用（见图 1-9），而含杂质 Cd 的闪锌矿表面与 CN 分子的相互作用较弱，吸附机理为 C *s* 轨道与 Fe、Mn、Cu 的 *sp* 轨道相互作用形成共价键，Fe、Mn、Cu *d* 轨道向 C 的反键 *p* 轨道提供电子，形成反键 π。Cd 4*d* 轨道对 C 原子空位 π^*2p 的电子贡献较少，没有出现反键 π。研究结果从理论上阐明了氰化物能强烈抑制含铁杂质的闪锌矿，而难以抑制含镉的闪锌矿的原因。邱廷省等人[113]研究了不同覆盖度的 CN 分子在闪锌矿（110）表面的吸附抑制机理。研究发现，随着吸附 CN 分子覆盖度的增加，吸附结构变得更加稳定。CN 在方铅矿（110）表面优先吸附在表面 Zn 原子的顶部位置上，其中 Zn 3*d* 轨道向 C 2*p* 轨道贡献电子，形成 *d*—*p* 键，生成亲水的氰化锌配合物，阻碍氰化尾矿中闪锌矿的浮选回收。在 CN 吸附过程中，电子从矿物表面转移到被吸附的 CN 分子上，当吸附 CN 分子覆盖度较高时，表面原子失去更多的电子，削弱了 Zn 和 S 原子在闪锌矿（110）表面上的反应活性。

由于无机抑制剂普遍存在选择性的问题，近年来，基于 DFT 理论计算开发及研究有机抑制剂吸附机理受到了一定的关注。Zhang[114]基于 DFT 理论计算，设计合成了一种方铅矿高分子有机抑制剂聚马来酰胺丙基二硫代氨基甲酸酯（PMA-PDTC），能够有效抑制方铅矿。对铜铅人工混合矿的分离研究表明，当 PMA-PDTC 的用量为 2.0mg/L 时，在 pH = 8.5 下，以 *O*-异丙基-*N*-乙基硫代氨基甲酸酯（IPETC）为捕收剂，铜精矿品位为 28.89%，铅含量为 12.12%；铅精矿品位为 80.65%，铜含量为 1.49%。Timbillah[115]采用 DFT 计算和浮选实验研究了有机抑制剂羧甲基三硫代碳酸二钠（Orform®D8）对铜钼矿石分选影响。研究证实了 Orform®D8 与辉钼矿不发生吸附，与黄铜矿和黄铁矿均存在较强的相互作用，且与黄铁矿的相互作用最强。王瑜研究了黄铁矿与巯基类小分子（巯基乙酸、巯基乙醇）的吸附及抑制。研究发现，与水分子相比，巯基类小分子更易在黄铁矿表面吸

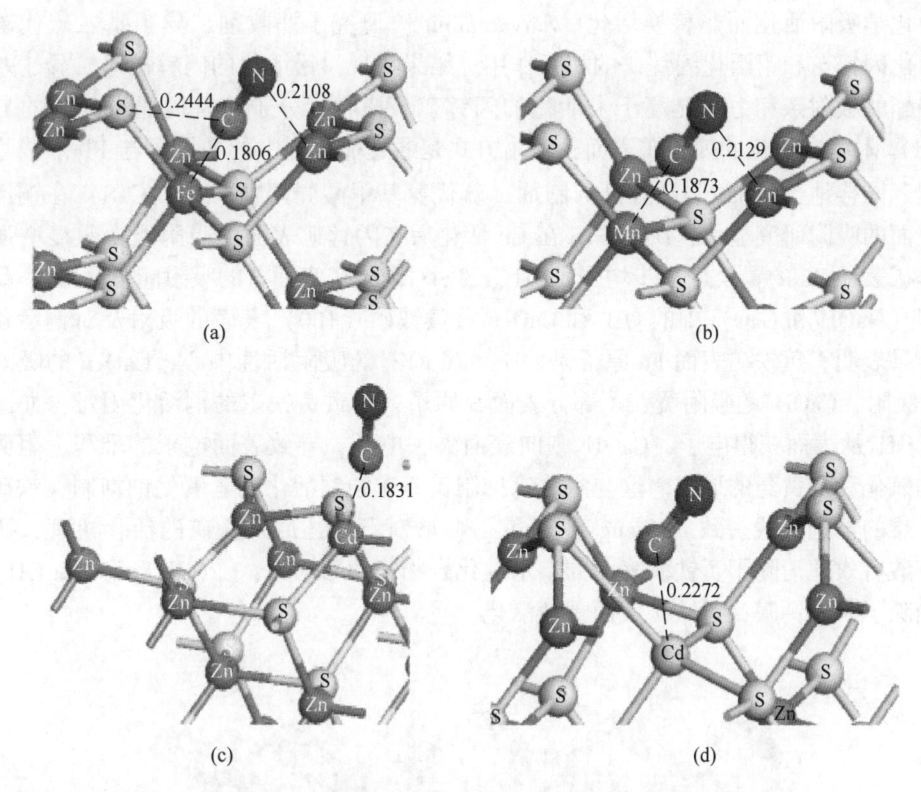

图 1-9 CN 在含有不同杂质原子 ZnS 表面的吸附构型（单位：nm）

(a) Fe; (b) Mn; (c) Zn; (d) Cd

附，S 原子对最高占据分子轨道（HOMO）的贡献要小于 Fe 原子的贡献，但对最低空轨道（LUMO）的贡献大于 Fe 原子，模拟结果为进一步研发新型黄铁矿抑制剂提供理论依据。Qin[116]研究了有机螯合抑制剂 *N*，*N*-二甲基二硫代氨基甲酸钠（DMDC）和捕收剂丁黄药（BX）在黄铜矿、闪锌矿和铁闪锌矿表面的共吸附。DMDC 在 $CuFeS_2$（112）和 ZnS（110）表面的吸附能分别为-240.38kJ/mol 和-81.65kJ/mol，DMDC 和黄铜矿之间的吸附更强。电子结构计算表明，DMDC 上，Zn 3*d* 轨道、Cu 3*p*、3*d* 轨道和 S 3*p* 轨道分别吸附，电子分别从 Cu、Zn 转移到 S 原子。DMDC 通过形成 $Cu(DMDC)_2$ 从矿浆和闪锌矿/铁闪锌矿表面还原铜，当用 DMDC 预处理时，捕收剂（BX）无法吸附。但是用 DMDC 将 BX 共吸附在黄铜矿上，可提高其浮选性能。DMDC 是一种很有前景的铜锌矿选择性浮选抑制剂。

1.5.3.4 表面活化研究

在浮选过程中，无机盐作为最常用的活化剂，广泛用于闪锌矿、黄铁矿、辉锑矿、锂辉石和白钨矿等矿物的选择性活化。

Liu 等人[117]研究了 Cu^{2+} 活化闪锌矿的机理。结果表明，活化作用主要靠 Cu^{2+} 在闪锌矿（110）解离面上 S 原子的吸附。相较于顶部位置的 S 原子，Cu^{2+} 更易吸附在 S 原子的桥接处发生吸附（见图 1-10）。Cu^{2+} 吸附后形成了 Cu 3*d* 轨道峰和 S 3*p* 轨道峰重叠在-2.00eV和 0eV 之间，Cu^{2+} 活化吸附为化学吸附，刘小妹等人[118]的研究也证实 Ag^+ 活化闪锌矿为化学吸附活化而非替换活化。Sarvaramini[119]研究了捕收剂二异丁基二硫代磷酸酯与未活化闪锌矿和铅活化闪锌矿的相互作用。结果发现，铅活化的闪锌矿对二异丁基二硫代磷酸酯的吸附亲和力明显高于未活化的闪锌矿。捕收剂分子溶解后通过吸附的 Pb^{2+} 或 $Pb(OH)_2$ 附着在活化的闪锌矿表面，吸附方式是通过捕收剂中的 S 原子与 Pb 形成稳定的共价键。同样地，Dong[120]对有机抑制剂二硫代氨基甲酸壳聚糖（DTC-CTS）在铜活化闪锌矿表面的吸附研究显示，DTC-CTS 在 Cu 活化后在闪锌矿表面的吸附能力明显增强。Cu 对闪锌矿表面 Zn 的置换进一步增强了 DTC-CTS 对闪锌矿表面 S 的吸附能力。Li[121]研究了抑制剂（NaOH 和 CaO）中的 OH^- 和 $CaOH^+$ 对黄铁矿（100）表面的吸附及对铜活化的机制。结果表明，黄铁矿表面 Fe 原子是 OH^- 和 $CaOH^+$ 的吸附活性中心，$CaOH^+$ 的吸附强于 OH^- 的吸附，$CaOH^+$ 的吸附覆盖了部分表面 S 原子，导致黄铁矿的铜活化困难，如图 1-11 所示。OH^- 从表面获得电子，$CaOH^+$ 则向表面失去电子，导致表面电子的堆积，阻碍了黄铁矿的氧化和双黄药的形成。这与氧化钙抑制黄铁矿的铜活化比氢氧化钠抑制黄铁矿的铜活化困难的浮选实践一致。Huang[122]研究了草酸对石灰还原黄铁矿的活化机理，研究发现，草酸有效地消除了黄铁矿表面的亲水性化合物，如 $CaCO_3$、$Ca(OH)_2$ 和 $Fe(OH)_3$ 等，进而消除了亲水钙膜，黄铁矿表面重新活化。

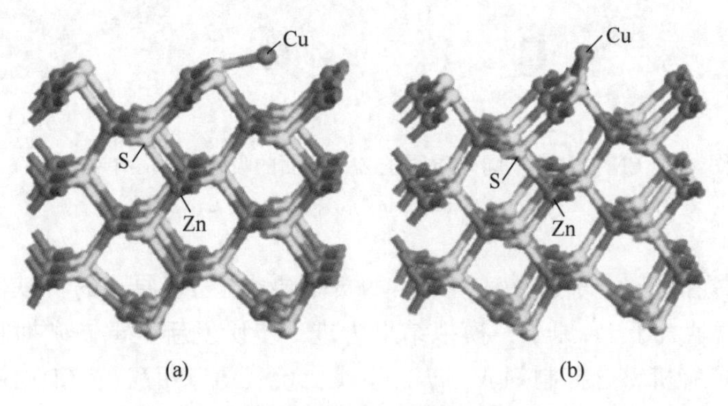

图 1-10 Cu^{2+} 在闪锌矿（110）表面的吸附

（a）顶位吸附；（b）桥接处吸附

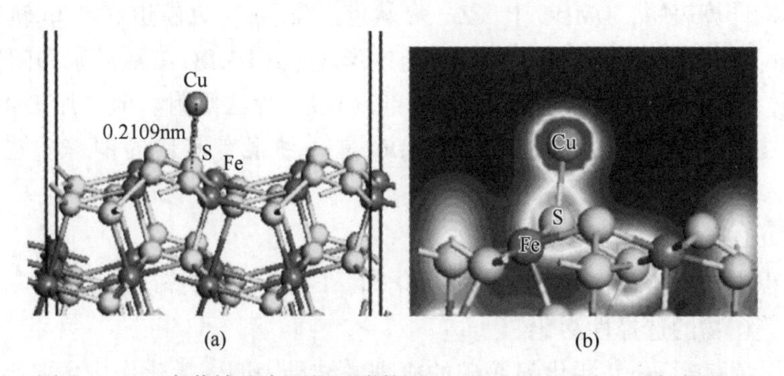

图 1-11 Cu 在黄铁矿表面的吸附构型(a)和 Cu-S 原子电子密度图(b)

1.5.3.5 捕收剂吸附研究

捕收剂的作用是在矿物表面选择性地形成疏水层，促使疏水颗粒附着在气泡上并回收富集泡沫中的颗粒。黄药和二硫代磷酸酯是世界各国金属硫化矿物浮选中使用最普遍、最广泛的捕收剂，基于 DFT 理论，其吸附研究得到了广泛的报道。

Hung 等人[123]通过 DFT 计算发现，黄药的化学吸附发生在 FeS_2 表面上的缺陷处，包含低配位 Fe 位置和靠近裂解 S—S 键的位置。Long 等人[124]提出黄药在 ZnS 表面的吸附受水的吸附和表面上的铜取代的影响。ZnS 表面水分子的吸附导致 Zn 的 $3d$、$4s$ 和 $4p$ 轨道的局部化，降低表面 Zn 原子与黄药的反应性，不利于黄药的吸附；ZnS 表面的铜取代降低表面的带隙，有利于黄药的吸附。Liu 等人[125]研究了铜活化对黄药在闪锌矿表面吸附。结果表明，铜活化闪锌矿表面与乙黄药（EX）有 4 种稳定的相互作用模式，4 种相互作用模式均可导致闪锌矿活化浮选。4 种稳定的模式分别为 EX 与 Cu 取代 Zn 相互作用、Cu 吸附在 S 的顶位上、Cu 吸附在 S 的桥位上、$Cu(OH)_2$ 吸附在闪锌矿表面，如图 1-12 所示。态密度（DOS）表明，ZnS 中 Zn $3d$ 轨道和 EX 中 S $3p$ 成键轨道的能级差异，导致了 EX 在未活化闪锌矿表面的弱吸附。而铜活化后 Cu $3d$ 轨道峰和成键 S $3p$ 轨道峰在费米能级附近重叠最大，有利于黄药的吸附。Chen 等人[126]研究了空间位阻对黄药在闪锌矿表面吸附的影响。闪锌矿（110）表面的弛豫导致闪锌矿表面 Zn 原子配位数由 4 个减少到 3 个，S 原子半径大，表面 S 原子会在空间上阻碍锌原子，产生空间位阻效应，如图 1-13 所示。表

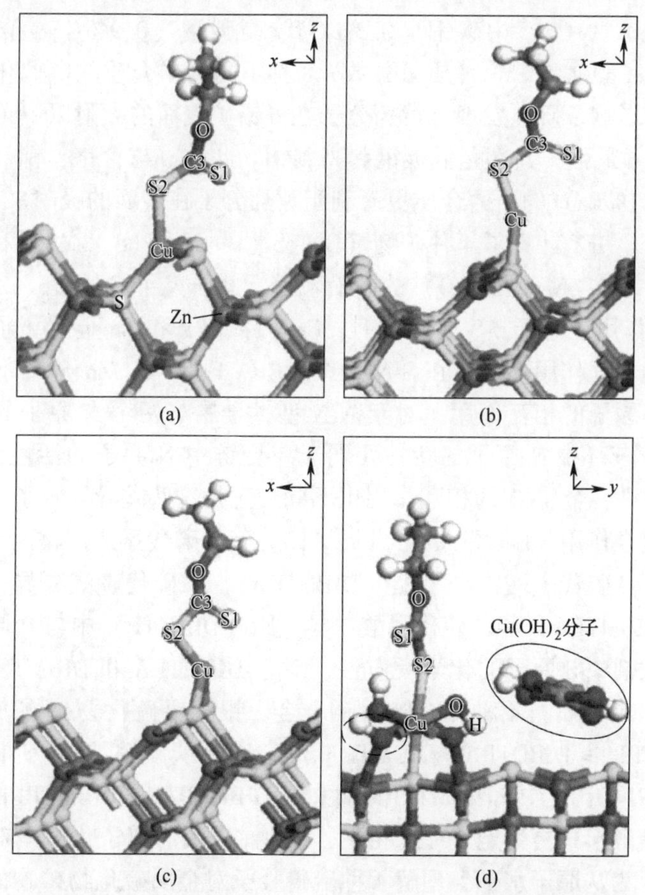

图 1-12 EX 与铜活化 ZnS（110）表面的相互作用示意图

（a）EX 与取代 Cu；（b）吸附在 S 顶部的 Cu；（c）吸附在 S 桥位的 Cu；
（d）吸附在 ZnS 表面的 $Cu(OH)_2$ 的相互作用

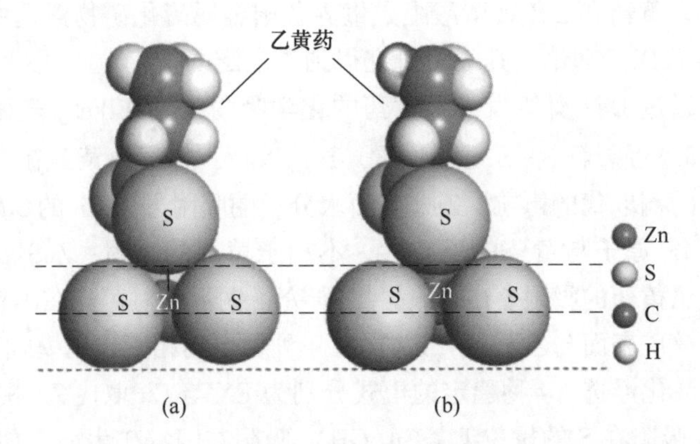

图 1-13 闪锌矿表面的平面三角形结构和乙黄药分子间的空间位阻示意图
(a) 空间位阻；(b) 无空间位阻

面 Zn 和黄药 S 原子的反应必须克服由空间位阻效应引起的势垒。而 Cu 原子取代表面 Zn 原子可以降低空间位阻效应引起的能垒，有助于黄药的吸附。研究进一步证实黄药在未活化的闪锌矿表面不能吸附，而在铜活化的闪锌矿表面能强吸附的原因。Ke 等人[127]研究了方铅矿与低碳钢（0.1%C）、中碳钢（0.3%C）、高碳钢（0.9%C）、含 0.1%Ce、0.1%La、0.1%Y、4.6%Cr、1.5%Mn（质量分数）8 种不同磨矿介质的电偶作用及其对黄药在方铅矿表面吸附的影响。研究发现，黄药分子在方铅矿表面的吸附以中碳钢（碳含量（质量分数）为 0.3%）最强，其次是低碳钢和高碳钢。此外，与含铬、铈、钇、锰的研磨介质相比，含镧（0.1%La）的研磨介质更有利于黄药分子在表面的吸附。

Li 等人[128]基于 DFT 计算了 4 种矿物（$CuFeS_2$、FeS_2、PbS、ZnS）和 6 种螯合捕收剂（S-S、S-N、N-N、S-O、N-O 和 O-O）的前沿轨道，并研究了 Cu、Pb、Zn 和 Fe 阳离子与 6 种螯合捕收剂的作用。对于 S-S 型捕收剂，Cu、Fe、Pb 和 Zn 金属离子与双 S 键、单配位 S 和双配位 S 的相互作用不同；在 S-N 型中，Cu、Fe、Pb、Zn 金属离子与 N 原子的相互作用要弱于与 S 原子的相互作用；对于 N-N 型，金属与两个 N 原子的相互作用基本相同；对于 N-O 型，苯环中 N 原子的活性要弱于应变链中 N 原子的活性；在 S-O、N-O 和 O-O 型螯合捕收剂中，金属-O 的相互作用也不同，正是这些差异导致了不同螯合捕收剂对金属离子的不同螯合作用。Liu 等人[129]开展了四种硫代磷酸浮选捕收剂与硫化矿物的构效关系。结果表明，二硫代磷酸二异丁酯（DIBDTPA）、二硫代磷酸二异丁酯（DIBDTPI）、二硫代磷酸酯（DIBMTPA）和二硫代膦酸二异丁脂（DIBMTP）中与 P 原子键合的 O 原子显著影响四种捕收剂中 S 原子的化学反应性，对于 DIBMTPA 和 DIBMTPI，还能够参与金属原子的化学键形成。预测 4 种化合物对铜、金、银和铅硫化物矿物表面的反应活性为 DIBDTPI ≥ DIBMTPI ≥ DIBDTPA > DIBMTPA，其对黄铁矿和闪锌矿的浮选选择性为 DIBDTPA<DIBDTPI<DIBMTPI<DIBMTPA。此外，DIBMTPA 或 DIBMTPI 的酸性或离子种类的硫酮形式比其硫醇形式更稳定，在水相中，4 种捕收剂的离子化硫酮对矿物表面的亲和力最强。研究结果为从原子水平上理解 4 种硫磷分子对金属硫化物矿物的吸附活性和选择性，以及设计新的硫磷化合物以提高它们的浮选回收率提供了潜在的途径。

秦伟等人[130]基于 DFT 和 B3LYP 研究了 2-巯基苯并噻唑类螯合捕收剂的电子转移能力

与取代基团的关系。结果表明，随着取代基团碳链增加，分子的 HOMO 轨道能量升高，电子转移能力增强。据此设计并合成了 3 种理论活性较高的捕收剂 EMBI、PMBI 和 BMBI，它们在方铅矿、闪锌矿和黄铁矿的吸附能力为：方铅矿>闪锌矿>黄铁矿，吸附量随取代基团的增加而增大，由大到小次序为：BMBI>PMBI>EMBI，与理论计算结果一致。

1.6　钼的提取工艺及研究进展

浮选后的钼精矿是钼提取的主要原料。从钼精矿中提取钼的方法分为火法和湿法，即氧化焙烧—湿法浸出工艺和全湿法氧化分解工艺。无论是火法还是湿法，其共同点都是先将硫化钼氧化成氧化钼或其盐类，然后将获得的氧化钼或其盐类进一步处理得到钼酸盐溶液。

1.6.1　火法提取工艺

1.6.1.1　氧化焙烧—氨浸工艺[131]

氧化焙烧—氨浸工艺是目前生产钼酸铵的主要工艺。钼精矿的氧化焙烧是一个复杂的物理化学反应过程，焙烧的目的是将二硫化钼氧化成三氧化钼。钼精矿整个焙烧氧化过程可分为四类。

第一类反应：硫化钼在氧气作用下氧化成三氧化钼，为主反应，反应见式（1-22）：

$$MoS_2 + 3.5O_2 \longrightarrow MoO_3 + 2SO_2 \tag{1-22}$$

反应式（1-22）是一个不可逆的强放热反应，在正常的焙烧条件下获得的唯一产物是三氧化钼。但是，如果焙烧过程中产生的二氧化硫浓度高于理论含量 13.2%时，焙砂中会形成一定量的二氧化钼，这就是第二类反应。

第二类反应：硫化钼、氧化钼与氧气之间发生的氧化还原反应。在焙烧高温下，主反应生成的三氧化钼与二硫化钼反应生成二氧化钼，见式（1-23）；二硫化钼在氧气不充分的条件下形成二氧化钼，见式（1-24）；同时，在硫化钼、氧化钼和氧气之间发生一系列生成二氧化钼的过程，见式（1-25）~式（1-34）：

$$MoS_2 + 6MoO_3 \longrightarrow 7MoO_2 + 2SO_2\uparrow \tag{1-23}$$

$$MoS_2 + 3O_2 \longrightarrow MoO_2 + 2SO_2 \tag{1-24}$$

$$2MoO_2 + O_2 \longrightarrow 2MoO_3 \tag{1-25}$$

$$2MoS_2 + 2SO_2 \longrightarrow 2MoO_2 + 3S_2 \tag{1-26}$$

$$4MoO_3 + S_2 \longrightarrow 4MoO_2 + 2SO_2\uparrow \tag{1-27}$$

$$2O_2 + S_2 \longrightarrow 2SO_2 \tag{1-28}$$

$$2MoS_2 + 2O_2 \longrightarrow Mo_2S_2 + 2SO_2 \tag{1-29}$$

$$Mo_2S_3 + 3O_2 \longrightarrow 2Mo + 3SO_2 \tag{1-30}$$

$$Mo + O_2 \longrightarrow MoO_2 \tag{1-31}$$

$$Mo_2S_2 + 4O_2 \longrightarrow 2MoO_2 + 2SO_2 \tag{1-32}$$

$$4MoS_2 + 2MoO_2 \longrightarrow 3Mo_2S_2 + 2SO_2\uparrow \tag{1-33}$$

$$Mo_2S_2 + 2MoO_2 \longrightarrow 4Mo + 2SO_2\uparrow \tag{1-34}$$

第三类反应：矿石中其他金属硫化物的氧化反应，生成相应的氧化物和硫酸盐，反应见式（1-35）~式（1-37）：

$$2MeS + 3O_2 \longrightarrow 2MeO + 2SO_2 \quad (1\text{-}35)$$

$$2SO_2 + O_2 \longrightarrow 2SO_3 \quad (1\text{-}36)$$

$$MeO + SO_3 \longrightarrow MeSO_4 \quad (1\text{-}37)$$

式中，Me 为金属 Cu、Fe 等。

第四类反应：主反应形成的三氧化钼与其他金属氧化物、硫酸盐及碳酸盐生成钼酸盐的反应，反应见式（1-38）~式（1-40）：

$$MeO + MoO_3 \longrightarrow MeMoO_4 \quad (1\text{-}38)$$

$$MeSO_4 + MoO_3 \longrightarrow MeMoO_4 + SO_3 \quad (1\text{-}39)$$

$$MeCO_3 + MoO_3 \longrightarrow MeMoO_4 + CO_2\uparrow \quad (1\text{-}40)$$

式中，Me 为金属 Cu、Fe、Ca、Pb 等。

这四类反应中第四类反应非常关键，焙烧过程中非常容易生成钼酸铁、钼酸铜、钼酸锌、钼酸铅及钼酸钙等盐类。其中，钼酸钙和钼酸铅在氨水中溶解度小，当焙砂中存在这两种钼酸盐时会显著地降低钼浸出率。因此，焙烧过程中需要严格控制 SO_2 的浓度，尽量少形成钼酸铅和钼酸钙。

黄草明[132]研究了焙烧工艺条件对钼精矿氨浸的影响。结果表明，焙烧温度较低，钼精矿氧化不完全，使钼精矿的氨浸和回收率都较低；而温度过高，虽然氨浸率维持较高的水平，但回收率有所降低。随着焙烧时间的增加，氨浸率和回收率先逐渐增大后趋于稳定。在 600℃焙烧 2h 及适宜的浸出条件下，钼浸出率达到 93.54%。钼焙砂浸出渣主要含有 $CaMoO_4$和 SiO_2，前者是钼精矿难以完全浸出的主要原因。在浸出液中加入适量碳酸钠，可使钼精矿浸出率增加至 97.5%。

甘敏等人[133]采用氧化焙烧—HNO_3/NH_4NO_3预处理—氨浸出工艺强化提取钼矿石中的钼。研究发现，钼焙砂中存在钼酸盐及低价钼会导致氨浸的钼浸出率低。HNO_3/NH_4NO_3预处理使难溶钼酸盐转化为可溶于氨水的钼酸，同时，在钼酸盐效应的作用下抑制预处理过程钼的损失，从而提高钼的综合回收率，并提出 HNO_3/NH_4NO_3 预处理的适宜工艺参数：HNO_3 浓度 120g/L、NH_4NO_3 浓度 100g/L、液固比 3∶1、浸出时间 120min、浸出温度 90℃。与非预处理的直接氨浸相比，氨浸渣中残留的钼含量从 20.00%降低到 5.13%，钼的回收率从 75.90%提高到 95.38%，有了大幅度的提高。

氧化焙烧—氨浸工艺具有工艺成熟、易于操作、设备要求不高等优点，但该工艺存在以下问题，如氧化焙烧产生大量低浓度含硫烟气，处理难度较大，环境污染较重；焙烧温度高，生成的 MoO_3 易挥发，含铜、铅、铋等低熔点金属元素多的辉钼矿焙烧时易结块，内部物料难以氧化充分，导致焙砂中硫含量升高，金属回收率低，价值较高的稀有金属 Re 在焙烧过程中几乎全部进入烟气中，回收率低，造成资源极大浪费[134-135]。

1.6.1.2 固硫焙烧—浸出工艺

为解决传统氧化焙烧工艺中含硫烟气污染和 Re 回收率低的问题，学者提出添加剂辅助焙烧工艺，添加剂主要有 $Ca(OH)_2$、$CaCO_3$、Na_2CO_3 和 NaCl 等。

A 钙化焙烧—浸出工艺

钙化焙烧法是为了回收钼精矿中的 Re 而开发的一种焙烧工艺，在焙烧过程中，Mo 和 Re 与 $Ca(OH)_2$ 或 $CaCO_3$ 反应生成钼酸钙 $CaMoO_4$和高铼酸钙 $Ca(ReO_4)_2$，反应见式（1-41）~式（1-43）。$Ca(ReO_4)_2$ 在水中的溶解度大，而 $CaMoO_4$在水中很难溶解。因此，通过水浸，使 Mo 和 Re 彻底分离。一般焙烧后的焙砂经水浸后，将含有 $CaMoO_4$的浸出渣用热的 H_2SO_4浸出，回收其中的 Mo 及其他有价金属[136]。

$$2MoS_2 + 6Ca(OH)_2 + 9O_2 \longrightarrow 2CaMoO_4 + 4CaSO_4 + 6H_2O \tag{1-41}$$

$$4ReS_2 + 10Ca(OH)_2 + 19O_2 \longrightarrow 2Ca(ReO_4)_2 + 8CaSO_4 + 10H_2O \tag{1-42}$$

$$2MoS_2 + 6CaCO_3 + 9O_2 \longrightarrow 2CaMoO_4 + 4CaSO_4 + 6CO_2\uparrow \tag{1-43}$$

陈许玲等人[137]采用石灰焙烧—酸浸提钼工艺对低品位钼精矿进行提钼及焙烧反应机理的研究，结果表明，焙烧主要发生 $Ca(OH)_2$ 分解、MoS_2 氧化、MoO_2 再氧化及钼酸盐的生成等反应，焙烧过程主要产生 MoO_2、MoO_3、$CaMoO_4$、$CaSO_4$等物相。当焙烧温度高于600℃、反应时间大于90min时，辉钼矿被充分氧化，焙砂中低价态钼消失，焙砂主要物相为 $CaMoO_4$和 $CaSO_4$；石灰焙烧适宜的条件为 $Ca(OH)_2$ 与钼精矿质量比 1∶1、焙烧温度 650℃、焙烧时间 90min，焙烧过程硫的保留率可达 91.49%。钼焙砂酸浸适宜的浸出温度为 90℃、浸出时间为 2h、H_2SO_4浓度为 70g/L、液固比为 5∶1，此时钼浸出率可达 99.12%，$CaMoO_4$被完全溶出。

与 $Ca(OH)_2$ 相比，$CaCO_3$ 作为固硫剂在工业中应用更为广泛，并具有贮存方便、稳定性好、经济性好等优点。

B　钠化焙烧—浸出工艺

钠化焙烧法适用于低品位钼精矿中 Mo 的回收，焙烧过程中 Mo 与苏打 $NaCO_3$ 反应生成易溶于水的钼酸钠 Na_2MoO_4，而矿石中的绝大部分杂质留在渣中，使低品位钼精矿中的 Mo 与渣相实现最大程度的分离，反应见式（1-44）：

$$2MoS_2 + 6Na_2CO_3 + 9O_2 \longrightarrow 2Na_2MoO_4 + 4Na_2SO_4 + 6CO_2\uparrow \tag{1-44}$$

钠/钙化焙烧—浸出工艺均可用于处理低品位复杂矿，焙烧过程不产生 SO_2 气体。不足之处在于能耗高，反应需要添加较多的焙烧剂，导致焙烧量和浸出渣量增加。

邹振球等人[138]采用 $CaCO_3$ 钙化焙烧—稀 H_2SO_4浸出工艺，萃取回收 Mo 和 Re，全流程钼回收率大于 95%，Re 回收率大于 87%；添加 Na_2CO_3 焙烧[139]，Na_2MoO_4和 Na_2SO_4为最终反应产物，较优的焙烧条件为温度 850℃，碳酸盐过量 5%。

Zhou 等人[140]通过热力学计算及焙烧实验开展了辉钼矿-$CaCO_3$ 氧化焙烧新工艺研究，提出“$CaCO_3$ 氧化焙烧—$(NH_4)_2CO_3$ 浸出”的钼酸铵生产工艺，流程图如图 1-14 所示。研究表明，氧焙烧可在较低温度下进行，反应速率主要受传质和传热的影响，提高温度、延长时间、添加矿化剂有利于提高转化率，焙烧固硫率随 $CaCO_3$ 用量的增加而增大，当 $CaCO_3$ 与 MoS_2 摩尔比为 3.6 时，钼精矿中的 MoS_2 分解率达到 99%，固硫率达 95%；控制 $(NH_4)_2CO_3$ 浓度 600g/L、液固比为 10mL/g，在 85℃ 下浸出 7h，Mo 浸出率达 98.2%，$CaCO_3$ 和 SiO_2 是浸出残渣中的主要相成分，可返回配料重复使用，浸出液主要成分为 $(NH_4)_2MoO_4$和 $(NH_4)_2SO_4$，经净化和酸沉得到钼酸铵产品和主要成分为 $(NH_4)_2SO_4$的母液。母液中添加 $CaCO_3$（浸出渣），$(NH_4)_2SO_4$转化为 $(NH_4)_2CO_3$，可返回浸出，循环使用，反应见式（1-45）。

$$CaCO_3 + (NH_4)_2SO_4 \longrightarrow CaSO_4 + (NH_4)_2CO_3 \tag{1-45}$$

“$CaCO_3$ 氧化焙烧—$(NH_4)_2CO_3$ 浸出”工艺不仅氧化过程快、挥发少，而且还可有效固硫，浸出渣在配料时重复使用，可消除钼的随渣损失，母液用于制备浸出剂可实现溶液

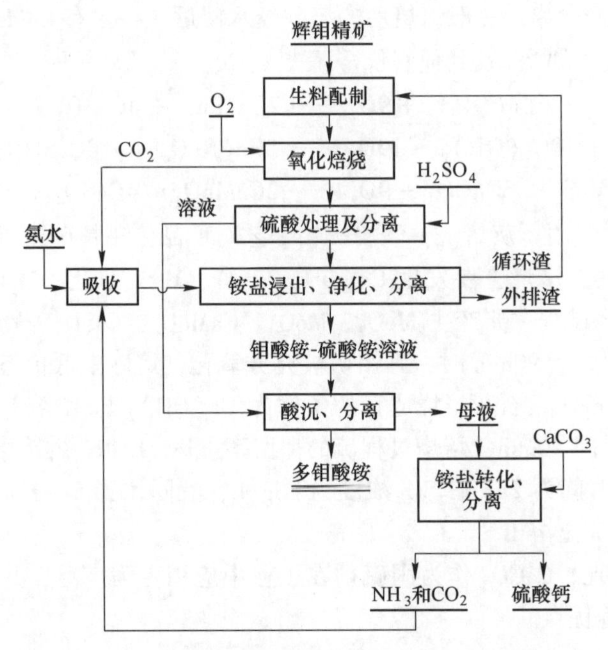

图 1-14 辉钼精矿制备钼酸铵原则工艺流程图

循环和废水零排放[141]。相比于现行钼酸铵生产工艺，该工艺符合新形势下产业发展方向，在实现钼酸铵清洁生产的同时，有望取得显著的经济效益，具有很好的推广应用前景。

1.6.1.3 氯化焙烧—浸出工艺[142]

Medvedev 等人[143]提出在辉钼精矿中配入 NaCl 焙烧，高温下 MoS_2 先与 O_2 反应生成 MoO_3 和 SO_2，在 NaCl 存在时，SO_2 被氧化生成 Na_2SO_4，MoO_3 则与 NaCl 反应生成 Na_2MoO_4和 MoO_2Cl_2，反应见式（1-46）~式（1-49）。

$$2MoS_2 + 7O_2 \longrightarrow 2MoO_3 + 4SO_2\uparrow \tag{1-46}$$

$$2NaCl + SO_2 + O_2 \longrightarrow Na_2SO_4 + Cl_2\uparrow \tag{1-47}$$

$$2MoO_3 + 2NaCl \longrightarrow Na_2MoO_4 + MoO_2Cl_2 \tag{1-48}$$

总反应式为：

$$2MoS_2 + 11O_2 + 10NaCl \longrightarrow Na_2MoO_4 + 4Na_2SO_4 + 4Cl_2\uparrow + MoO_2Cl_2 \tag{1-49}$$

研究表明，在温度为 450℃、焙烧时间 90min 和 150%过量的 NaCl 的条件下焙烧，产物采用水、碱两段浸出，钼回收率不低于 98%。焙烧过程中配入 NaCl 可有效减少 SO_2 的释放，降低焙烧温度。

1.6.1.4 还原焙烧工艺

Afsahi 等人[144-145]研究在有 CaO 的条件下，MoS_2 粉末与氢的反应。在温度为 973~1173K，氢浓度为 30%~100%的条件下，应用“收缩未反应核模型”对实验数据进行分析，表明还原反应相对于气态反应物是一级反应，反应速率常数和活化能分别为 3.91×10^3 cm/min 和 139.0kJ/mol。

王多刚等人[146]对三种无 SO_2 污染的辉钼矿氢还原生产金属钼工艺路线进行了热力学分析，结果表明，不采用固硫剂，辉钼矿直接氢还原反应是很难进行的；采用 CaO 作固硫剂，辉钼矿氢还原反应可以进行，随着温度的升高氢气利用率逐渐增加；采用 Na_2CO_3 作固硫剂，辉钼矿氢还原反应的产物通过水洗可以得到纯金属钼粉，氢气利用率随着温度的升高与压力的下降而增加。该方法可处理较低品位的辉钼矿，是一种有潜力提取 Mo 的方法。

1.6.1.5 直接热解工艺

Donald[147]最早提出了辉钼矿的直接热解工艺，高温下 MoS_2 会发生分解反应，热解一段时间后往炉内通入氢气，产物在还原气氛中冷却可以得到金属钼，反应见式（1-50）和式（1-51）：

$$4MoS_2 \longrightarrow 2Mo_2S_3 + S_2 \tag{1-50}$$

$$2Mo_2S_3 \longrightarrow 4Mo + 3S_2 \tag{1-51}$$

王磊等人[148-149]研究了辉钼矿的真空热分解并进行了热力学计算，同时开展了验证性研究，获得了分解过程的微观反应动力学方程的关键性参数并得到含钼 93.69%的金属钼和含硫 98.6%的硫黄。周岳珍等人[150]提出真空热分解—酸碱联合浸出法制备钼粉及硫黄工艺，并在最佳条件下获得钼含量为 98.29%的钼粉。

此外，符剑刚等人[151]考虑到软锰矿具有强氧化性，在硫酸锰工业生产中，需先将其还原。在辉钼矿焙烧过程中加入软锰矿，正好可利用两者的氧化性和还原性。辉钼矿在 450~550℃配入 MnO 焙烧，MoS_2 的分解率接近 100%，产物以 $MnMoO_4$为主，当 $n(Mn):n(Mo)=9$ 时，固硫率接近 98%。

1.6.2 全湿法氧化分解工艺

辉钼矿在 25~200℃ 可以被氧化剂 Fe^{3+}、MnO_2、Cl_2、OCl^- 和 O_2 等氧化成钼酸 H_2MoO_4。因此，可采用氧化剂将 MoS_2 氧化，Mo 以 H_2MoO_4的形式留在固相中，杂质进入液相。全湿法氧化分解工艺主要包括硝酸常压法、次氯酸钠法、常压碱浸法、硝酸高压氧浸法、高压碱浸法、氧压水浸法、电氧化法和微生物氧化法等。

1.6.2.1 硝酸常压法

硝酸常压工艺利用 HNO_3 的酸性和强氧化性，将 MoS_2 在浓度为 25%~50%的热硝酸溶液中迅速氧化，反应后生成的 $HMoO_4$沉淀和 Mo 离子分别进入浸出渣和浸出液中，其他杂质反应后进入溶液中，发生的主要反应见式（1-52）~式（1-54），可通过调控液固比、酸度来改变 Mo 在两相中的分配量。

$$MoS_2 + 6HNO_3 \longrightarrow H_2MoO_4\downarrow + 2H_2SO_4 + 6NO\uparrow \tag{1-52}$$

$$MoS_2 + 18HNO_3 \longrightarrow MoO_4^{2-} + 2SO_4^{2-} + 18NO_2\uparrow + 6H^+ + 6H_2O \tag{1-53}$$

$$3MeS + 8HNO_3 \longrightarrow 3MeSO_4 + 8NO\uparrow + 4H_2O \tag{1-54}$$

式中，Me 为 Cu、Ni、Fe、Zn 等。

Kholmogory 等人[152]考察了 HNO_3 和 NO_2 对 MoS_2 的氧化作用，认为 HNO_3 氧化分解 MoS_2 过程中产生的氮氧化物可以促进 MoS_2 的氧化，并提出溶解在溶液中的 Mo 离子以 MoO_2^{2-} 和 $MoO_2(SO_4)_2^{2-}$ 形式存在。吴保林等人[153]研究了 HNO_3-H_2SO_4体系中机械活化对辉钼矿浸出动力学的影响，认为 MoS_2 呈层状结构，层与层之间由微弱的范德华力维系，受外力作用时，很容易发生层间滑移，因此机械活化对浸出过程影响不大。李飞等人[154]研究了辉钼矿 HNO_3-H_2SO_4浸出过程的浸出动力学，考察反应温度、硝酸浓度、硫酸浓度对辉钼矿浸出速率的影响。结果表明采用等浸出率法求得反应表观活化能为61.3kJ/mol，辉钼矿 HNO_3-H_2SO_4浸出过程受表面化学反应控制，浸出速率常数对温度的依赖程度高；HNO_3 和 H_2SO_4浓度的反应级数分别为1.4和0.54，HNO_3 浓度的变化严重影响浸出反应速度，提高 HNO_3 浓度可加速矿物氧化并提高钼浸出率，而 H_2SO_4浓度的影响相对较小。Medvedev 等人[155]在90℃采用两段 HNO_3 浸出（一段浓度为100g/L，二段浓度为30%），取得了较好的浸出效果，氧化后的 Mo 全部以离子形态溶解在溶液中。由于 Mo 离子在溶液中容易水解和聚合而形成同多酸或杂多酸，存在形式较为复杂，因此，对于 Mo 在 HNO_3 浸出液中的存在形式多为推断和分析，这给从酸性浸出液中回收钼带来了困难。

此法研究起步较早，发展较快，易于操作，能与后续的萃取分离相结合，形成一套完整的钼提取流程。但是该法的缺点是耗酸量非常大，成本较高，产生的 NO 会污染环境。因此，该法的进一步发展和应用受到了很大的限制。

1.6.2.2　次氯酸钠法

NaClO 是一种有效的辉钼精矿浸出剂[156-157]。一定量的 NaClO、NaOH 与 MoS_2 混合后，可将 MoS_2 氧化为 Na_2MoO_4，反应见式（1-55）。在反应过程中，NaClO 自身也会缓慢分解，并放出氧气，见式（1-56）。此外，矿石中的其他一些杂质金属硫化物也会被 NaClO 分解，这些金属离子或氢氧化物又会与溶液中的钼酸根反应生成钼酸盐沉淀，反应见式（1-57）和式（1-58）：

$$MoS_2 + 9NaClO + 6NaOH \longrightarrow Na_2MoO_4 + 2Na_2SO_4 + 9NaCl + 3H_2O \tag{1-55}$$

$$2NaClO \longrightarrow 2NaCl + O_2\uparrow \tag{1-56}$$

$$MeS + 4ClO^- \longrightarrow Me^{2+} + 4Cl^- + SO_4^{2-} \tag{1-57}$$

$$MoO_4^{2-} + Me^{2+} \longrightarrow MeMoO_4 \tag{1-58}$$

以上副反应的发生会不仅会影响浸出反应的进行，降低浸出剂的利用率，还会导致已经分解进入溶液的 Mo 又返回到渣中，降低钼的回收率。因此，此法必须严格控制反应条件。

邹平等人[158]用堆浸的方式对该方法进行了研究，首先将矿石破碎磨细，然后在室温下用 NaClO 溶液淋洗，浸出过程控制 pH 值在 3~13，淋洗 4 天后，钼回收率达到 65%。Liu 等人[159]报道 NaClO 可以有效分离铜精矿中的 MoS_2，在较优浸出条件下，MoS_2 分解率高达 99%以上，铜浸出率小于 0.01%。此外，该工艺也可用于浸出镍钼矿[160]。周根茂等人[161]提出一种适合于从低品位辉钼矿中提取钼的柱浸方法，此法以 NaClO 为氧化剂，以 NaOH 为柱浸剂，采用此法浸出周期可缩短至 20 天，浸出液峰值钼质量浓度可达 5g/L 以上，钼浸出率可达 90%。张威等人[162]对某精选段中矿（主要钼矿物为 MoS_2）进行了 NaClO 浸出分离 Mo 和 Pb 工艺研究。结果表明，在 NaClO 用量为160%、浸出 pH 值为10、恒温水浴温度为25℃、搅拌浸出为90min 条件下，钼金属浸出率可达到 95.28%，浸渣中铅含量为 21.32%，钼、铅分离效果理想。

和其他方法相比，该工艺具有反应温度较低，选择性较强及浸出率高等优点，但由于 NaClO 在高温和酸性条件下稳定性差、处理效率低等原因致使浸出剂用量大，通常是理论用量的 2~3 倍，成本较高，应用条件受到很大的限制。因此，仅适用于从 S 含量较低的钼精矿中提取钼。

1.6.2.3　常压碱浸法

常压碱浸法可用于分离提取铜精矿或黑色页岩中的钼。Liu 等人[163]对 Mo-S-H_2O 和

$Cu\text{-}Fe\text{-}S\text{-}H_2O$ 系的热力学研究表明，铜精矿碱浸提取钼是可行的，并探讨了硫化钼在铜精矿中的氧化机理，得到最佳浸出条件，在最佳浸出条件下，钼浸出率为 97.5%，铜的浸出率 1.84%。Zhao 等人[164]研究了常压碱浸法从含 Mo 5.95%的黑色页岩中浸出钼的动力学，在温度大于 65℃时反应受扩散控制，活化能为 15kJ/mol；在温度小于 65℃时过程受化学反应速率控制，活化能为 57kJ/mol，钼的浸出率在 30min 时可达 90%。

1.6.2.4 硝酸高压氧浸法[165]

辉钼矿在一定压力下，用硝酸或硝酸钠催化氧压浸出，MoS_2 发生的反应见式（1-59）：

$$MoS_2 + 9HNO_3 + 3H_2O \longrightarrow H_2MoO_4 + 2H_2SO_4 + 9HNO_2 \quad (1\text{-}59)$$

反应产出的 HNO_2 快速分解为 NO_2 和 NO，NO_2 与水结合形成 HNO_3 和 NO，氧气的存在使 NO 生成 NO_2，进而生成 HNO_3，反应见式（1-60）~式（1-62）。

$$2HNO_2 \longrightarrow NO_2\uparrow + NO\uparrow + H_2O \quad (1\text{-}60)$$

$$3NO_2 + H_2O \longrightarrow 2HNO_3 + NO\uparrow \quad (1\text{-}61)$$

$$2NO + O_2 \longrightarrow 2NO_2\uparrow \quad (1\text{-}62)$$

MoS_2 的分解是一个放热的反应过程，除少量的 Mo 在强酸介质中呈阴离子形态进入溶液外，80%左右的 Mo 以 H_2MoO_4固体的形式存在，NO 氧化为 NO_2，Fe、Cu、Al、Mg 等以硫酸盐进入溶液，部分 P、As、Si 以阴离子形态进入溶液。此外，反应过程中 HNO_3 的再生可减少其用量，实际添加量只有理论量的 20%。

动力学研究表明[166]，MoS_2 在 HNO_3 浸出液中溶解，被氧化为 H_2MoO_4，过程受化学反应速率控制，活化能 68.8kJ/mol。王玉芳等人[167]在酸性条件下，控制温度 160℃、氧分压 350kPa，MoS_2 分解率大于 99%。王海北等人[168]用加压浸出—溶剂萃取工艺对某辉钼精矿开展了提钼半工业试验，浸出过程中钼的转化率达到 98%以上，有 15%~20%的钼进入溶液。蒋丽娟等人[169]以低品位钼精矿为原料在温度 200℃、氧分压 700kPa 的条件下反应 2~3h，精矿的氧化率大于 99%。刘俊场等人[170]采用两段氧压酸浸工艺从钼镍矿中浸出钼、镍。在两段氧压酸浸最佳条件下，镍、钼浸出率分别大于 99.5%和 75%；最佳的浸出条件为：Ⅰ段氧压酸浸温度 160℃，反应时间 30min，液固体积质量比 3∶1，压强 1MPa；Ⅱ段氧压酸浸温度 160℃，时间 2.5h，液固体积质量比 3∶1，压强 1.0 MPa。张邦胜[171]针对三种不同类型复杂钼精矿进行了氧压浸出研究。首先，以陕西金堆城钼中矿为研究对象，研究了钼中矿高压氧化浸出速度的变化规律，建立了浸出动力学模型。研究表明，钼中矿加压氧化浸出速率 $1-(1-x)^{1/3}$ 与时间呈线性关系，浸出过程受界面化学反应控制，反应遵循收缩核模型，反应表观活化能为 $E=112.24$kJ/mol。然后，以湖南张家界复杂镍钼矿为研究对象，研究了镍钼矿加压氧化浸出的行为与规律，提出不外加任何添加剂在酸性条件下高效氧化分解镍钼矿的新方法。研究结果表明，在温度 150℃、氧分压 405.2kPa、液固比 3L/kg、搅拌转速 500r/min、反应 2h 的条件下，钼平均转化率为 98.33%，镍平均浸出率为 98.46%，实现了镍钼矿的全湿法冶炼和综合回收。最后，以德兴铜矿复杂高铼钼精矿为研究对象，研究了高铼钼精矿高压氧浸的行为与规律，提出一种复杂钼硫化矿中温中压加压浸出综合回收钼铼新方法。研究结果表明，在温度 180℃、氧分压 607.8kPa、液固比 6L/kg、搅拌转速 600r/min、活性炭加入量 5%的条件下反应 4h，钼精矿钼转化率达 99.17%，钼的浸出率为 16.22%。与传统钼精矿加压浸出工艺相比，该工艺将反应温度由 220℃降低到 180℃，反应压强由 3.14MPa 降低到 1.52MPa，反应条件温和，反应温度和压强显著降低，大大降低了投资和成本。

此工艺因其反应速度快、钼转化率高一直是研究的热点，但该工艺也存在一些问题，如钼分散进入液固两相、HNO_3-H_2SO_4混合体系对设备的腐蚀较为严重、初期反应过于剧烈难以精确控制，以及过程中产出的氮氧化物易造成环境污染等[172]。因此，这种方法的应用受到很大的限制。

1.6.2.5　高压碱浸法

高压碱浸法是将 MoS_2 与 NaOH 按一定比例配成矿浆后，在温度 130～200℃、总压强 2～2.5MPa 的条件下反应 3～7h，生成可溶性 $NaMoO_4$的过程[173]，主要反应见式（1-63）。如果钼精矿中含有 Re，浸出时 Re 和 Mo 一样以离子的形式进入浸出液中，而一些金属杂质元素溶解后生成氢氧化物沉淀，进入渣相。

$$2MoS_2 + 12NaOH + 9O_2 \longrightarrow 2Na_2MoO_4 + 4Na_2SO_4 + 6H_2O \quad (1\text{-}63)$$

孙鹏[174]研究了高压碱浸辉钼矿精矿，结果表明，在 NaOH 过量系数为 1.12，液固体积质量比为 7∶1，温度为 150℃，预充 0.5MPa 氧气，氧分压 0.5MPa，总压保持 0.5～1.2MPa，保温保压反应 5h 条件下，钼浸出率高达 98.58%。陈庆根[175]对某非标钼精矿采用高压碱浸—离子交换工艺回收钼，钼精矿在 NaOH 过量系数为 1.12，液固比为 7，温度 150℃，氧分压 0.5MPa，总压保持 0.9～1.2MPa，反应时间 4h，钼的浸出率可达 98%以上，浸出液酸化后用离子交换可获得 99%的回收率，解吸液采用制备钼酸铵经典除杂工艺除杂后制备出优质钼酸铵产品，此工艺可为同类非标钼精矿提供一条有效的回收工艺。伍赠玲等人[176]提出采用高压碱浸—浮选工艺改进高压碱浸工艺，在碱用量为钼精矿质量的 1.2%、液固比为 7、充氧气，总压为 1.6 MPa、温度为 160℃条件下浸出 2h，钼浸出率为 96.94%，氧化渣含钼可降到 5%。氧化渣经一次粗选一次扫选两次精选后，可获得产率 15.30%、钼品位 36.30%、回收率 89.18%的钼精矿，浮选尾矿钼品位可降到 0.40%。氧化渣浮选精矿按 50%比例返回碱浸出，钼浸出率可达 96.17%。高压碱浸出—浮选联合工艺可将钼精矿中钼的回收率提高到 99.48%以上，反应时间明显缩短。唐忠阳等人[177]采用氧压碱浸处理高铜低钼矿，Mo、Cu 的回收率分别为 95.6%和 99.0%；此法浸出镍钼矿，Mo 浸出率可达 98%，用新沉淀的 $Fe(OH)_3$ 和 $NaHCO_3$ 净化浸出液，离子换富集 Mo，Mo/W分离系数可达 100。李政锋[178]采用高压碱浸镍钼矿，研究了碱量、温度、时间、液固比、矿物粒度等参数对钼浸出率的影响。结果表明，在 NaOH 浓度为 100g/L、Na_2CO_3/镍钼矿质量比为 30%、反应温度为 100℃、反应时间为 5h、液固比为 3∶1、粒度为 0.074～0.058mm 条件下，Mo 的浸出率可达97%以上，Ni 在浸出渣中含量提高至 1.43%以上，Mo 在浸出渣中含量可降低至 0.78%以下，有效实现了镍钼矿中的镍、钼分离。

与硝酸高压氧浸法相比，此法温度和压强相对较低，钼全部进入溶液、浸出液杂质含量少、回收率高，体系腐蚀性小、对设备材质要求相对较低，但存在碱耗大、反应时间长、辉钼矿中的 S 全部转化为 Na_2SO_4、经济价值不高等问题。

1.6.2.6　氧压水浸法

在 MoS_2-H_2O-O_2 体系中，辉钼矿发生反应如下：

$$2MoS_2 + 9O_2 + 6H_2O \longrightarrow 2H_2MoO_4 + 4H_2SO_4 \quad (1\text{-}64)$$

付云枫[179-180]以辉钼矿在 H_2O-O_2 体系下的氧化分解和离子交换法分离浸出液中的钼

为主线，研究了辉钼矿在 H_2O-O_2 体系中氧化分解的热力学和动力学，在优化工艺条件下反应2h，钼氧化率达到99%以上，在180~220℃的条件下，辉钼矿的氧压分解过程符合未反应收缩核模型，受化学反应速率控制，工艺流程如图1-15所示。

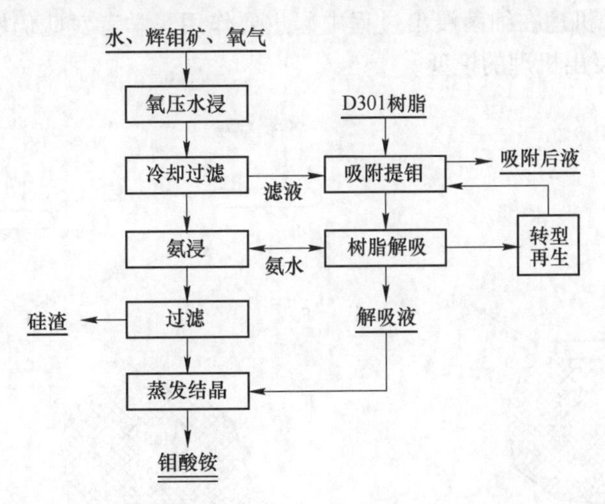

图1-15 高压水浸处理辉钼矿生产钼酸铵工艺原则流程图

氧压水浸法分解 MoS_2 解决了氧化剂昂贵、浸出介质大量被消耗和浸出液中钼难以高效经济回收等制约湿法处理辉钼矿工艺应用的难题，有望解决现存全湿法工艺处理辉钼矿的弊端，实现辉钼矿的全湿法高效经济清洁生产，为全湿法处理辉钼矿提供新思路。

1.6.3 电氧化法

电氧化法是NaClO法的改进工艺，其实质是将调浆后的钼精矿放入含有NaCl的电解槽中，在电解槽阳极发生产生 Cl_2 的反应，见式（1-65）。阳极的反应产物氯气又与水反应生成次氯酸根离子，反应见式（1-66），然后所得的次氯酸根离子分解辉钼精矿。

阳极反应：

$$2Cl^- \longrightarrow Cl_2 + 2e \tag{1-65}$$

$$Cl_2 + H_2O \longrightarrow ClO^- + Cl^- + 2H^+ \tag{1-66}$$

电氧化法是一种具有发展潜力的方法，具有操作简单、金属提取率高、条件温和、原料消耗少、无污染等优点。但进一步降低能耗是未来应用的关键[181]。

1.6.4 微生物浸出工艺

1.6.4.1 微生物浸出机理

微生物氧化法是近些年发展起来的一种较新的硫化矿分解氧化工艺，具有能耗少、成本低、工艺流程简单、无污染等优点，目前广泛用于硫化铜矿、含砷金矿、硫化镍矿、硫化钴矿及铀矿石等矿中有价金属的浸取。

硫化矿的微生物浸出过程是化学氧化、电化学氧化、生物氧化与原电池反应等复杂过程的综合体。关于浸出机理，国内外学者进行了大量的研究[182-183]，细菌浸矿过程中的主要作用是聚集化学浸出所需要的氧化剂（如某些氧化酶、Fe^{3+}等）和提供反应场所进而催化硫化矿物的氧化。一般而言，吸附在矿石颗粒表面的细菌会产生疏松多孔的胞外聚合物 EPS，菌种催化的液固反应在 EPS 中进行并为金属离子的外扩散提供通道。在此基础上，学者们提出微生物浸出工艺的机理有三种，分别为直接作用机理、间接作用机理和混合作用机理，但对于哪种机理在细菌浸出过程中起主要作用，学者对此仍然存在一定的争论，图 1-16 所示为三种浸出机理的模型。

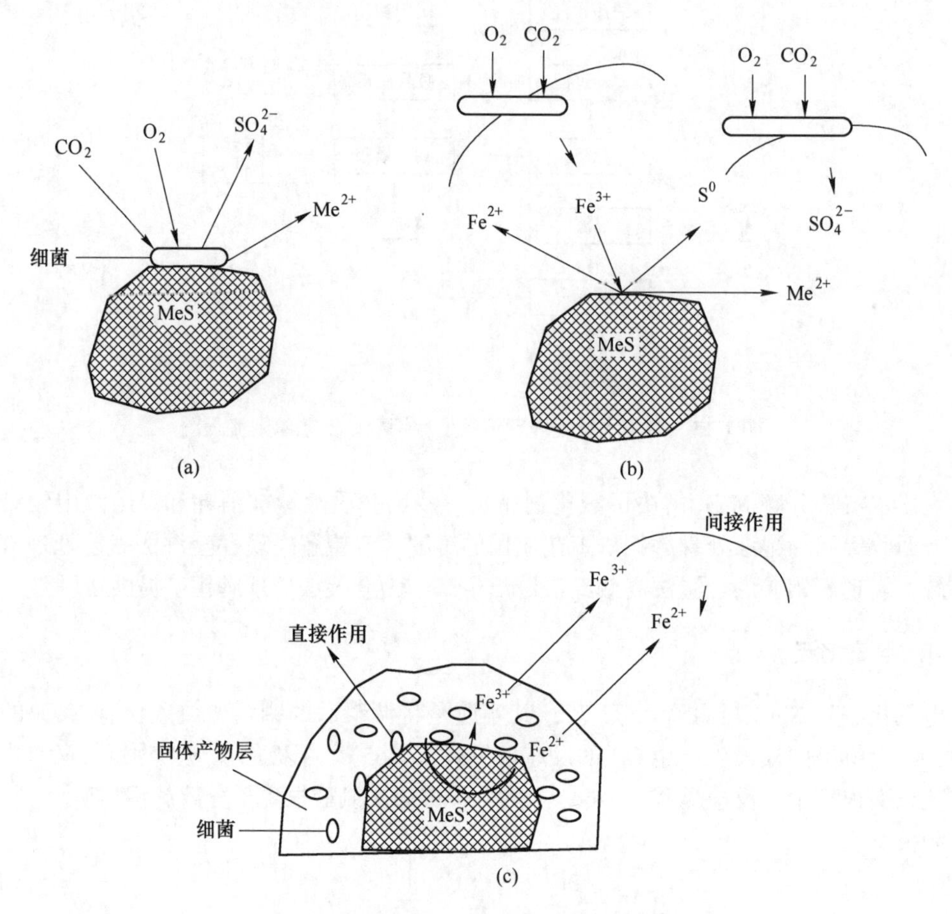

图 1-16 硫化矿 MeS 细菌浸出过程作用机理

(a) 直接作用机理；(b) 间接作用机理；(c) 混合作用机理

A 直接作用机理

微生物的直接作用机理是指细菌直接吸附在矿物表面，通过各种酶（如铁氧化酶、硫氧化酶等）的作用直接氧化分解硫化矿物，释放出金属离子，并从这个过程中获得能量，反应见式（1-67）：

$$MeS + 2O_2 \xrightarrow{细菌} MeSO_4 \tag{1-67}$$

B 间接作用机理

微生物的间接作用机理是指细菌通过代谢产物 Fe^{3+} 氧化溶解金属矿物，释放出金属离子的过程。间接作用与直接作用的区别在于细菌不与硫化矿接触，只是促进 Fe^{3+} 的再生。反应见式（1-68）~式（1-70）：

$$MeS + 2Fe^{3+} \longrightarrow Me^{2+} + 2Fe^{2+} + S^0 \tag{1-68}$$

$$4Fe^{2+} + 4H^+ + O_2 \xrightarrow{\text{细菌}} 4Fe^{3+} + 2H_2O \tag{1-69}$$

$$2S^0 + 2H_2O + 3O_2 \xrightarrow{\text{细菌}} 2H_2SO_4 \tag{1-70}$$

C 混合作用机理

混合作用机理是指在浸出矿石的过程中既有直接作用又有间接作用，吸附在矿体上的细菌对矿物直接作用，悬浮的细菌利用 Fe^{3+} 的氧化对矿物进行间接作用，有时以直接作用为主，有时以间接作用为主。这是目前颇受研究者广泛认可的作用机理[184]。混合作用机理模型见图 1-16（c），当浸出体系存在大量 Fe^{2+} 时，游离细菌通过氧化 Fe^{2+} 获取能量，吸附在浸出产物层上的细菌由于不能通过氧化硫化矿物获取能量，只能氧化 Fe^{2+} 以维持生存，因此两者共同产生大量 Fe^{3+}，Fe^{3+} 通过扩散作用进入矿石反应区，氧化金属硫化物，同时生成的 Fe^{2+} 扩散进入溶液又被氧化，如此循环逐渐浸出硫化矿石。

对于辉钼矿 MoS_2 的生物浸出作用机理，Nasernejad 等人[185]用 0.9K 培养基培养 *At. ferrooxidans*（简称 *At. f*），发现 32℃时该菌能直接将钼精矿溶解成钼酸盐，见式（1-71）。Rusin 等人[186]的研究表明，*At. f* 对 MoS_2 的直接氧化作用大于 Fe^{3+} 对矿物的化学氧化作用。而吴爱祥等人提出，浸出菌种主要以间接作用机制影响辉钼矿的浸出，即细菌在浸出体系中将 Fe^{2+} 氧化成 Fe^{3+}，MoS_2 再与 Fe^{3+} 反应而溶解，见式（1-72）和式（1-73）。Zamani 等人[187]认为在实验中无法直接观测到细菌对矿石的腐蚀，而对比添加黄铁矿 FeS_2 前后 MoS_2 的浸出速率，表明 *At. f* 是通过间接作用机制来促进钼矿的浸出。菌体能直接吸附在矿石颗粒表面并通过生物酶促进矿物氧化，也能通过氧化 Fe^{2+} 为 Fe^{3+} 而为矿物化学氧化提供氧化剂，因此，辉钼矿的生物浸出更可能是直接作用和间接作用的复合结果[188]。

$$2MoS_2 + 3O_2 + 2H_2O \xrightarrow{\text{细菌}} 2H_2MoO_4 + 4S \tag{1-71}$$

$$4Fe^{2+} + 4H^+ + O_2 \xrightarrow{\text{细菌}} 4Fe^{3+} + 2H_2O \tag{1-72}$$

$$MoS_2 + 6Fe^{3+} + 4H_2O \longrightarrow MoO_4^{2-} + 2S + 6Fe^{2+} + 8H^+ \tag{1-73}$$

1.6.4.2 微生物浸出辉钼矿研究现状[189]

近年来，研究人员已对生物浸出硫化铜矿石、硫化铁矿石、硫化镍矿石及铀矿石等矿物开展了较为广泛的研究[190-200]，并且此技术已在铜、金、铅、锌、锡、锑、铀等矿中的低品位矿石和表外矿处理上得到了广泛的应用。

辉钼矿 MoS_2 属于难浸矿石类型，对其采用生物浸出技术的研究报道并不多。1957 年 Bryner 等人[201]首次提出细菌可用于浸出钼矿；1973 年，Brierley 等人[202]发现的一株极端嗜热菌比嗜中温细菌更能耐受 Mo 离子浓度，在 60℃时该菌浸出钼精矿的浸出率为 3.3%~13.3%；2008 年，Olson 等人[203]研究了嗜中温细菌 *At. f* 和中度嗜热细菌 *Leptospirillum* 浸出 MoS_2 的影响因素和动力学，结果表明，最佳条件下钼矿最高浸出率可达 85%；2009 年，Kummer 等人[204]利用一株嗜中温铁氧化细菌浸出辉钼矿精矿，在 25~40℃时得到最高的钼浸出率为 89%；2010 年，瑞典的 Aura 公司完成含钼、镍、钒和锌的铀矿生物浸出工业试验，认为钼等金属的生物浸出率相对硫酸浸出有很大的提高[205]。

以上研究表明，生物浸出 MoS_2 在技术上可行。针对如何提高 MoS_2 的可浸及浸出速率，国内外学者近年来在矿石可浸性、菌种及钼离子对细菌生长的毒性方面开展了相关研究。

A 辉钼矿的可浸性

辉钼矿 MoS_2 是分布最广泛的钼矿物，常见六方或三方晶型结构，呈页片状、鳞片状或细小分散粒状。MoS_2 的价带是由 Mo 金属离子轨道产生的，需要经过 6 个连续的传递电子量为 1 的氧化步骤才能破坏矿石中 S 原子和 Mo 原子的化学键，在常温常压下很难被质子 H^+腐蚀，属于典型的酸难溶性矿石。因此，辉钼矿的浸出需要经历两个阶段，即先利用细菌的生物酶或新陈代谢产物将矿石氧化，再利用细菌的直接作用或溶液中 Fe^{3+} 的化学氧化作用溶解矿石[206]。化学氧化通过硫代硫酸盐途径进行，即细菌或 Fe^{3+} 先将矿石中硫化物氧化成连四硫酸盐、连多硫酸盐等中间产物，最终将中间产物氧化成硫酸盐（见图 1-17）。

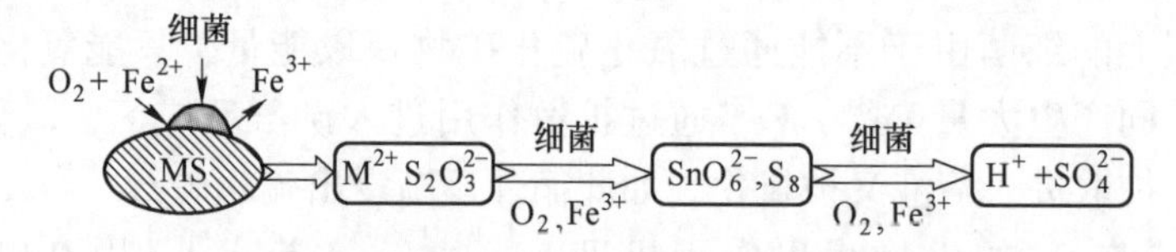

图 1-17 生物浸出中 MoS_2 硫代硫酸盐途径溶解示意图

（M 为 Mo，Cu，Fe 等）

B 浸矿菌种

在辉钼矿浸出中，发现多种有浸矿能力的菌种，如 *At. f* 等嗜中温细菌，*Leptospirillum*、*Thiomonas Cuprina* 等中度嗜热菌和 *Sulfolobus* 等极端嗜热古生菌。研究最多的为 *At. f* 菌，该菌革兰氏染色呈阴性，一般为杆状、棒状，生存于 pH<4 的含硫温泉和硫化矿床中，最佳生长温度为 30~45℃，能利用 Fe^{2+}、S^0、$S_2O_2^{3-}$ 及还原型硫化合物进行有机化能自养，通过班森—达尔文循环固定大气中的碳。陈家武[207]用中温菌浸出含有铜和钼的低品位硫化矿，在 30℃条件下浸出 60 天，钼的浸出率仅为 0. 34%。吉兆宁等人[208]在 30℃时用嗜中温细菌浸出以辉钼矿为主的低品位原生硫化矿，摇瓶和柱浸实验结果表明，钼矿浸出率可达 35. 1%，菌种耐受 Mo 离子浓度超过 150mg/L，且细菌浸出的效果优于 $NaClO+Na_2CO_3$ 化学浸出的效果。Nasernejad[185]从伊朗的 Sarcheshmeh 矿山分离出一株 *At. f* 菌，驯化后处理品位为 24. 41%的浮选钼精矿，40 天后最高浸出率可达 93%。李建涛[209-210]采用从陕西南钼矿区矿坑水中分离得到自然中温混合菌种，对陕西商洛低品位钼矿石（Mo 0. 046%）进行浸钼试验，在浸矿矿浆浓度为 15g/L、温度为 30℃、培养时间为 25 天情况下，钼的浸出率达 73. 57%，明显高于相应无菌化学浸出 12. 52%的钼浸出率。该原生中温混合菌群有较好浸钼效率的原因表现为两方面：（1）该原生混合菌对矿浆环境的耐受性较高；（2）该工艺过程充分激活了微生物浸矿的直接作用和间接作用过程。赵欢等人[211]分别采用 *At. f* 和中度嗜热西伯利亚硫杆菌（*Sulfobacillus sibiricu*，*S. s*）对钼尾矿进行生物浸出研究，考察了有菌体系、无菌体系及两种细菌对钼尾矿浸出效果的影响。结果表明，当矿浆浓度为 5%时，两种微生物浸出工艺均能处理极低品位的钼尾矿，细菌的存在有利于钼尾矿的浸出；*S. s* 菌对钼尾矿的浸出效果更好，浸出 23 天后钼浸出率达到 18%，而 *At. f* 菌的钼浸出率仅为 8%。

高温菌浸钼效果一般优于中温菌。陈家武[212]采用高温菌对含钼 4. 4%的镍钼矿浸出 20 天，钼的浸出率达到 56. 23%。Santhiya[213]采用高温菌对废催化剂中的有价金属铝、镍和钼浸出 60 天，钼的浸出率达到 82. 30%。Olson 等人[203]对品位为 15. 9%的钼精矿浸出 6 个月，钼的浸出率达到 85%。由此可见，采用高温菌浸钼具有一定的优势。但是相对中温菌，高温菌需要的热量大，条件严格。因此，开展针对中温菌的浸钼研究非常迫切。

C 钼离子对菌种生长的影响

不同种类和浓度的金属离子对浸矿细菌的生长起到不同的促进或抑制作用，进而催化或阻碍矿石的浸出。低浓度的 Ag^+、Hg^{2+} 和 Bi^{3+} 常被用作中温菌 *At.f* 浸出硫化铜矿的催化剂，高浓度的 Cl^-、K^+则会抑制细菌的生长繁殖；而即使低浓度的 Mo 离子通常也会对浸矿细菌有毒害作用。不同环境下分离得到的菌种耐受 Mo 离子浓度能力不同，如 Mier 等人[214]发现 1mmol/L 溶解的 Mo 离子浓度就能抑制 *Sulfolobus* 的生长；Zamani 等人[215]从伊朗 Sarcheshmeh 矿酸性矿坑水分离到的 *At.f* 菌能耐受 250mg/L 的 Mo 离子浓度，而 Olson 等人观测到即使在 4. 4g/L Mo 离子浓度的环境下 *Leptospirillum* 也能高效地浸出 MoS_2。在大多数情况下，如果能减小或避免过高的 Mo 离子浓度对细菌生长和浸矿的抑制，即提高细菌对钼离子的耐受性，钼矿的生物浸出效果将得到很大的改善。

在提高细菌钼耐受性方面，Silverman 研究了细菌的耐钼性。在 9K 培养基中，当 Mo 浓度为 1×10^{-3} mol/L 时，氧化亚铁硫杆菌对铁的氧化已有抑制作用；当钼浓度为 2×10^{-3} mol/L 时，铁的氧化得到完全抑制[216]。Bhappu 进行了细菌对钼的耐受性研究。结果表明，细菌在驯化之前，钼的毒性抑制细菌的氧化能力和活性，细菌浸出液中含钼 15~25mg/L。通过驯化，细菌耐受钼离子的浓度提高到 200mg/L 以上。由此可见，细菌的驯化钼耐受性这个过程非常关键，驯化过程可以提高细菌耐钼的毒性。

1. 6. 4. 3 *微生物强化浸出辉钼矿的方法*

目前，微生物强化浸出辉钼矿的方法除了控制浸出体系的 pH 值、电位 E_h、菌种的驯化和采用高温菌等以外，研究人员在菌种基因改良、多级生物反应器浸出及溶液电位控制技术领域也开展了一定的研究工作。

传统的紫外线诱变、金属离子驯化等物理手段能在一定程度上提高浸矿菌种对金属离子的耐受能力，但更彻底的方法是通过生物手段改良菌种基因。如通过基因重组技术、表观遗传修饰、系统生物学技术对浸矿菌种的相关基因进行接合、转化、转导及原生质体融合，使菌种的代谢途径及目标基因的遗传学发生改变，进而选育出适合钼矿浸出的菌株[217]。Rawlings[218]发现 *At.f* 菌及其细胞提取物能利用自身的钼氧化酶和细胞色素氧化酶将 Mo^{5+}直接氧化 Mo^{6+}，也能结合 Fe^{3+}将 S^0作为电子供体而还原 Mo^{6+}。这为通过基因工程定向改良浸矿菌种和提高菌种钼金属抗性能力提供了可能。

通常浸矿菌种对钼离子的耐受能力非常有限，菌种长期暴露在含钼离子的溶液中容易受到毒害。Nasernejad 等人[185]在用 *At.f* 浸出钼精矿时每隔 1 周用 HCl 冲洗生成的沉淀并分离其中含铁钼酸盐，不溶沉淀继续在更新的培养液中由同一种菌株浸出，结果表明此方法能大大提高菌种的生物活性。该法程序非常复杂，难以在工业中应用，但它启示了通过多级反应器浸出钼矿的可能。在第 1 级反应器中，调节生长环境让驯化或改良后的菌种高效生长繁殖，以获得钼矿浸出所需的菌种数量和生长代谢产物；之后将培养好的菌种引入第 2 级反应器中浸出矿石，同时监测细菌活性和钼矿浸出速率；当浸出速率明显减缓时将浸出富液引入第 3 级反应器以分离纯化，同时通过第 1 级反应器更新第 2 级反应器中的浸矿菌种。

Olson 等人[203]的研究表明，当溶液氧化还原电位高于 750～800mV（Ag /AgCl 参比电极）时钼矿才能开始浸出，高于 900mV 时才有较快的浸出速率。浸出体系电位取决于 Fe^{3+}/Fe^{2+} 比值，但由于辉钼矿静电位只有 110mV，而且细菌受到钼离子毒害时氧化 Fe^{2+} 为 Fe^{3+} 的能力有限，因此很难达到如此高的电位。并提出生产中可以采取以下措施：(1) 通过添加黄铁矿等矿物调整辉钼矿在浸出体系中的比例，增大 Fe^{3+}/Fe^{2+} 比值，从而保持较高的溶液电位；(2) 合理优化浸出体系的矿浆浓度、矿石粒度、菌种接种量、pH 值和温度等浸出环境，控制溶液中的铁比（三价铁与二价铁的比），以避免金属离子对细菌的毒性作用。卢涛[219]通过添加不同种类和浓度的金属离子及金属硫化物矿物研究了 MoS_2 的微生物强化浸出，结果表明，Co^{2+}、Bi^{3+} 和低浓度 Ag^+ 的加入没有与 MoS_2 表面发生作用，对 Mo 的浸出影响不明显，而较高浓度的 Ag^+ 加入后对 Mo 的浸出产生了抑制作用；黄铁矿和黄铜矿加入后与 MoS_2 接触并构成原电池，促进了 MoS_2 的电化学溶解。

参考文献

[1] 李宝蓉．钼及其合金的应用 [J]．航天工艺，1995，12（4）：24-25.

[2] 周长志．提高安徽某难选铜钼多金属矿钼品位的试验研究 [D]．沈阳：东北大学，2008.

[3] 张强，邹灏，龙训荣，等．我国钼矿床研究现状与展望 [J]．金属矿山，2016（6）：107-112.

[4] 王发展．钼材料及其加工 [M]．北京：冶金工业出版社，2008：10-35.

[5] 刘广泌．选矿手册 第八卷 第二分册 [M]．北京：冶金工业出版社，2007：300-345.

[6] 张文柾．钼冶炼 [M]．西安：西安交通大学出版社，1991：25-43.

[7] 雷贵春．德兴铜矿铜钼分离研究现状及研究方向 [J]．中国钼业，1998，22（4）：53-55.

[8] 俞娟，杨洪英，周长志．某难选铜钼混合矿分离浮选试验研究 [J]．有色金属（选矿部分），2008（6）：6-9.

[9] 张亮，杨卉芃，冯安生，等．全球钼矿资源现状及市场分析 [J]．矿产综合利用，2019（3）：11-16.

[10] 周园园，王京，唐萍芝，等．全球钼资源现状及供需形势分析 [J]．中国国土资源经济，2018（3）：32-37.

[11] 国土资源部．全国矿产资源规划（2016—2020 年）[R/OL]．(2016-11-15) [2017-12-05]．http：//www. mlr. gov. cn/zwgk/ghjh/201612/t20161205_ 1423357. htm.

[12] 冯丹丹．全球钼资源供需形势分析与展望 [J]．国土资源情报，2020（10）：39-44.

[13] 中商情报网，2022 年全球钼金属储量及产量分布分析：中国产、储量全球第一 [DB/OR]．https：//www. askci. com/news/chanye/20220930/1758501991390. shtml，2022-9-30.

[14] 宋建军．新常态下地质工作创新发展的思考 [J]．中国国土资源经济，2017，30（3）：4-8.

[15] 国土资源部．国土资源“十三五”规划纲要 [N]．中国国土资源报，2016-04-15（01）.

[16] 黄凡，王登红，王成辉，等．中国钼矿资源特征及其成矿规律概要 [J]，地质学报，2014，88（12）：2296-2314.

[17] 戴新宇，周少珍．我国钼矿石资源特点及其选矿技术进展 [J]，矿产综合利用，2010（6）：20-23.

[18] 赵腊平．关于当前矿业形势及发展趋势的研判与思考 [J]．中国国土资源经济，2017，30（2）：9-12.

[19] 张启修，赵秦生．钨钼冶金 [M]．北京：冶金工业出版社，2005：60-61.

[20] 黄冬梅．大数据时代下地勘业务转型发展的实践与思考：以五矿勘查开发有限公司实践为例［J］．中国国土资源经济，2017，30（3）：9-12.
[21] 胡熙庚．有色金属硫化矿选矿［M］．北京：冶金工业出版社，1987：350-380.
[22] 邱廷省，丁声强，张宝红，等．硫化钠在浮选中的应用技术现状［J］．有色金属科学与工程，2012，3（6）：40.
[23] 张乃旭，刘文刚，魏德洲．铜钼混合精矿浮选分离工艺及分离抑制剂研究进展［J］．金属矿山，2018（4）：35-41.
[24] 王剑．西藏某复杂铜钼混合精矿浮选分离及铜抑制剂的试验研究［D］．沈阳：东北大学，2016.
[25] 朱一民．辉钼矿浮选药剂［J］．国外金属矿选矿，1998（11）：7-11.
[26] LIU Y，LIU Q. Flotation separation of carbonate from sulfide minerals，Ⅱ：mechanisms of flotation depression of sulfide minerals by thioglycollic acid and citric acid［J］. Minerals Engineering，2004，17（7）：865-878.
[27] 赵镜，张文钲，王广文．巯基乙酸钠抑制黄铜矿机理的研究［J］．有色金属（选矿部分），1988（3）：42-45.
[28] 吴桂叶，刘龙利，张行荣．计算机辅助研究黄铜矿抑制剂的分子结构特征［J］．有色金属（选矿部分），2013（z1）：268-271.
[29] 胡志强，李成必，吴桂叶．新型铜钼分离抑制剂 BK511 的应用研究［J］．有色金属（选矿部分），2016（3）：91-94.
[30] 吴桂叶，徐连华，王金玲．某铜钼混合精矿分离铜抑制剂筛选［J］．金属矿山，2015（1）：50-53.
[31] CHEN J H，LAN L H，LIAO X J. Depression effect of pseudo glycolythiourea acid in flotation separation of copper-molybdenum［J］. Transactions of Nonferrous Metals Society of China，2013，23（3）：824-831.
[32] LI M Y，WEI D，SHEN Y. Selective depression effect in flotation separation of copper- molybdenum sulfides using 2，3-disulfanylbutanedioic Acid［J］. Transactions of Nonferrous Metals Society of China，2015，25（9）：3126-3132.
[33] 李跃林，韩聪，翟庆祥．铜钼分离浮选新型抑制剂 CMSD 的作用机理［J］．金属矿山，2016（3）：77-81.
[34] YIN Z G，SUN W，HU Y. Depressing behaviors and mechanism of disodium bis（carboxymethyl）trithiocarbonate on separation of chalcopyrite and molybdenite［J］. Transactions of Nonferrous Metals Society of China，2017，27（4）：883-890.
[35] ANSARI A，PAWLIK M. Floatability of chalcopyrite and molybdenite in the presence of lignosulfonates. Part Ⅱ. Hallimond tube flotation［J］. Minerals Engineering，2007，20（6）：609-616.
[36] ANSARI A，PAWLIK M. Floatability of chalcopyrite and molybdenite in the presence of lignosulfonates. Part Ⅰ. Adsorption study［J］. Minerals Engineering，2007，20（6）：600-608.
[37] YIN W Z，ZHANG L R，XIE F. Flotation of Xinhua molybdenite using sodium sulfide as modifier［J］. Transactions of Nonferrous Metals Society of China，2010，20（4）：702-706.
[38] BEAUSSART A，MIERCZYNSKA-VASILEV A，BEATTIE D A. Evolution of carboxymethyl cellulose layer morphology on hydrophobic mineral surface：varitation of polymer concentration and ionic strength［J］. Journal of Colloid and Interface Science，2010，346（2）：303-310.
[39] KOR M，KORCZYK P M，ADDAI-MENSAH J，et al. Carboxymethylcellulose Adsorption on Molybdenite：The effect of electrolyte composition on adsorption，Bubble-Surface Collisions，and Flotation［J］. Langmuir，2014，30：11975-11984.
[40] LASKOWSKI J S，LIU Q，O'CONNOR C T. Currrent understanding of the mechanist of polysaccharide adsorption at the mineral/aqueous solution interface［J］. International Journal of Mineral Processing，

2007, 84 (1): 59-68.

[41] BRAGA P F A, CHAVES A P, LUZ A B, et al. The use of dextrin in purification by flotation of molybdenite concentrates [J]. International Journal of mineral processing, 2014, 127: 23-27.

[42] CASTRO S, LASKOWSKI J S. Depressing effect of flocculants on molybdenite flotation [J]. Minerals Engineering, 2015, 74: 13-19.

[43] 王淀佐. 浮选理论的新进展 [M]. 北京: 科学出版社, 1992.

[44] SALAMY S G, NIXON J G. The application of electrochemical methods to flotation researeh [C] // Recnt Developments in Mineral Dressing, 1953: 503-516.

[45] SALAMY S G, NIXON J G. Reaction between a mercury surface and some flotation reagents: on electrochemical study [J]. Australian Journal of Chemistry, 1954 (7): 146-156.

[46] CHANDER S, FUERSTENAU D W. The effect of potassium diethyldithiophosphate on the electrochemical properties of platinum, copper and copper sulfide in aqueous solutions [J]. Journal of electroanalytical Chemistry, 1974, 56 (2): 217-247.

[47] GARDNER J R, WOODS R. An electrochemical investigation of the natural floatability of chalcopyrite [J]. International Journal of Mineral Processing, 1979 (6): 1-16.

[48] WOODS R. Electrochemical potential controlling flotation [J]. International Journal of Mineral Processing, 2003, 72: 151-162.

[49] 李新春, 焦芬, 覃文庆, 等. 黄铁矿与毒砂氧化行为差异的电极过程动力学研究 [J]. 中南大学学报 (自然科学版), 2023, 54 (8): 2965-2972.

[50] KHOSO S A, HU Y H, LÜ F, et al. Xanthate interaction and flotation separation of H_2O_2-treated chalcopyrite and pyrite [J]. Transactions of Nonferrous Metals Society of China, 2019, 29 (12): 2604-2614.

[51] 赵晋宁, 易筱筠, 党志. 黄铜矿在含铁酸性介质中氧化过程的电化学研究 [J]. 环境科学学报, 2013, 33 (2): 437-444.

[52] 韩统坤. 铜镍硫化矿表面氧化电化学研究 [D]. 赣州: 江西理工大学, 2016.

[53] GUO H, YEN W T. Pulp potential and floatability of chalcopyrite [J]. Minerals Engineering, 2003, 16 (3): 247-256.

[54] ZHANG Y, LIU R Q, SUN W, et al. Electrochemical mechanism and flotation of chalcopyrite and galena in the presence of sodium silicate and sodium sulfite [J]. Transactions of Nonferrous Metals Society of China, 2020, 30 (4): 1091-1101.

[55] SUN W, SUN C, LIU R Q, et al. Electrochemical behavior of galena and jamesonite flotation in high alkaline pulp [J]. Transactions of Nonferrous Metals Society of China, 2016, 26 (2): 551-556.

[56] 孙传尧, 王福良, 师建忠. 蒙古额尔登特铜矿的电化学控制浮选研究与实践 [J]. 矿冶, 2001, 10 (1): 20-26.

[57] 吴伯增, 邱冠周, 覃文庆, 等. 丁黄药体系铁闪锌矿的浮选行为与电化学研究 [J]. 矿冶工程, 2004 (6): 34-36.

[58] BUCKLEY A N, WOODS R. An X-ray photoelectron spectroscopic investigation of the oxidation of galena [J]. Applied Surface Science, 1984, 17: 401-414.

[59] BUCKLEY A N, HAMILTON I C, WOODS R. Investigation of the surface oxidation of sulphide minerals by linear potential sweep volt-mmetry and X-ray photoelectron spectroscopy [J]. Flotation of Sulphide Minerals, 1985, 22: 41-60.

[60] TERRNES S C, BUCKLEY A N, GILLARD R D. Electron binding energies for the sulfur atoms in metal polysulfides [J]. Inorganica Chimica Acta, 1987, 126: 79-82.

[61] VELA'SQUEZ P, LEINEN D, PASCUAL J, et al. A chemical, morphological, and electrochemical analysis of electrochemically modified electrode surfaces of natural chalcopyrite and pyrite in alkaline solutions [J]. Journal of Physical Chemistry B, 2005, 109: 4977-4988.

[62] WALKER G W, RICHARDSON P E, BUEKLEY A N. Workshop on the flotation-related surface chemistry of sulfide minerals [J]. International Journal of Mineral Processing, 1989, 25: 153-158.

[63] LUTTRELL G H, YOON R. Surface studies of the collectorless flotation of chalcopyrite [J]. Colloids and Surface, 1984, 12: 239-254.

[64] CECILE J L. Application of XPS in the study of sulphide mineral flotation-a review [J]. Flotation of Sulphide Minerals, 1985, 33: 61-80.

[65] COSTA M C, BOTELHO A M, ABRANTS L M. Charaeterization of anatural and an electro-oxidized arsenopyrite: A study on electro-chemical and X-ray photoelectron spectroscopy [J]. International Journal of Mineral Processing, 2002, 65: 83-108.

[66] 孙水裕，王淀佐，李柏淡. 方铅矿自诱导浮选的电化学和量子化学研究 [J]. 1993, 45 (2): 32-37.

[67] 孙水裕，王淀佐，李柏淡. 无捕收剂浮选时硫化矿物表面的疏水-亲水平衡关系 [J]. 金属学报，1993, 29 (9): 389-395.

[68] WOODS R. The oxidation of ethyl-xanthate on relation to the mechanism of mineral flotation [J]. The Journal of Physical Chemistry, 1971, 75: 354-362.

[69] ALLISON S A, FINKELSIEIN N P. Determination of the product of reaction between various sulfide minerals and aqueous xanthate solution and a correction of the products with electrode rest potentials [J]. Metallurgical Transactions, 1972, 3: 2613-2618.

[70] USUAL A H. Electrochemieal study of the pyrite-oxygen-xanthate system [J]. International Journal of Mineral Processing, 1974, 1: 13-14.

[71] WOODS R. 硫化矿浮选电化学 [J]. 国外金属矿选矿，1993, 30 (4): 1-28.

[72] GAUNDER J R. An electrochemieal investigation of contact angle and of flotation in the presence of alkyl-xanthate. Ⅱ. galena and pyrite surface [J]. Australian Journal of Chemistry, 1977, 30: 981-991.

[73] 冯其明，陈荩. 硫化矿物浮选电化学 [M]. 长沙：中南工业大学出版社，1992.

[74] WANG X H. Interfacial Electrochemistry of pyrite oxidation and flotation Ⅱ. FTIR Studies of xanthate adsorption on pyrite surface in neutral pH solutions [J]. Journal of Colloid and interface science, 1995, 171: 413-428.

[75] LOPEZ V A, SANCHEZ L A A, SONG S. On the cathodic reaction coupled with the oxidation of xanthates at the pyrite/aqueous solution interface [J]. International Journal of Mineral Processing, 2005, 77: 154-164.

[76] 覃文庆，邱冠周，黎全，等. 黄原酸盐介质中黄铁矿的电化学行为Ⅱ：疏水性产物双黄药的吸附及其稳定性研究 [J]. 有色金属，1999, 51 (4): 35-37.

[77] FORNASIERO D, MONTALTI M, RALSTON J. Kinetics of adsorption of ethyl xanthate pyrrhotite: In situ UV and infrared spectroscopic studies [J]. Journal of Colloid and Interface Science, 1995, 172: 467-478.

[78] 余润兰，邱冠周，胡岳华，等. 乙黄药在铁闪锌矿表面的吸附机理 [J]. 金属矿山，2004 (12): 29-31.

[79] JERZY A, MIELCZARSKI J A, JEAN M, et al. In situ infrared characterization of surface products of interaction of an aqueous xanthate solution with Chalcopyrite, Tetrahedrite, and Tennantite [J]. Journl of Colloid and Interface Science, 1996, 178: 740-748.

[80] MIELCZARSKI J A, MIELCZARSKI E, CASES J M. Interaction of amyl xanthate with Chalcopyrite, Tetrahedrite, and Tennantite at controlled potentials. simulation and spectroelectrochemical results for two-component adsorption layers [J]. Langmuir, 1996, 12: 6521-6529.

[81] GULER T, HICYILMAZ C, GOKAGAC G, et al. Adsorption of dithiophosphate and dithiophosphinate on chalcopyrite [J]. Mineral Engineering, 2006, 19 (1): 62-71.

[82] GULERA T, HICYILMAZ C, GFKAGAC G, et al. Electrochemical behaviour of chalcopyrite in the absence and presence of dithiophosphate [J]. International Journal of Mineral Processing, 2005, 75 (3): 217-228.

[83] GULERA T, HICYILMAZ C. Hydrophobicity of chalcopyrite with dithiophosphate and dithiophosphinate in electrochemically controlled condition [J]. Colloids and Surfaces A: Physicochem, 2004, 235 (1): 11-15.

[84] BAGCI E, EKMEKCI Z, BRADSHAW D. Adsorption behaviour of xanthate and dithiophosphinate from their mixtures on chalcopyrite [J]. Minerals Engineering, 2007, 20 (10): 1047-1053.

[85] GUO H, YEN W T. Pulp potential and floatability of chalcopyrite [J]. Minerals Engineering, 2003, 16 (3): 247-256.

[86] CAO C N, ZHANG J Q. An introduction to electrochemical impedance spectroscopy [M]. Beijing: Beijing Scientific and Technical Publishers, 2002.

[87] 周兵仔，孙传尧，王福良．电化学控制浮选及其研究现状 [C]//中国有色金属学会第七届学术年会论文集．北京：中国有色金属学会，2008：147-152.

[88] HU Y H, SUE W, WANG D Z. Electrochemistry of flotation of sulphide minerals [M]. Beijing: Tsinghua University Press, 2009.

[89] SUN S Y, WANG D Z, LI B Y. Study of electrochemical control flotation of sulfide ores [J]. Non-Ferrous Mining and Metallurgy, 1993 (2): 15-20.

[90] WOODS R. Chemisorption of thiols on metal and metal sulfides [J]. Modern Aspects of Electrochemistry, 1996, 29: 401-453.

[91] GEBHARDT J E, RICHARDSON P E. Differential flotation of a chalcocite - pyrite particle bed by electrochemical control [J]. Minerals and Metallurgical Processing, 1987, 4: 140-145.

[92] HINTIKKA V V, LEPPINEN J O. Potential control in the flotation of sulphide minerals and precious metals [J]. Minerals Engineering, 1995, 8 (10): 1151-1158.

[93] 覃文庆，姚国成，顾帼华，等．硫化矿物的浮选电化学与浮选行为 [J]．中国有色金属学报，2011，21 (10)：2669-2677.

[94] 黄水鹏．铅锑锌硫化矿高浓度与电位调控浮选的研究 [D]．长沙：中南大学，2014.

[95] 何名飞．滇东南含锡难处理铅锌矿选矿关键技术研究 [D]．长沙：中南大学，2012.

[96] 高立强．黄铜矿-闪锌矿浮选电化学行为研究 [D]．北京：北京有色金属研究总院，2012.

[97] 陈勇．黄铜矿-镍黄铁矿浮选电化学行为研究 [D]．北京：北京有色金属研究总院，2011.

[98] 李明阳．抑制剂分子构型对铜钼分离影响的机理研究 [D]．沈阳：东北大学，2016.

[99] CUI W Y, CHE J H. Insight into mineral flotation fundamentals through the DFT method [J]. International Journal of Mining Science and Technolog, 2021, 31 (6): 983-994.

[100] AZIZI D, LARACHI F, GARNIER A, et al. Sorption of aqueous amino acid species on sulfidic mineral surfaces-DFT study and insights on biosourced-reagent mineral flotation [J] . The Canadian Journal of Chemical Engineering, 2020, 99 (8): 1758-1779.

[101] 陈建华，钟建莲，李玉琼，等．黄铁矿、白铁矿和磁黄铁矿的电子结构及可浮性 [J]．中国有色金属学报，2011，21 (7)：1719-1727.

[102] CHEN J J, CHEN Y, LI Y Q. Effect of vacancy defects on electronic propreities and activation of sphalerite (110) nsurface by first-principles [J]. Transactions of Nonferrous Metals Society of China, 2010, 20 (3): 502-506.

[103] CHEN J H, WANG L, CHEN Y, et al. A DFT study of the effect of natural impurities on the electronic structure of galena [J]. International Journal of Mineral Processing, 2011, 98 (3): 132-136.

[104] 李玉琼，陈建华，陈晔．空位缺陷黄铁矿的电子结构及其浮选行为 [J]. 物理化学学报, 2010, 26 (5): 1435-1441.

[105] LI Y Q, CHEN J H, CHEN Y, et al. Density functional theory study of influence of impurity on electronic properties and reactivity of pyrite [J]. Transactions of Nonferrous Metals Society of China, 2011, 21 (8): 1887-1895.

[106] CHEN J H, Long X H, ZHAO C H, et al. DFT calculation on relaxation and electronic structure of sulfide minerals surfaces in presence of H_2O molecule [J]. Journal of Central South University, 2014, 21 (10): 3945-3954.

[107] ZHAO C H, CHEN J H, WU B Z, et al. Density functional theory study on natural hydrophobicity of sulfide surfaces [J]. Transactions of Nonferrous Metals Society of China, 2014, 24 (2): 491-498.

[108] CHEN J H, LONG X H, CHEN Y. Comparison of multilayer water adsorption on the hydrophobic galena (PbS) and hydrophilic pyrite (FeS_2) surfaces: A DFT study [J]. The Journal of Physical Chemistry, 2014, 118: 11657-11665.

[109] CUI W Y, SONG X L, CHEN J H, et al. Adsorption behaviors of different water structures on the fluorapatite (001) surface: A DFT study [J]. Frontiers in Materials, 2020, 7: 1-8.

[110] LONG X H, CHEN Y, CHEN J H, et al. The effect of water molecules on the thiol collector interaction on the galena (PbS) and sphalerite (ZnS) surfaces: A DFT study [J]. Applied surface Science, 2016, 389: 103-111.

[111] 王进明．难选氧化锑矿分选利用基础理论及工艺研究 [D]. 长沙：中南大学, 2014.

[112] CHEN Y, CHEN J H. The first-principle study of the effect of lattice impurity on adsorption of CN on sphalerite surface [J]. Minerals Engineering, 2010, 23 (9): 676-684.

[113] QIU T S, NIE Q M, HE Y Q, et al. Density functional theory study of cyanide adsorption on the sphalerite (110) surface [J]. Applied Surface Science, 2019, 465: 678-685.

[114] ZHANG X R, QIAN Z B, ZHENG G B, et al. The design of a macromolecular depressant for galena based on DFT studies and its application [J]. Mineral Engineering, 2017, 112: 50-56.

[115] TIMBILLAH S, LADOUCEUR R, DAS A, et al. Theoretical and experimental investigation of disodium carboxymethyl trithiocarbonate in Cu-Mo flotation [J]. Minerals Engineering, 2021, 169: 106943.

[116] QIN W Q, JIAO F, SUN W, et al. Effects of sodium salt of N, N-dimethyldi-thiocarbamate on floatability of chalcopyrite, sphalerite, marmatite and its adsorption properties [J]. Colloids and Surfaces A: Physicochemical and Engineering Aspects, 2013, 421: 181-192.

[117] LIU J, WEN S M, CHEN X M, et al. DFT computation of Cu adsorption on the S atoms of sphalerite (110) surface [J]. Mineral Engineering, 2013, 46: 1-5.

[118] 刘小妹，陈晔，冯瑶，等．闪锌矿银活化及对黄药吸附影响的第一性原理研究 [J]. 矿产保护与利用, 2021, 41 (2): 7-12.

[119] SARVARAMINI A, LARACHI F, HART B. Collector attachment to lead-activated sphalerite-Experiments and DFT study on pH and solvent effects [J]. Applied Surface Science, 2016, 367: 459-472.

[120] DONG W C, LIU J, HAO J M, et al. Adsorption of DTC-CTS on sphalerite (110) and Cu-activated sphalerite (110) surfaces: A DFT study [J]. Applied Surface Science, 2021, 551: 149466.

[121] LI Y Q, CHEN J H, DUAN K, et al. Depression of pyrite in alkaline medium and its subsequent activation by copper [J]. Minerals Engineering, 2012, 26: 64-69.

[122] HUANG H J, HU Y H, SUN W. Activation flotation and mechanism of lime-depressed pyrite with oxalic acid [J]. International Journal of Mining Science and Technology, 2012, 22: 63-67.

[123] HUNG A, YAROVSKY I, RUSSO S P. Density-functional theory studies of xanthate adsorption on the pyrite FeS_2 (110) and (111) surfaces [J]. The Journal of chemical physics, 2003, 118 (3): 6022-6029.

[124] LONG X H, CHEN J H, CHEN Y. Adsorption of ethyl xanthate on ZnS (110) surface in the presence of water molecules: A DFT study [J]. Applied Surface Science, 2016, 370: 11-18.

[125] LIU J, WEN S M, DENG J H, et al . DFT study of ethyl xanthate interaction with sphalerite (110) surface in the absence and presence of copper [J]. Applied Surface Science, 2014.

[126] CHEN Y, LIU X M, CHEN J H. Steric hindrance effect on adsorption of xanthate on sphalerite surface: A DFT study [J]. Minerals Engineering, 2021, 165: 106834.

[127] KE B L, CHEN J H , CHENG W. Galvanic interaction between different grinding media and galena (100) surface and its influence on galena flotation behavior: A DFT study [J]. Applied Surface Science, 2022, 571: 151379.

[128] LI Y Q, LIU Y C, CHEN J H, et al. Structure-activity of chelating collectors for flotation: A DFT study [J]. Minerals Engineering, 2020, 146: 106133.

[129] LIU G Y, XIAO J J, ZHOU D W, et al. A DFT study on the structure-reactivity relationship of thiophosphorus acids as flotation collectors with sulfide minerals: Implication of surface adsorption [J]. Colloids and Surfaces A: Physicochemical and Engineering Aspects, 2013, 434: 243-252.

[130] 秦伟，徐盛明，解强．巯基苯并咪唑类捕收剂的设计合成与性能 [J]. 中国矿业大学学报, 2014, 43 (2): 309-313.

[131] 徐双，余春荣．辉钼精矿提取冶金技术研究进展 [J]. 中国钼业, 2019, 43 (3): 17-23.

[132] 黄草明. 焙烧工艺条件对钼精矿氨浸的影响 [J]. 有色金属（冶炼部分）, 2017 (3): 36-39.

[133] 甘敏，曾金林，范晓慧，等．HNO_3/NH_4NO_3 预处理工艺强化低钼焙砂浸出 [J]. 中国有色金属学报, 2016, 26 (2): 471-477.

[134] CHEN X Y, ZHAO Z W, HAO M M, et al. Measurement of binary phase diagram of Cu_2S-MoS_2 system [J]. Transactions of Nonferrous Metals Society of China, 2013, 23 (1) : 271-275.

[135] KIM H S, PARK J S, SEO S Y, et al. Recovery of rhenium from a molybdenite roaster fume as high purity ammonium perrhenate [J]. Hydrometallurgy, 2015 (156): 158-164.

[136] SING S. Studies on the Processing of low grade molybsulfide concentrate by lime sintering [J]. Minerals Engineering, 1988, 1 (4): 2-5.

[137] 陈许玲，王海波，甘敏，等．低品位钼精矿石灰焙烧-酸浸提取钼 [J]. 中国有色金属学报, 2015, 25 (10): 2913-2920.

[138] 邹振球，周勤俭．钼精矿石灰焙烧-N-235萃取工艺提取钼铼 [J], 矿冶工程, 2002 (1): 79-81.

[139] EBRALIMI-KAHRIZSANGI R, ABBASI M H, SAIDI A. Molybdenite alkali fusion and leaching: Reactions and mechanism [J]. International Journal of Minerals, Metallurgy and Materials, 2010, 17 (2): 127-131.

[140] ZHOU Q S, YUN W L, XI J T, et al. Molybdenite-limestone oxidizing roasting followed by calcine leaching with aminonium carbonate solution [J]. Transactions of Nonferrous Metals Society of China, 2017, 27 (7): 1618-1626.

[141] 李小斌，崔源发，周秋生，等．由辉钼精矿制备钼酸铵的清洁冶金方法：中国，CN105969976A

[P]. 2016-09-28.

[142] NAIR K U. Studies on the processing of molybsulfide concentrate by chlorination [J]. Minerals Engineering, 1978 (3): 291-296.

[143] ALEKSANDROV P, MEDVEDEV A. KADIROV A, et al. Processing molybdenum concentrates using low-temperature oxidizing -chlorinating roasting [J]. Russian Journal of Non-Ferrous Metals, 2014, 55 (2): 114-119.

[144] AFSAHI M M,SOHRABI M, EBRAHIM H A. A model for the intrinsic kinetic parameters of the direct reduction of MoS with hydrogen [J]. International Journal of Materials Research, 2008 (99): 1032-1038.

[145] AFSAHI M M, SOHRABI M, KUMAR R V. A study on the kinetics of hydrogen reduction of molybdenum disulphide powders [J]. Thermochimica Acta, 2008 (473): 61-67.

[146] 王多刚，郭培民，赵沛．辉钼矿直接氢还原工艺的热力学研究 [J]. 有色金属（冶炼部分），2010 (3): 2-4.

[147] DONALD O B. Proess for thermal dissociation of molybdenun disulfide: US, 3966459 [P]. 1976-06-29.

[148] WANG L, GUO P M, PANG J M, et al. Phase change and kinetics of vacuum decomposition of nolybdenite concentrale [J]. Vacuum, 2015, 116: 77-81.

[149] 王磊，郭培民，庞建明，等．钼精矿真空分解工艺热力学分析 [J]. 中国有色金属学报，2015, 25 (1): 190-196.

[150] 周岳珍．辉钼矿真空热分解制备粉的研究 [D]. 昆明：昆明理工大学，2016.

[151] 符剑刚，钟宏，吴江丽，等．软锰矿在辉钼矿焙烧过程中的固硫作用 [J]. 中南大学学报（自然科学版），2005 (6): 994-1000.

[152] KHOLMOGORY A G, KONONOVA O N. Processing mineral raw materials in Siberia: Ores of molybdenum, tungslen, lead and gold [J]. Hydrornelallurgy, 2004, 76 (1): 37-54.

[153] 吴保林，赵中伟．机械活化对辉钼矿浸出的影响 [J]. 稀有金属与硬质合金，2004 (1): 1-4.

[154] 李飞，张文娟，陈星宇．常温常压下辉钼矿硝-硫酸浸出动力学 [J]. 中国有色金属学报，2016, 26 (11): 2420-2425.

[155] MEDVEDEV A S, ALEKSANDROV P V. Investigationg on processing low-grade molybdenum concentrale by the nitric-acid method [J]. Russian Journal of Non-Ferrous Meals, 2009, 50 (4): 353-356.

[156] 曹占芳．辉钼矿湿法冶金新工艺及其机理研究 [D]. 长沙：中南大学，2010.

[157] 张文轩．氯酸盐湿法氧化分解辉钼矿新工艺及机理研究 [D]. 长沙：中南大学，2009.

[158] 邹平，赵有才，杜强，等．金堆城低品位辉钼矿的可浸性 [J]. 有色金属，2007, 59 (1): 59-62.

[159] LIU Y C, ZHONG H, CAO Z F. Molybdenum removal from copper ore concentrate by sodium hypochlorite leaching [J]. Mining Science and Technology, 2011, 21 (1): 61-64.

[160] LIU W P, HUI X, YANG X Y, et al. Extraction of molybdenum from low-grade Ni-Mo ore in sodium hypochlorite solution under mechanical activation [J]. Minerals Engineering, 2011, 24 (14): 1580-1585.

[161] 周根茂，曾毅君，孟舒．用碱法从低品位难选辉钼矿中浸出钼的试验研究 [J]. 湿法冶金，2015, 34 (6): 466-470.

[162] 张威，王忠锋，喻建冬．氯酸盐法在某钼中矿处理中的应用 [J]. 矿冶工程，2017, 37 (5): 88-90, 94.

[163] LIU Z X, SUN L, HU J, et al. Selective extraction of molybdenum from copper concentrate by air

oxidation in alkaline solution [J]. Hydrometallurgy, 2017, 169: 9-15.

[164] ZHAO Z W, ZHANG G, LUO G S, et al. Kinetics of atmospherie leaching molybdenum from metalliferous black shales by air oxidaion in alkali solulion [J]. Hydrometallurgy, 2009, 97 (3): 233-236.

[165] 公彦兵，沈裕军，丁喻，等. 辉钼矿湿法冶金研究进展 [J]. 矿冶工程，2009，29 (1)：78-81.

[166] KHOSHNEVISAN A, YOOZBASHIZADEH H, MOZAMMEL M, et al. Kinetics of pressure oxidative leaching of molybdenite concentrate by nitric acid [J]. Hydrometallurgy, 2011, 111/112: 52-57.

[167] 王玉芳，刘三平，王海北. 钼精矿酸性介质加压氧化生产钼酸铵 [J]. 有色金属，2008，60 (4)：91-94.

[168] 王海北，邹小平，蒋应平，等. 溶剂萃取法从加压浸出液中提取 [J]. 铜业工程，2011 (5)：21-26.

[169] 蒋丽娟，奚正平，李来平，等. 由等外品钼精矿制备氧化钼实验研究 [J]. 稀有金属，2011，35 (1)：106-112.

[170] 刘俊场，杨大锦，付维琴，等. 镍钼矿两段氧压酸浸工艺研究 [J]. 湿法冶金，2014，33 (6)：438-442.

[171] 张邦胜. 复杂钼矿加压浸出新工艺研究 [D]. 沈阳：东北大学，2016.

[172] JIANG K X, WANG Y F, ZOU X P, et al. Extraction of molybdenum from molybdenite concentrates with hydrometallurgical processing [J]. Journal of Metals, 2012, 6 (11): 1285-1289.

[173] 彭建蓉，杨大锦，陈加希，等. 原生钼矿加压碱浸试验研究 [J]. 稀有金属，2007，31 (6)：110-113.

[174] 孙鹏. 用加压氧化法从钼精矿中浸出钼的试验研究 [J]. 湿法冶金，2013，32 (1)：16-19.

[175] 陈庆根. 钼精矿热压碱浸—离子交换提取钼试验研究 [J]. 矿产综合利用，2014 (4)：40-44.

[176] 伍赠玲，石仑雷. 低品位钼精矿热压碱浸—浮选工艺回收钼试验 [J]. 有色金属（冶炼部分），2019 (7)：54-57，77.

[177] 唐忠阳，李洪桂，霍广生. 高压氧分解—萃取法回收铜钼中矿中的钼 [J]. 稀有金属与硬质合金，2003 (1)：1-3.

[178] 李政锋. 氧压碱浸镍钼矿提钼试验研究 [J]. 湖南有色金属，2017，33 (1)：30-33.

[179] 付云枫. 氧压水浸法分解辉钼矿提取分离钼硫资源的应用基础研究 [D]. 北京：中国科学院过程工程研究所，2018.

[180] FU Y F, XIAO Q G, GAO Y Y, et al. Direct extraction of Mo (D) from acidic leach solution of molybdenite ore by ion exchange resin: Batch and column adsorption studies [J]. Transactions of Nonferrous Metals Society of China, 2018 (8): 1660-1669.

[181] BARR D S, SCHEINER B J, HENDRIX J L. Examination of the chlorate factor in electro-oxidation leaching of molybdenum concentrates using flow-through cells [J]. International Journal of Mineral Processing, 1977, 4 (2): 83-88.

[182] 童雄. 微生物浸矿的理论与实践 [M]. 北京：冶金工业出版社，1997.

[183] 杨洪英. 细菌冶金学 [M]. 北京：冶金工业出版社，2006.

[184] 尹升华，吴爱祥，苏永定. 低品位矿石微生物浸出作用机理研究 [J]. 矿冶，2006，15 (2)：23-27.

[185] NASERNEJAD B, KAGHAZCHI T, EDRISI M, et al. Bioleaching of molybdenum from low-grade copper ore [J]. Process Biochemistry, 1999, 35 (5): 437-440.

[186] RUSIN P, QUINTANA L, CASSELS J. Enhancement of copper and molybdenum bioextraction from sulfide ore through nutrient balance and the addition of Thiobacillus cuprinus [J]. Mineral Engineering,

1993，6 (8/9/10)：977-989.

[187] ASKARI ZAMANI M A, HIROYOSHI N, TSUNEKAWA M, et al. Bioleaching of sarcheshmeh molybdenum concentrate for extraction of rhenium [J]. Hydrometallurgy, 2005, 80 (1/2)：23-31.

[188] ROMANO P, BLAZQUEZ M L, ALQUACIL F J, et al. Comparative study on the selective chalcopyrite bioleaching of a molybdenite concentrate with mesophilic and thermophilic bacteria [J]. FEMS Microbiology Letters, 2001, 196 (1)：71-75.

[189] 黄明清，王贻明，杨保华，等．辉钼矿生物浸出研究进展 [J]. 中国钼业，2011，35 (4)：14-17.

[190] 张静敏，刘辉，程浩，等．某低品位铀矿石生物浸出试验研究 [J]. 铀矿冶，2019，38 (3)：177-180.

[191] 辛靖靖，刘金艳，伍赠玲，等．黄铜矿生物浸出过程中的钝化作用研究进展 [J]. 金属矿山，2018 (9)：15-21.

[192] 刘学，宋永胜，温建康．含砷复杂硫化镍矿低温生物浸出行为研究 [J]. 稀有金属，2014，38 (6)：1127-1133.

[193] ZHENG X F, CAO S T, NIE Z Y, et al. Impact of mechanical activation on bioleaching of pyrite：A DFT study [J]. Minerals Engineering, 2020, 148：1-9.

[194] CHEN J H, TANG D, ZHONG S P, et al. The influence of microcracks on copper extraction by bioleaching [J]. Hydrometallurgy, 2020, 191 (1)：1-7.

[195] BORJA D, NGUYEN K A, SILVA R A, et al. Continuous bioleaching of arsenopyrite from mine tailings using an adaptedmesophilic microbial culture [J]. Hydrometallurgy, 2019, 187 (8)：187-194.

[196] JALALI F, FAKHARI J, ZOLFAGHARI A. Response surface modeling for lab-scale column bioleaching of low-grade uranium ore using a new isolated strain of Acidithiobacillus Ferridurans [J]. Hydrometallurgy, 2019, 185 (5)：194-203.

[197] HEDRICH S, JOULIAN C, GRAUPNER T, et al. Enhanced chalcopyrite dissolution in stirred tank reactors by temperature increase during bioleaching [J]. Hydrometallurgy, 2018, 179 (8)：125-131.

[198] NIE Z Y, ZHANG W W, LIU H C, et al. Bioleaching of chalcopyrite with different crystal phases by Acidianus manzaensis [J]. Transactions of Nonferrous Metals Society of China, 2019, 29 (3)：617-624.

[199] ZHU P, LIU X D, CHEN A J, et al. Comparative study on chalcopyrite bioleaching with assistance of different carbon materials by mixed moderate thermophiles [J]. Transactions of Nonferrous Metals Society of China, 2019, 29 (6)：1294-1303.

[200] YU Z J, YU R L, LIU A J, et al. Effect of pH values on extracellular protein and polysaccharide secretions of Acidithiobacillus ferrooxidans during chalcopyrite bioleaching [J]. Transactions of Nonferrous Metals Society of China, 2017, 27 (2)：406-412.

[201] BRYNER L, ANDERSON R. Microorganisms in leaching sulfide minerals [J]. Industrial and Engineering Chemistry, 1957, 49 (10)：1721-1724.

[202] BRIERLEY C L, MURR L E. Leaching：Use of a thermophilic and chemoautotrophic microbe [J]. Science, 1973, 179 (4072)：488-490.

[203] OLSON G J, CLARK T R. Bioleaching of molybdenite [J]. Hydrometallurgy, 2008, 93 (2)：10-15.

[204] WOLFGANG K, WILFRIED G, JAMES O G, et al. Recovery of molybdenum from molybdenum bearing sulfide materials by bioleaching in the presence of iron：USA, 20090320648 [P]. 2009-12-31.

[205] ENERGY A. First bioleaching tests results successful in significantly enhancing metal extractions [Z]. Sweden：ASX Announcement, 2010：1-3.

[206] DONATI E R, SAND W. Microbial Processing of Metal Sulfide [M]. Netherland: Springer Verlag, 2007: 37-39.

[207] 陈家武, 高从堦, 张启修, 等. 辉钼矿生物浸出的研究现状与展望 [J]. 稀有金属与硬质合金, 2008, 36 (1): 46-50.

[208] 吉兆宁, 余斌, 刘坚, 等. 金堆城低品位钼矿石可浸性研究 [J]. 有色金属 (矿山部分), 2002, 54 (5): 15-18.

[209] 李建涛, 庄肃凯, 南宁, 等. 浸矿菌的选育及对低品位钼矿的浸出试验研究 [J]. 金属矿山, 2018 (5): 103-107.

[210] 李建涛, 庄肃凯, 王之宇, 等. 响应面法优化微生物浸出低品位钼矿工艺条件 [J]. 矿冶工程, 2018, 38 (4): 111-114, 117.

[211] 赵欢, 张广积, 杨巧文, 等. 低品位钼尾矿生物浸出实验研究 [J]. 稀有金属与硬质合金, 2015, 43 (6): 7-11.

[212] CHEN J W, GAO C J, ZHANG Q X, et al. Leaching of nickelmolybdenum sulfide ore in membrane biological reactor [J]. Transactions of nonferrous Metals Society of China, 2011, 21: 1395-1401.

[213] SANTHIYA D, TING Y P. Bioleaching of spent refinery processing catalyst using Aspergillus niger with high-yield oxalic acid [J]. Journal of Biotechnology, 2005, 116 (2): 171-184.

[214] MIER J L, BALIESTER A, BLAZQUEZ M L, et al. Influence of metallic ions in the bioleaching of chalcopyrite by sulfolobus BC: Experimentals using pneumaticllly stirred reactors and massive samples [J]. Minerals Engineering, 1995, 8 (9): 949-965.

[215] ABDOLLAHI H, NOAPARAST M, SHAFAEI Z S, et al. Silver-catalyzed bioleaching of copper, molybdenum and rhenium from a chalcopyrite-molybdenite concentrate [J]. International Biodeterioration & Biodegradation, 2015, 104: 194-200.

[216] SILVERMAN M P, LUNDGREN D G. Studies on the chemoautotrophic iron bacterium T ferrooxidans I. An improved medium and harvesting procedure for securing high cell yield [J]. Journal of Bacteriology, 1959, 77: 642-647.

[217] ZHANG X X, JIA H Y, WU B, et al. Genetic analysis of protoplast fusant Xhhh constructed for pharmaceutical wastewater treatment [J]. Bioresource Technology, 2009, 100 (6): 1910-1914.

[218] RAWLINGS D E. Characteristics and adaptability of iron-and sulfur-oxidizing microorganisms used for the recovery of metals from minerals and their concentrates [J]. Microbial Cell Factories, 2005, 4 (13): 35-40.

[219] 卢涛. 难处理金钼矿石的微生物浸出研究 [D]. 沈阳: 东北大学, 2016.

2 工艺矿物学研究

2.1 引言

工艺矿物学是在矿物学和矿物原料工艺学之间发展起来的学科，主要研究矿石的化学组成和矿石中有益、有害元素的赋存状态，同时查明有用矿物和杂质矿物的嵌布粒度、嵌布形态，以及它们在磨矿过程中的解离特性，指导选矿和冶金过程。

2.2 工艺矿物学研究过程

工艺矿物学研究分为原矿石光片研究、薄片研究和精矿粉末研究，具体研究流程如图2-1所示。其中光片与薄片研究方法为将原矿石切片后制成抛光片，在偏光-透光显微镜下观察物质的组成、金属和非金属矿物的赋存状态并照相。精矿粉末研究方法为将粉末按不同粒级筛分，在体视显微镜下观察其组分含量并照相。

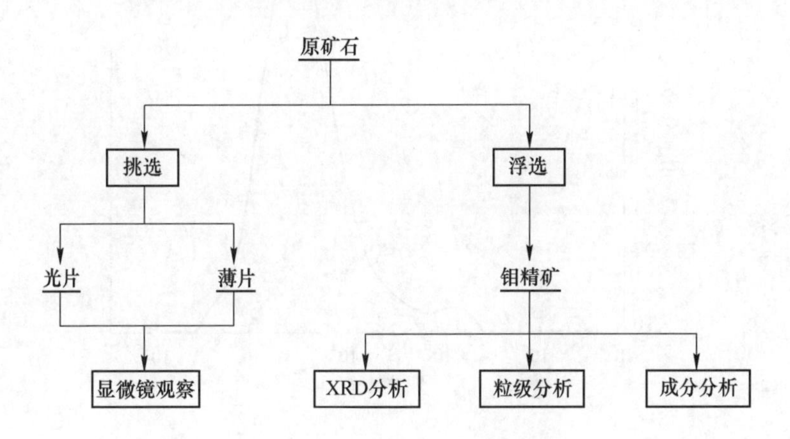

图2-1 工艺矿物学研究流程图

2.3 矿石化学成分

研究所采用的矿石来自某地铜钼混合矿和钼精矿，对样品进行X射线荧光光谱（XRF）分析，结果见表2-1和表2-2。从表2-1中可以看出，铜钼混合矿含钼和铜分别为5.10%和13.70%。从表2-2可以看出，钼精矿中钼和铜的含量分别为25.40%和1.33%，并含有大量的Si、Mg、Ca、Na、K等杂质元素。

表2-1 铜钼混合矿元素XRF分析

元 素	S	Fe	Cu	Si	Mg	Mo	Ca	Al	Zn	P
质量分数/%	30.40	24.50	13.70	12.60	7.76	5.10	3.58	1.19	0.37	0.05

表 2-2　钼精矿元素 XRF 分析

元　素	Cu	Mo	Si	S	Mg	Na	Ca	Fe	Al	K
质量分数/%	1.33	25.40	10.80	10.50	6.60	4.50	1.67	1.26	0.98	0.22

2.4　矿石粒度分布特征

采用马尔文激光粒度仪分别对铜钼混合矿和钼精矿的粒度分布进行了测定，如图 2-2 和表 2-3 所示。结果显示，铜钼混合矿粒度分布为大于 74μm 的矿物占 19.18%，在 42~74μm 之间的矿物占 20.33%，小于 42μm 的矿物占 60.49%；钼精矿粒度分布为大于 74μm 的矿物占 6.87%，在 42~74μm 之间的矿物占 22.67%，小于 42μm 的矿物占 70.46%。

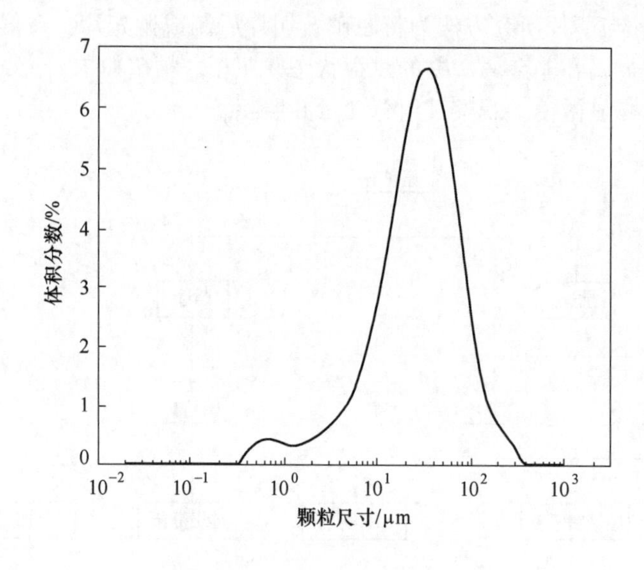

图 2-2　钼精矿的粒度分布曲线

表 2-3　铜钼混合矿与钼精矿粒度分布

样　品	>74μm	42~74μm	<42μm
铜钼混合矿/%	19.18	20.33	60.49
钼精矿/%	6.87	22.67	70.46

利用体视显微镜对钼精矿进行形貌观察，结果表明：钼精矿中辉钼矿为片状，大部分已经解离，但在各个粒级范围内，还有部分连生体现象，如图 2-3 所示。

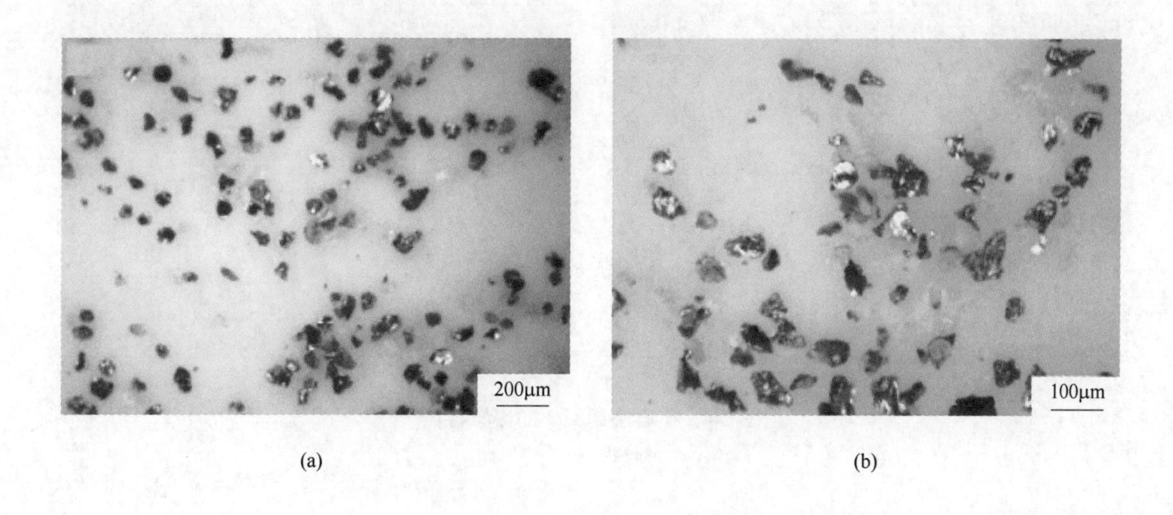

(a) (b)

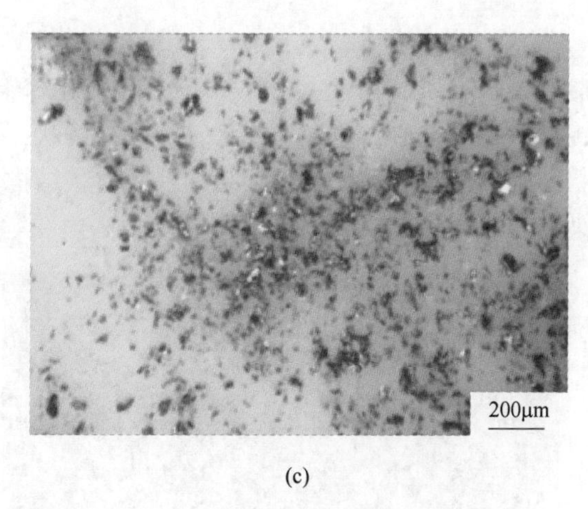

(c)

图 2-3 不同粒度钼精矿的矿物特征及连生现象

2.5 原矿石矿物结构分析

原矿石大量的光片和薄片显微镜观察结果显示：矿石中主要的金属矿物有黄铜矿、辉钼矿、黄铁矿，少量的斑铜矿、黝铜矿、闪锌矿和方铅矿。脉石矿物成分极其复杂，有石榴石、透闪石、透辉石、白云石、云母、绿泥石及斜长石。矿石的结构有半自形粒状结构、板状结构、网状结构、脉状结构、充填结构、交织状结构、交代结构、放射状结构、固溶体分离结构。矿石构造是块状构造、网状构造、浸染状构造、鳞片状构造、脉矿石的网状结构。其中，交织状结构十分发育，主要金属矿物为辉钼矿 MoS_2，呈网丝状，而黄铜矿充填与网丝的空隙之中，天然地造成铜钼分离困难，如图 2-4（a）所示。而且矿石中的辉钼矿呈鳞片状构造，细小的鳞片状辉钼矿与脉石矿物分离困难，如图 2-4（b）所示。

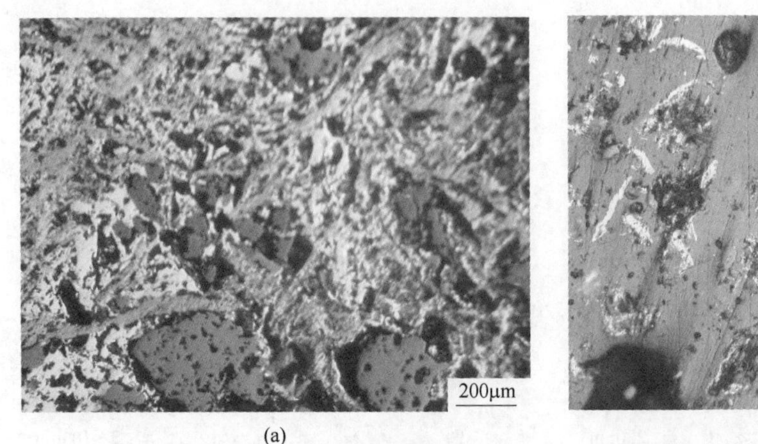

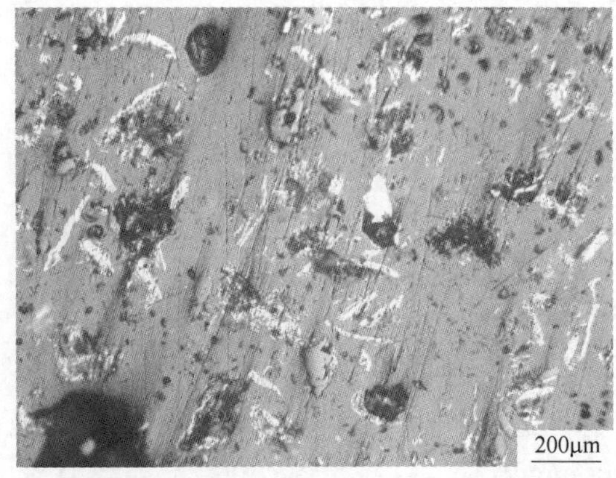

图 2-4　矿石中辉钼矿的嵌布特征

(a) 网丝状；(b) 鳞片状

2.6　矿石中主要矿物及其特征

2.6.1　辉钼矿

辉钼矿是矿石中最主要的金属矿物之一。原矿石中大多数辉钼矿为单体，呈亮白色，具有强金属光泽。辉钼矿多为半自形、他形的针状、板状、条状，与黄铜矿密切共生；原矿石中的辉钼矿呈板状结构、网状结构、交织状结构、放射状结构；构造以鳞片状和片状构造、脉状构造、浸染状构造为主，如图 2-5 所示。

图 2-5　鳞片状和片状辉钼矿

2.6.2　黄铜矿

黄铜矿也是该矿中最主要的金属矿物之一。原矿石中大多数黄铜矿为单体，呈黄色，具有强金属光泽。原矿石中黄铜矿为可见他形晶，黄铜矿常具有他形粒状结构、交代结构、固溶体分离结构。构造以致密块状、浸染状脉状、脉状构造为主，也可见条带状构造，如图 2-6 所示。

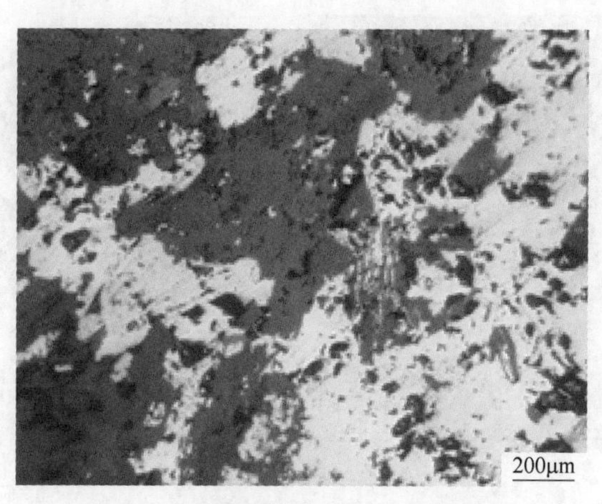

图 2-6 他形黄铜矿与鳞片状辉钼矿

2.6.3 黄铁矿

黄铁矿是该矿最主要的金属矿物之一。原矿石中大多数黄铁矿为单体，呈黄白色，具有强金属光泽。原矿石中黄铁矿可见自形、半自形、他形晶，与黄铜矿密切共生，如图2-7所示。原矿石中的黄铁矿构造以致密块状、浸染状脉状、脉状构造为主。

图 2-7 黄铜矿与黄铁矿共生

2.6.4 石榴石

石榴石是该矿主要的脉石矿物之一。单偏光显微镜下为无色晶体，玻璃光泽，半自形晶。正交镜下为一级灰白干涉色，具有的环带状，粒状集合体产出，如图 2-8（a）所示。

2.6.5 白云石类矿物

白云石类矿物是该矿主要的脉石矿物。显微镜下为白色晶体，玻璃光泽，半自形晶，闪突起明显。白云石类矿物以脉状集合体或粒状集合体产出，如图 2-8（b）所示。

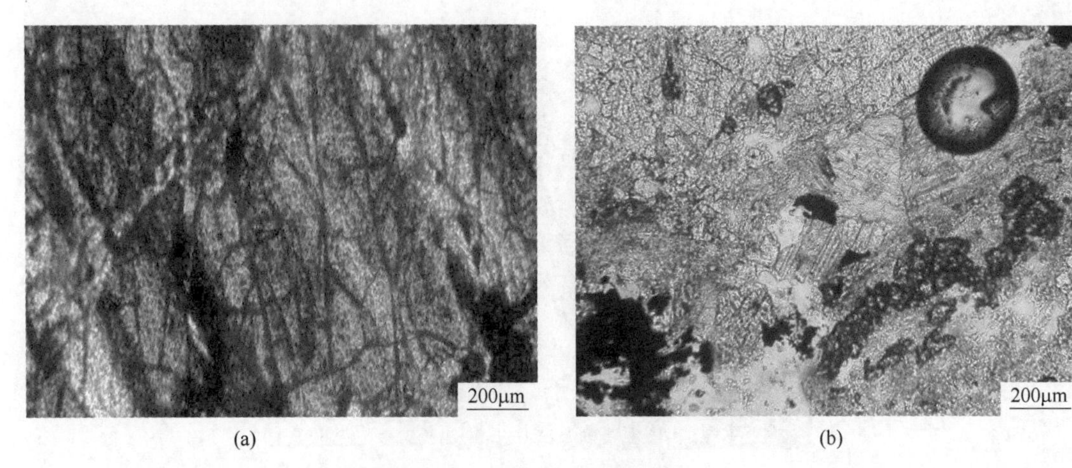

(a)　　(b)

图 2-8　矿石中的脉石矿物

(a) 石榴石；(b) 白云石

2.6.6　辉石类和闪石类矿物

辉石类和闪石类矿物也是该矿主要的脉石矿物，显微镜下为板状、柱状，白色晶体，玻璃光泽，半自形晶，解理发育。闪石类和辉石类多以束状集合体产出，如图 2-9 所示。

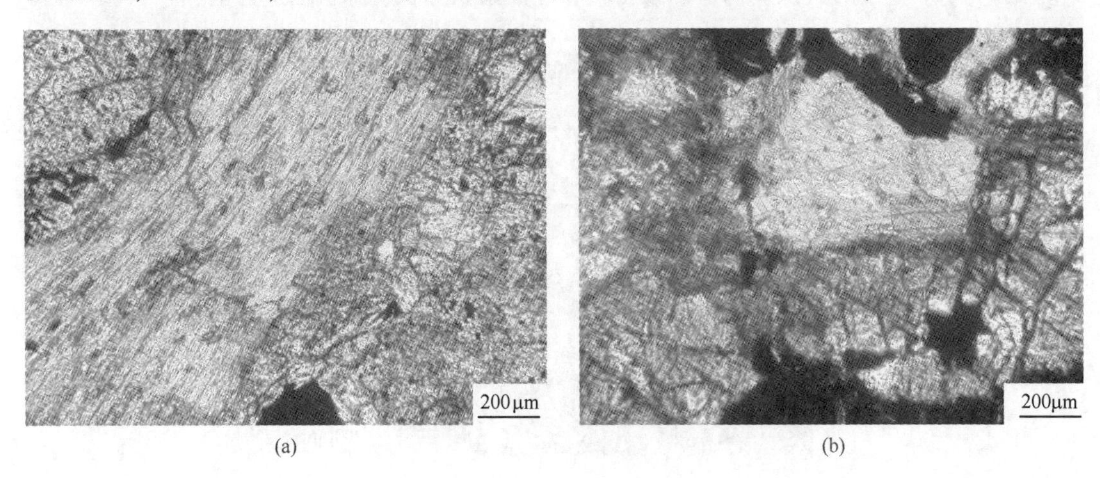

(a)　　(b)

图 2-9　矿石中的脉石矿物

(a) 辉石和闪石；(b) 辉石

3 难选铜钼矿分离浮选研究

3.1 引言

铜钼矿的分离浮选一直是矿物加工领域的一个难题。铜的抑制剂主要包括硫化物类、氰化物类、诺克斯类、氧化剂类等。某企业难选铜钼矿石中主要的铜矿物为黄铜矿，铜钼分离浮选用对黄铜矿最为有效的抑制剂硫化钠。由于矿石性质复杂，该企业生产过程中铜钼分离效果不理想，指标不稳定，产品质量不高，造成很大浪费。产品铜精矿和钼精矿难以达到国家标准。铜精矿的品位（质量分数）通常在14%~16%；钼精矿经过8道精选，钼品位（质量分数）最低8.80%，最高34.02%，通常在23%~26%。按照国家标准：钼精矿钼含量要求最低达到40%，可见产品并未达到合格要求。因此，针对这一生产现状，开展分离浮选和钼精选的工艺条件研究、现场全流程考察和现场验证研究。同时，将研究结果应用于生产现场，提出了合理的生产现场调试方案，并进行了生产实践。

3.2 铜钼矿石中元素含量的测定

钼的测定分别采用碱熔-钒酸氨滴定法和硫氰酸盐吸光光度法；铜的测定采用碘量法和BCO分光光度法；亚铁的测定采用重铬酸钾滴定法。

3.2.1 钼的测定

3.2.1.1 钒酸铵滴定法

称取0.4000g试样于已用氢氧化钠铺底的30mL镍坩埚中，于坩埚中加入1g氢氧化钠、3.50g过氧化钠和2g碳酸钠。放入750℃的电阻炉中焙烧8~10min，稍冷，以沸水浸取，冷却后移于100mL容量瓶，定容。干过滤于100mL烧杯中，分取25mL滤液于锥形瓶中，加入10mL硫酸肼和草酸混合液，摇匀。用盐酸（1+1）中和至甲基橙指示剂变红，再过量5~6mL，摇匀，加入2mL浓度为150g/L的8-羟基喹啉，煮沸10min，取下。以流水迅速冷却，加入4滴浓度为10g/L的*N*-苯基代邻氨基苯甲酸乙醇溶液，加100mL硫酸（1+2）立即以钒酸铵标准溶液滴定，近终点时要缓慢滴定，直到紫色突然加深在20s内不褪色，再过量2滴。摇匀，立即以硫酸亚铁铵标准溶液回滴至紫色消失。钼的含量按式（3-1）计算：

$$w_{Mo} = \frac{(V_5 - V_6 \times K) \times f \times 100 \times 4}{m} \tag{3-1}$$

式中，V_5为滴定消耗钒酸铵的体积，mL；V_6为回滴硫酸亚铁铵溶液的体积，mL；K为硫酸亚铁铵溶液换算成钒酸铵标准溶液体积的系数；f为与1mL钒酸铵标准溶液相当的以克表示的钼的质量；m为称取试样量，g。

3.2.1.2 硫氰酸盐吸光光度法

移取0.50~5mL待测液体于50mL容量瓶中，加1滴浓度为5g/L的酚酞乙醇指示剂，用硫酸（1+1）中和至红色消失，迅速加入10mL硫酸铜-硫酸混合溶液，摇匀。冷却后加入5~10mL浓度为50g/L的硫脲溶液，混匀，放置10min。加入4mL浓度为250g/L的硫酸氰钾溶液，以水定容。与分析试样同时进行空白试验。放置20min后，用3cm吸收皿，以试样空白溶液为参比，在460nm波长处测定取吸光度。从工作曲线上查出相应的钼的含量。

3.2.2 铜的测定

3.2.2.1 碘量法

称取0.1000~0.5000g试样于250mL缩口烧杯中，加少量水润湿。然后，加入10~15mL盐酸，低温加热5min后，取下稍冷。再加入10~15mL硝酸-硫酸的混酸（7+3），盖上表皿，摇匀，低温加热。待试样完全分解后，取下冷却，用少量的水洗涤表皿。之后，继续加热蒸发至干，冷却。用20mL水吹洗表面皿及杯壁，盖上表面皿，置于电热板上煮沸，使盐类完全溶解，取下冷却至室温。向溶液中滴加浓度为300g/L的乙酸铵溶液至红色不再加深，并过量5mL，滴加氟化氢铵饱和溶液至红色消失并过量。然后，向溶液中加3g碘化钾和2mL浓度为5g/L的淀粉溶液，继续滴加至浅蓝色。之后，再加入1mL浓度为400g/L的硫氰酸钾溶液，摇匀至蓝色加深，再用硫代硫酸钠溶液滴定至蓝色恰好消失。铜的含量按式（3-2）计算：

$$w_{Cu} = \frac{F_{Cu} \times (V_2 - V_3) \times 100}{m} \tag{3-2}$$

式中，V_2为滴定试液消耗硫代硫酸钠标准滴定溶液的体积，mL；V_3为滴定试样空白消耗硫代硫酸钠标准滴定溶液的体积，mL；m为称取试样量，g。

3.2.2.2 BCO分光光度法

取1mL的溶液于100mL容量瓶中，加入2mL柠檬酸溶液，用水稀释至30mL，加3滴中性红指示剂，用氨水溶液中和至溶液变为黄色，并过量3滴。然后，加入10mL氯化铵-氨水缓冲溶液，将容量瓶置于10~20℃水浴中放置片刻，加20mL BCO溶液，定容。然后，摇匀置于10~20℃水浴30min，用1cm吸收池于分光光度计波长600nm处，以空白溶液作参比，测量吸光度。从工作曲线上查出相应的铜的含量。

3.2.3 亚铁的测定

取待测菌液1mL放入250mL锥形瓶中，然后加入硫酸-磷酸的混合酸0.5mL，并摇匀。加3滴二苯胺磺酸钠，然后用浓度为5×10^{-3}mol/L的$K_2Cr_2O_7$标准液进行滴定，直至溶液出现紫色，并且紫色稳定存在30s，此为滴定终点。Fe^{2+}的含量按式（3-3）计算：

$$w_{Fe^{2+}} = (V_2 - V_1) \times c \times 55.85 \tag{3-3}$$

式中，$V_2 - V_1$为$K_2Cr_2O_7$标准液的体积，mL；c为$K_2Cr_2O_7$标准液浓度，mol/L。

3.3 铜钼分离浮选工艺研究

3.3.1 矿石粒度的影响

矿石粒度是影响选矿指标的众多因素之一，这主要是因为粒度是衡量矿石中铜、钼及脉石矿物能否达到单体解离的关键，它直接影响精矿品位的高低与产品的回收率。此外，磨矿成本是企业生产成本中较高的一部分，如何有效合理地控制磨矿细度是直接降低选矿成本、提高经济效益的重要手段。

图 3-1 所示为混合矿经球磨磨矿不同时间后的粒度分布图。从图中可以看出，混合矿不经过磨矿处理时，粒度小于 42μm 的矿物占 60.49%（质量分数），分别经过 10min、20min、30min 和 40min 的磨矿处理后，粒度分布为小于 42μm 的矿物分别占 89.19%、89.38%、94.70%和 95.90%。这表明经过 10min 的磨矿处理后，矿石粒度明显变小。但是，当磨矿时间达到 20min 及更长时间后，混合矿矿物的粒度变化不明显。

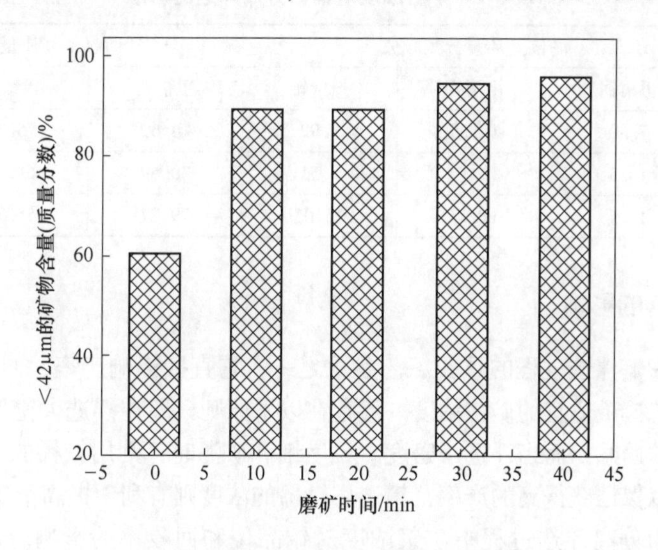

图 3-1 磨矿时间对矿石粒度的影响

根据不同磨矿时间后矿石粒度的分布结果，本书选取分别经过 0min、10min 和 30min 磨矿处理的混合矿进行一次粗选、一次扫选的浮选实验（流程见图 3-2），目的是考察矿石粒度对铜钼分离效果的影响，结果见表 3-1。从表 3-1 中可以看出，三种经过不同磨矿时间处理的混合矿经粗选后，粗精矿中钼的含量（质量分数）分别为 19.25%、12.19%和 11.17%，扫选后精矿中钼的含量（质量分数）分别为 9.92%、7.51%和 15.05%；三种不同磨矿时间处理后的混合矿经粗选和扫选后，钼的回收率（质量分数）分别为 85.64%、77.21%和 70.82%，粗选阶段铜的回收率（质量分数）分别为 14.60%、30.69%和 29.27%。以上结果表明，矿石不磨矿进行一次粗选、一次扫选的处理后，获得的钼粗精矿中钼的品位、回收率及铜的含量比较理想。随着磨矿细度的逐步增加，粗精矿中钼的品位和回收率都有一定幅度的降低，这是由于辉钼矿和黄铜矿的单体解离度已经比较充分，磨矿会导致矿物的过磨，出现矿浆泥化现象，从而影响钼精矿的产品质量。因此，铜钼混合矿不磨矿，即磨矿细度小于 42μm 的矿物占 60.49%时，辉钼矿和黄铜矿的解离程度比较好，铜钼分离的效果理想。

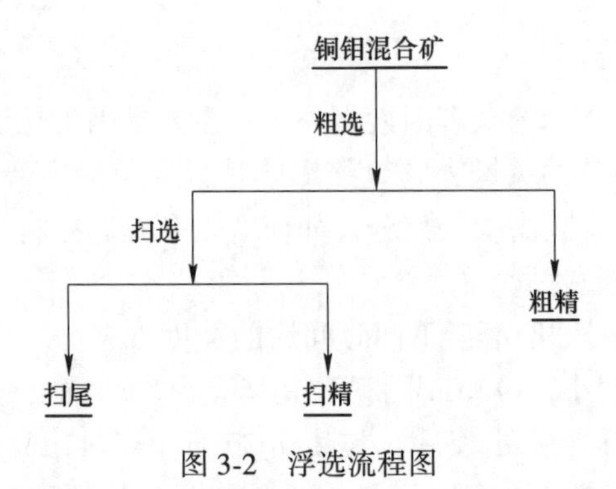

图 3-2 浮选流程图

表 3-1 矿石细度对铜钼分离浮选的影响

条件	品位（质量分数）/%			回收率（质量分数）/%		
	粗精铜	粗精钼	扫精钼	粗精铜	粗精钼	扫精钼
0min	7.30	19.25	9.92	14.60	75.72	9.92
10min	10.5	12.19	7.51	30.69	69.70	7.51
30min	11.5	11.17	15.05	29.27	55.77	15.05

3.3.2 矿浆浓度的影响

矿浆浓度是影响浮选过程的重要工艺参数之一，它直接影响产率、回收率和精矿质量。在实际生产中，选择最适宜的矿浆浓度一般存在以下原则，即在浮选大密度、粒度粗的矿物时，往往用较浓的矿浆；而当浮选小密度、粒度细和矿泥时，则用较稀的矿浆。粗选作业采用较浓的矿浆可以保证获得高的产率，精选用较稀的浓度则有利于提高精矿质量。

图 3-3 所示为分离浮选过程中矿浆浓度对钼品位和回收率的影响。从图中可以看出，

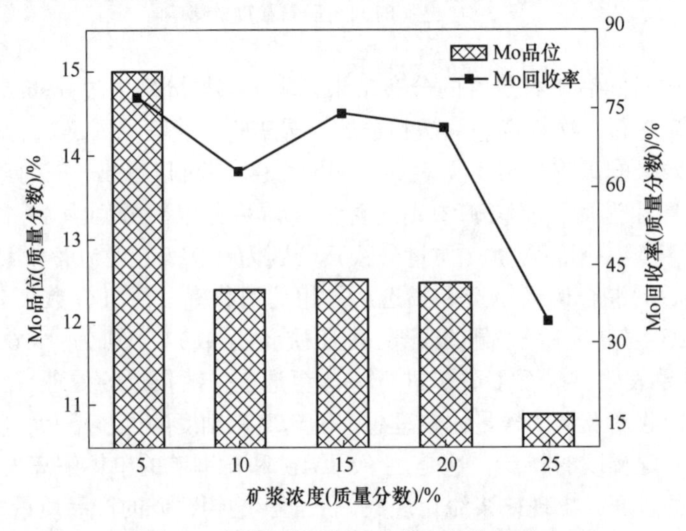

图 3-3 矿浆浓度对钼回收率和品位的影响

随着矿浆浓度不断提高，钼粗精矿的品位和回收率均有所下降，当矿浆浓度（质量分数）提高到15%和20%时，钼粗精矿的品位（质量分数）分别为10.99%和10.95%，回收率（质量分数）分别为80.03%和76.51%。但由于是粗选作业，需要较高的矿浆浓度。因此，确定铜钼分离阶段的矿浆浓度（质量分数）为20%。

3.3.3 硫化钠用量的影响

本书采用铜钼分离中比较常用而且最有效的硫化钠作为铜矿物的浮选抑制剂，其用量对钼的品位和回收率的影响如图3-4所示。由图可知，随着硫化钠用量的增加，钼的回收率呈先增高后降低的趋势。当用量大于40kg/t后，回收率下降明显，这主要是因为硫化钠量的太大，导致溶液呈强碱性，进而抑制了辉钼矿的浮出。因此，在铜钼分离阶段，硫化钠用量为40kg/t较为合适。

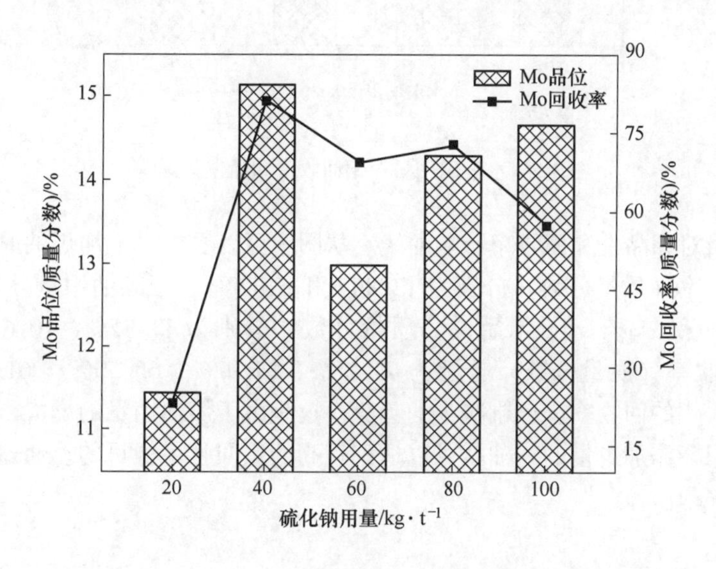

图3-4 硫化钠用量对钼回收率和品位的影响

3.3.4 水玻璃用量的影响

工艺矿物学的研究表明矿石中的脉石矿物以硅酸盐类为主。水玻璃对硅酸盐类脉石具有较好的抑制效果，并且还具有分散矿泥的作用。因此，实验研究了水玻璃用量对钼品位和回收率的影响，结果如图3-5所示。从图中可以看出，随着水玻璃用量的增加，粗精矿中钼的品位的变化不大。当水玻璃用量为1kg/t时，钼的回收率和品位比较理想；当水玻璃用量增加到1.50kg/t时，钼的回收率开始出现降低的趋势。水玻璃用量太大会给后续的过滤作业带来困难，因此，确定水玻璃用量为0.50~1kg/t。

3.3.5 煤油用量的影响

煤油是辉钼矿常用的捕收剂。辉钼矿天然可浮性非常好，在铜钼分离作业中，煤油对钼回收率的提高没有明显的效果，更多的是为了防止泡沫发黏及起到消泡的作用。图3-6

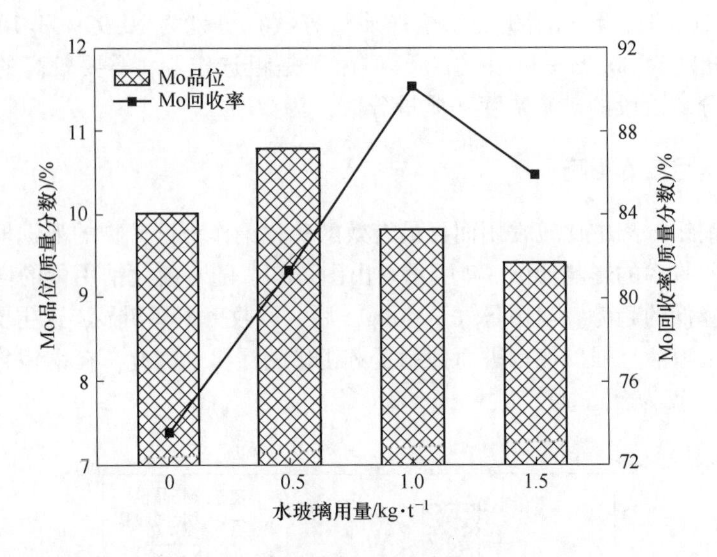

图 3-5　水玻璃用量对钼回收率和品位的影响

所示为煤油用量对钼品位和回收率影响曲线。从图中可以看出，不加煤油时，钼粗精矿中钼的品位和回收率（质量分数）分别为 12.86%和 61.08%；当煤油用量分别为 0.50kg/t、1kg/t、1.50kg/t 和 2kg/t 时，钼品位（质量分数）分别为 11.72%、10.6%、10.08%和 10.79%，钼回收率（质量分数）分别为 71.78%、67.92%、65.50%和 61.08%。随着煤油用量的增加，钼的回收率呈急剧减小的趋势，这是由于煤油用量的增大，导致浮选泡沫变脆。因此，只需添加少量的煤油就可以达到较高的钼回收率的目的。通过实验确定煤油的用量为 0.50kg/t。

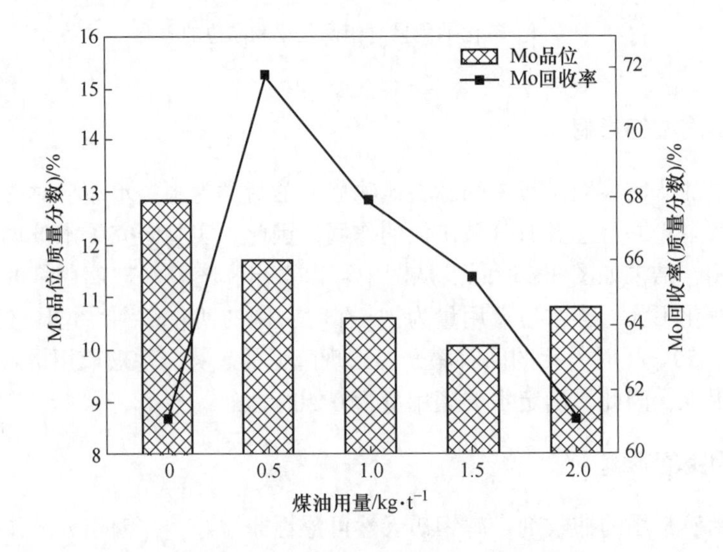

图 3-6　煤油用量对钼回收率和品位的影响

3.4　钼精矿精选工艺研究

3.4.1　再磨对钼精矿精选的影响

在精选作业中，矿石的再磨处理主要有以下两个作用。首先，再磨使辉钼矿单体解离，有利于辉钼矿与脉石矿物的分离；其次，再磨可以使辉钼矿露出新生表面，使其能够充分地和捕收剂接触，提高钼精矿的质量。但辉钼矿切勿过磨，因为过磨会引起主要的脉石矿物表面性质发生改变，使其可浮性与辉钼矿很相近，导致脉石与辉钼矿难于分离。过磨还会导致辉钼矿表面 S-Mo 晶面的比例增加，造成矿物的可浮性下降，不利于钼品位的提高和回收。

3.4.1.1　*再磨矿时间对粒度分布的影响*

为了研究钼精矿在精选时矿物粒度对钼精选效果的影响，首先研究了再磨时间对矿石细度分布的影响。经过不同时间的再磨处理后，钼精矿的细度分布如图 3-7 所示。从图中可以看出，未经过再磨处理钼精矿的粒度为小于 42μm 的矿物占 70.46%（质量分数），再磨 5min、10min、15min 和 20min 后，粒度为小于 42μm 的矿物分别占 76.16%、82.50%、82.70%和 82.69%。这表明钼精矿经再磨 10min 后粒度趋于稳定，达到 82.50%左右，继续延长再磨时间对粒度的影响作用不明显。

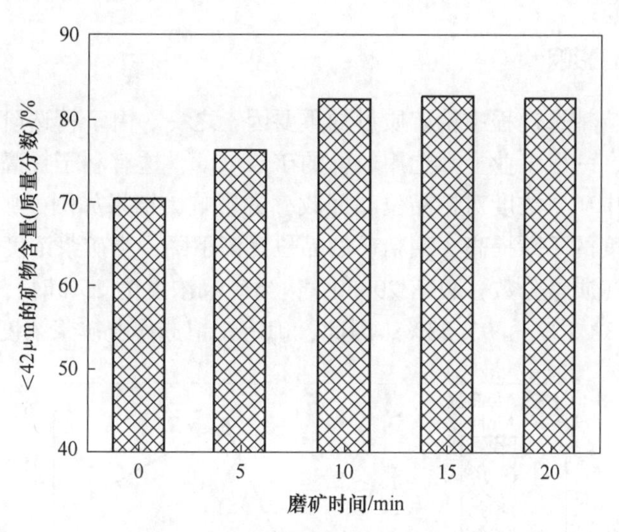

图 3-7　磨矿时间对矿石粒度的影响

3.4.1.2　*矿石粒度对钼精矿精选的影响*

实验分别对再磨 0min、5min、10min、15min 和 20min 后获得的钼精矿进行精选，考察钼精矿细度对钼品位和回收率的影响，结果如图 3-8 所示。从图中可以看出，随着再磨时间的增加，钼的品位和回收率都有较大提高，当再磨时间为 10min，即粒度小于 42μm 的矿物（质量分数）占 82.50%时，钼的品位和回收率（质量分数）分别为 34.02%和 96.49%；随着再磨时间的进一步提高，钼的品位稍有提高，但钼的回收率开始大幅度降低。这是由于再磨时间的增加使矿石过磨，引起了脉石矿物如石榴子石、透辉石、白云石、闪石和帘石等的表面性质发生改变，其可浮性与辉钼矿十分相近，难以分离。此外，过磨还导致辉钼矿的S-Mo晶面比例增加，使辉钼矿的可浮性下降，钼的回收率降低。因此，确定精选作业中精矿再磨时间10min，此时矿石细度小于42μm的矿物约占82.50%。

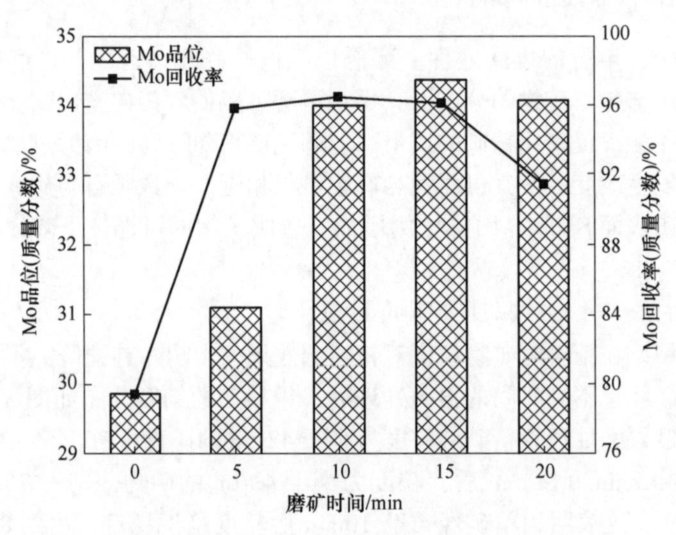

图3-8　磨矿时间对钼回收率和品位的影响

3.4.2　矿浆浓度的影响

矿浆浓度是影响精选过程中精矿质量的重要因素之一。由于精选阶段矿石粒度较细并且含有大量的矿泥，一般工业上都选用较稀的矿浆浓度，这有利于提高精矿的质量。实验研究了钼精选过程中矿浆浓度对钼品位和回收率的影响，结果如图3-9所示。从图中可以看出，随着矿浆浓度的不断提高，钼精矿的品位逐渐下降，当矿浆浓度（质量分数）达到20%时，钼的品位（质量分数）仅有29.50%；当矿浆浓度为15%时，钼的品位和回收率比较理想，分别为32.10%和95.58%。因此，确定钼精选作业矿浆浓度为15%。

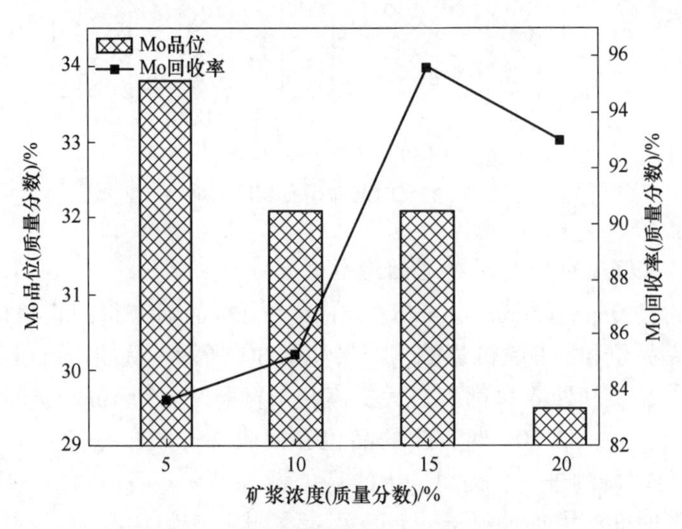

图3-9　矿浆浓度对钼回收率和品位的影响

3.4.3 水玻璃用量的影响

在精选阶段，对钼精矿的质量影响较大的主要是脉石矿物。因此，在精选作业中，降低脉石的可浮性，使辉钼矿和脉石分离，可以达到提高钼精矿的质量的目的。对矿石的工艺矿物学研究可知，钼精矿中含有大量的硅酸盐类脉石矿物，如石榴子石、透辉石、白云石、黑云母等，要抑制这些脉石矿物的浮出，必须增大水玻璃的用量。但是，用量太大则会给后续的过滤作业带来困难。实验研究了水玻璃用量对钼回收率和品位的影响，结果如图 3-10 所示。从图中可以看出，钼精矿的品位和回收率均随水玻璃用量的增大呈先增大后减小的趋势，当水玻璃用量分别为 5kg/t 和 10kg/t 时，其品位为 32.88%和 32.63%；当水玻璃用量为 10kg/t 时，钼回收率最高，为 85.15%。因此，确定 10kg/t 作为钼精选过程中水玻璃的用量。

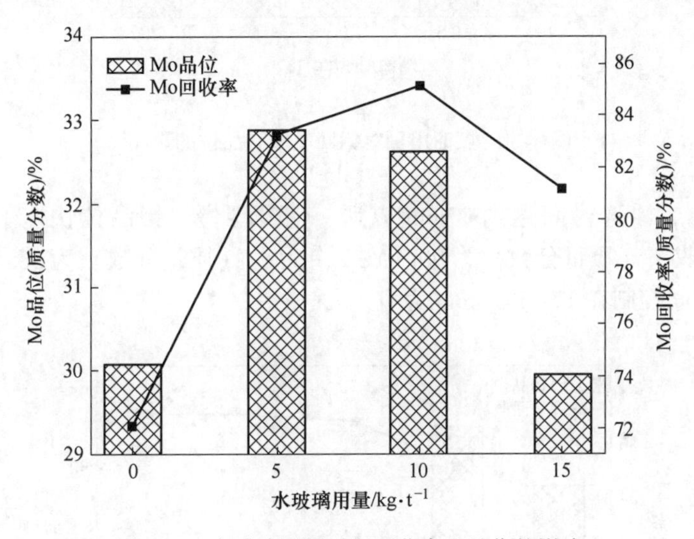

图 3-10 水玻璃用量对钼回收率和品位的影响

3.4.4 煤油用量的影响

辉钼矿天然可浮性好，在无捕收剂或含适量煤油的溶液中即可上浮。煤油用量对辉钼矿的回收率影响较大，不足或过量都会导致辉钼矿回收率偏低，直接影响精矿的质量。图 3-11 所示为煤油用量对钼品位和回收率的影响。从图可以看出，随着煤油用量的增加，钼的品位和回收率均表现出先增大后减小的趋势。当煤油用量为 1kg/t 时，品位和回收率（质量分数）达到最大，分别为 34.19%和 92.89%；当煤油用量增大到 1.50kg/t 时，钼的品位几乎没有变化，但回收率开始下降；当煤油用量增大到 2kg/t 时，钼的回收率急剧下降，这是因为煤油用量偏大，导致泡沫变脆，泡沫上所带有的辉钼矿进入矿浆。因此，确定精选作业煤油用量为 1kg/t。

3.4.5 浮选时间的影响

图 3-12 所示为浮选时间与钼回收率和品位关系曲线。从图中可以看出，浮选前期钼

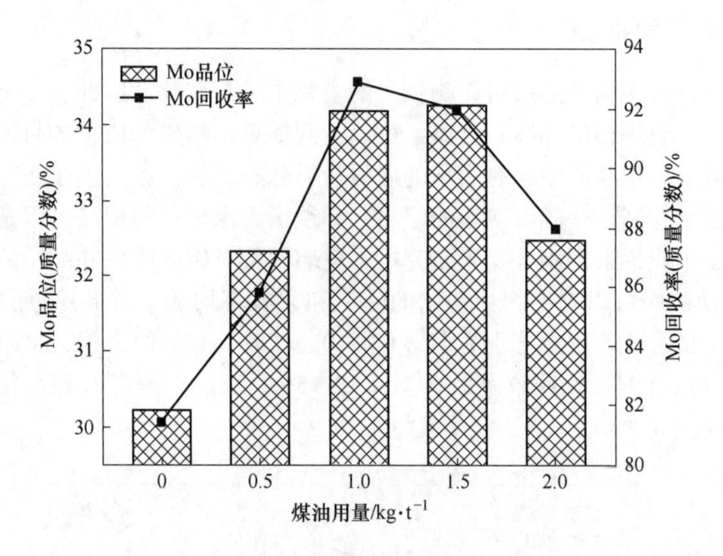

图 3-11 煤油用量对钼回收率和品位的影响

回收率快速上升，浮选时间达到 17min 以后，上升缓慢，钼品位快速下降，浮选时间 17min 时，钼回收率（质量分数）为 90. 10%，钼品位（质量分数）为 36. 67%。因此，精选作业中浮选时间控制在 17~17. 5min 为宜。

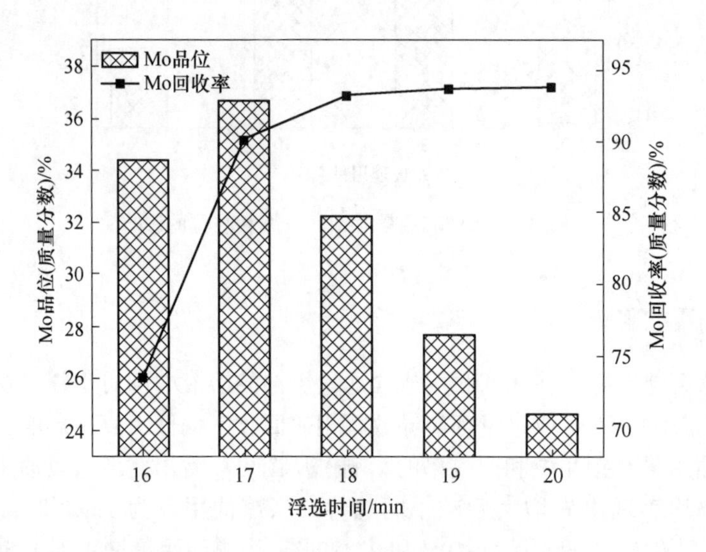

图 3-12 浮选时间对钼回收率和品位的影响

3. 5 生产验证及实践研究

针对某难选铜钼矿铜钼难分离、钼精矿质量不合格等问题，前期对铜钼分离和钼精选阶段中矿石粒度、浮选药剂用量、浮选时间对铜钼分离效果的影响进行了大量的研究，并确定了最优的磨矿细度和药剂制度。在分离浮选阶段：混合矿不磨矿矿石细度小于 42μm

的矿物占60.49%，矿浆浓度20%，粗选硫化钠用量40kg/t，粗选水玻璃用量1kg/t，粗选煤油用量0.50kg/t；在精选阶段：矿石细度小于42μm的矿物占82.50%，矿浆浓度15%，水玻璃用量10kg/t，煤油用量1kg/t，浮选时间17~17.5min。为了能够应对现场矿石性质和水质的变化，进行了现场验证研究。首先，对选厂的现场工艺流程进行了全流程考察(选矿流程见图3-13)；然后，采用现场的矿浆和回水对前期获得的最佳工艺条件进行验证；最后，提出生产调试方案，并在此基础上，进行现场生产实践。

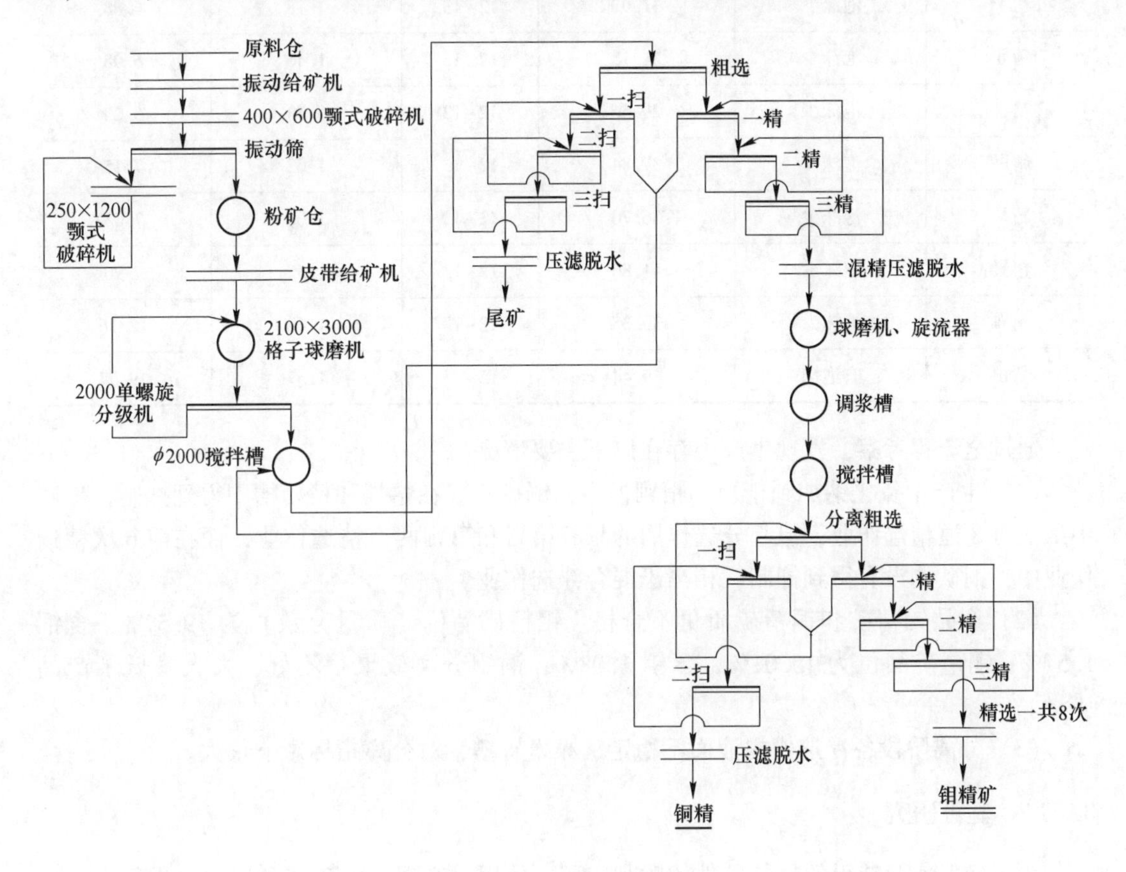

图3-13 某选厂生产流程图

3.5.1 全流程考察

针对生产中存在的问题，对选厂分离浮选作业各槽中的泡沫情况、矿浆浓度、槽中pH值、泡沫产品中铜和钼含量及现场的生产状况进行了全流程考察，结果见表3-2。

表3-2 分离浮选过程中的生产工艺状况

测点位置	泡沫情况	矿浆浓度(质量分数)/%	pH值	铜品位(质量分数)/%	钼品位(质量分数)/%
粗选	泡沫少	19.57	12~13	13.15	2.40
扫Ⅰ	有泡沫	17.22	12~13	7.96	3.10

续表 3-2

测点位置	泡沫情况	矿浆浓度(质量分数)/%	pH 值	铜品位(质量分数)/%	钼品位(质量分数)/%
扫Ⅱ	有泡沫	18.39	12~13	2.50	2.47
铜精	—	—	—	15.01	1.08
精Ⅰ	泡沫少	31.90	12~13	1.18	6.88
精Ⅱ	泡沫少	31.18	12~13	1.46	6.98
精Ⅲ	泡沫少	29.56	12~13	0.73	5.23
精Ⅳ	泡沫少	37.84	12~13	1.62	7.15
精Ⅴ	泡沫少	36.70	12~13	1.08	7.03
精Ⅵ	泡沫少	41.80	12~13	1.52	7.90
精Ⅶ	泡沫少	39.35	12~13	1.68	12.16
精Ⅷ	有泡沫	39.44	12~13	1.57	19.57

通过全流程考察，发现生产中存在以下主要情况：

（1）生产中硫化钠加到精Ⅶ和精Ⅷ槽中，铜矿物仅在精Ⅶ和精Ⅷ槽中得到抑制，生产中虽然有 8 道精选作业，但起分选作用的只有第Ⅶ和第Ⅷ两道精选作业，而在前 6 次精选作业中，铜矿物没有得到抑制，相当于混合浮选作业。

（2）产品钼精矿和铜精矿质量不合格。钼精矿品位（质量分数）为 19.57%，含铜 1.57%；铜精矿品位为 15.01%，含钼 1.08%，铜钼分离效果很不好，大大降低了产品质量。

（3）分离阶段各浮选槽内液面不稳定、频繁冒槽，对分离指标影响很大。

3.5.2　验证研究

为了确保实验获得的最佳条件的顺利应用，使用生产现场的矿浆和回水，进行进一步验证，确定药剂制度的可靠性，并对全流程考察过程中出现的问题进行了研究。

3.5.2.1　细磨对铜钼分离的影响

分别选取现场板框压滤后的矿石和球磨后经旋流器溢流的铜钼混合矿进行矿石细度对铜钼分离效果影响的验证实验。粒度分析结果显示：板框压滤后的铜钼混合矿粒度为小于 74μm 的矿物占 75%；旋流器溢流的矿石粒度为小于 42μm 的矿物占 80%。实验采用一次粗选、二次扫选、三次精选，药剂用量见表 3-3，浮选流程如图 3-14 所示，结果见表 3-4。

表 3-3　浮选过程中的药剂用量

名　称	硫化钠/kg·t^{-1}	水玻璃/kg·t^{-1}	煤油/kg·t^{-1}	2 号油/滴
粗选	40	1	0.50	2

续表 3-3

名　称	硫化钠/kg·t^{-1}	水玻璃/kg·t^{-1}	煤油/kg·t^{-1}	2号油/滴
扫选Ⅰ	20	0.50	0.25	1
扫选Ⅱ	10	0.25	0.13	2
精选Ⅰ~精选Ⅲ	—	10	1	2

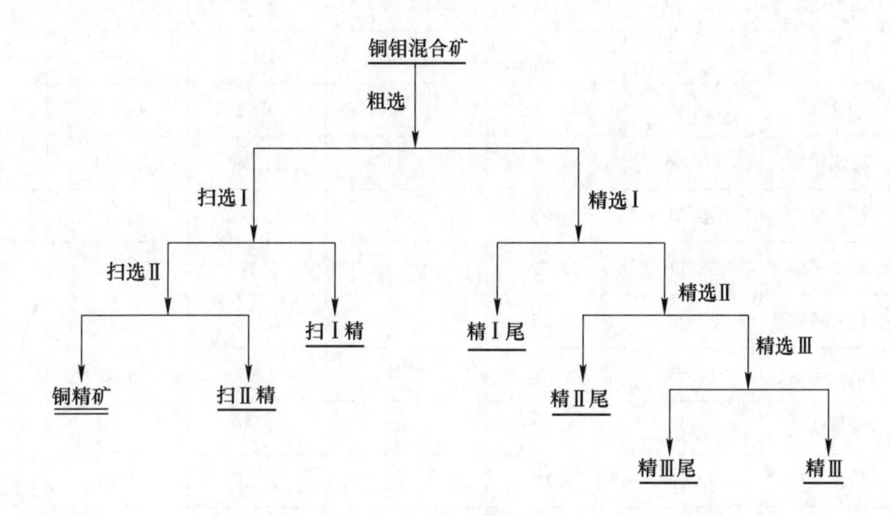

图 3-14　浮选流程图

表 3-4 所列为板框压滤后的铜钼混合矿和球磨后经旋流器溢流的矿浆经清水调浆后，采用最佳药剂用量经一次粗选、二次扫选、三次精选后的试验结果。从表中可以看出，两种矿样在粗选、二次扫选、三次精选过程中，钼的品位和回收率相差不大。板框压滤矿样经粗选后所得钼粗精品位（质量分数）为 11.36%，含铜 3.83%，钼回收率 89.06%；粗精尾经二次扫选后所得铜精矿品位为 10.93%，含钼 0.62%，铜回收率 68.30%；粗精经三次精选后钼精Ⅲ的品位为 18.56%，含铜 0.62%，钼回收率 75.77%。旋流器溢流矿样经粗选后所得钼粗精品位为 10.56%，含铜 3.21%，钼回收率 90.96%；粗精尾经二次扫选后铜精矿品位为 13.09%，含钼 0.34%，铜回收率 76.65%；粗精经三次精选后钼精Ⅲ品位为 17.81%，含铜 0.77%，钼回收率 67.62%。以上结果说明：

（1）铜钼混合矿细磨对分离浮选没有明显的影响，这与前期铜钼分离浮选工艺条件研究中的结果一致。这表明矿石中的铜和钼基本完全解离，在分离浮选阶段不需要进一步磨矿，但磨矿过程也是矿石再擦洗的过程，可以将铜矿物表面的黄药类捕收剂除去，这有利于分离浮选阶段铜矿物的抑制。

（2）从粗精和精Ⅲ中钼的含量及铜精中钼的含量可以看出，粗选、精选和扫选阶段的药剂用量合理，铜钼分离彻底。因此，从混合矿中铜和钼是否解离的角度分析，分离浮选前矿石不需要细磨；但从矿石擦洗角度分析，细磨有利于分离浮选阶段铜矿物的抑制。

表 3-4　再磨对铜钼分离浮选的影响

名　称		矿量/g	产率（质量分数）/%	铜品位（质量分数）/%	钼品位（质量分数）/%	铜回收率（质量分数）/%	钼回收率（质量分数）/%
板框压滤	铜钼混精	282	100	7.29	6.11	—	—
	扫Ⅰ精矿	14.12	5.00	6.78	6.18	4.65	5.06
	扫Ⅰ尾矿	132.93	47.13	10.85	0.76	70.20	5.86
	扫Ⅱ精矿	4.45	1.57	8.78	4.59	1.90	1.18
	铜精矿	128.48	45.56	10.93	0.62	68.30	4.62
	粗选精矿	134.95	47.86	3.83	11.36	25.14	89.06
	精Ⅰ精矿	96.83	34.33	2.16	15.06	10.17	84.71
	精Ⅰ尾矿	38.12	13.52	8.13	2.19	15.07	4.84
	精Ⅱ精矿	82.28	29.17	1.57	16.76	6.28	80.11
	精Ⅱ尾矿	14.55	5.15	5.44	4.90	3.85	4.13
	精Ⅲ精矿	70.28	24.92	0.62	18.56	2.10	75.77
	精Ⅲ尾矿	12.00	4.25	7.11	5.15	4.15	3.59
旋流器溢流	铜钼混精	282	100	8.17	5.23	—	—
	扫Ⅰ精矿	15.91	5.64	6.283	4.52	4.33	4.87
	扫Ⅰ尾矿	139.09	49.32	12.92	0.441	77.96	4.15
	扫Ⅱ精矿	4.14	1.46	7.32	3.71	1.31	1.03
	铜精矿	134.96	47.85	13.09	0.34	76.65	3.11
	粗选精矿	127	45.03	3.21	10.56	17.69	90.96
	精Ⅰ精矿	89.20	31.63	1.13	13.27	4.37	80.28
	精Ⅰ尾矿	37.80	13.40	8.11	4.16	13.31	10.67
	精Ⅱ精矿	73.93	26.21	0.89	14.55	2.85	72.96
	精Ⅱ尾矿	15.27	5.41	2.29	7.07	1.51	7.32
	精Ⅲ精矿	55.98	19.85	0.77	17.81	1.87	67.62
	精Ⅲ尾矿	17.95	6.36	1.26	4.38	0.98	5.33

3.5.2.2　水质对铜钼分离的影响

水质是十分重要的，因此，开展了生产回水对分离浮选粗扫选的影响研究，实验采用一次粗选、二次扫选，药剂用量见表 3-5，浮选流程图如图 3-15 所示，结果见表 3-6。

表 3-5 浮选过程中的药剂用量

名 称	硫化钠/kg·t^{-1}	水玻璃/kg·t^{-1}	煤油/kg·t^{-1}	2号油/滴
粗选	40	1	0.50	2
扫选Ⅰ	20	0.50	0.25	1
扫选Ⅱ	10	0.25	0.13	2

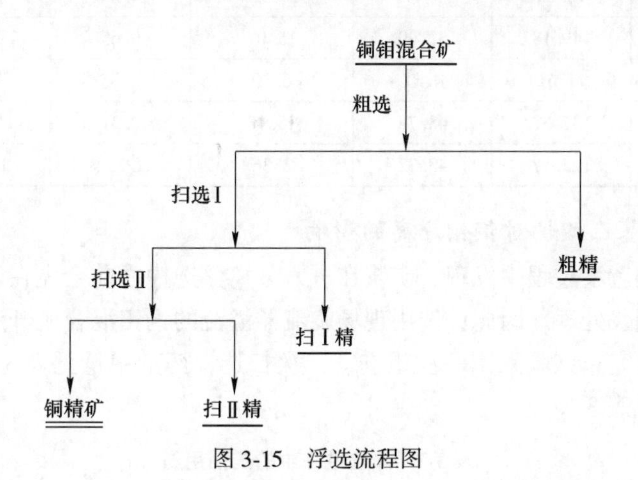

图 3-15 浮选流程图

表3-6所列为板框压滤后的铜钼混合矿分别采用清水和回水调浆后经一次粗选、二次扫选后的对比实验结果。从表中可以看出，经清水和回水调浆的铜钼混合矿经一次粗选后粗精中铜含量（质量分数）从9.72%分别降到4.66%和3.36%；混合矿清水调浆后经一次粗选所得的粗精再经二次扫选所得铜精矿品位为14.67%，含钼0.39%，铜回收率（质量分数）为66.75%。混合矿经回水调浆后经一次粗选、二次扫选后所得铜精矿品位（质量分数）为15.18%，含钼0.31%，铜回收率79.36%。以上结果表明：采用回水不但对分离浮选没有不利的影响，反而回水的使用有利于铜和钼的分选。这主要是由于回水中仍然残留有一定量的硫化钠、巯基乙酸钠、水玻璃、煤油和2号油，在采用回水进行分离浮选时加入与采用清水时相同用量的浮选药剂，浮选槽内浮选药剂的用量大于采用清水浮选时的用量。另外，在采用回水浮选过程中浮选槽中的泡沫状态良好。因此，分离浮选过程中采用回水合适。

表 3-6 水质对铜钼分离的影响

名 称		矿量/g	产率（质量分数）/%	铜品位（质量分数）/%	钼品位（质量分数）/%	铜回收率（质量分数）/%	钼回收率（质量分数）/%
清水	铜钼混精	282	100	9.72	5.96	—	—
	扫Ⅰ精矿	14.37	5.09	8.30	5.26	4.34	4.49
	扫Ⅰ尾矿	129.71	45.99	15.25	0.80	72.20	6.22
	扫Ⅱ精矿	4.99	1.76	11.59	3.20	2.11	0.95
	铜精矿	124.72	44.22	14.67	0.39	66.75	2.90
	粗选精矿	137.92	47.86	4.66	10.88	23.44	89.28

续表 3-6

名称		矿量/g	产率（质量分数）/%	铜品位（质量分数）/%	钼品位（质量分数）/%	铜回收率（质量分数）/%	钼回收率（质量分数）/%
回水	铜钼混精	282	100	9.72	5.96	—	—
	扫Ⅰ精矿	10.65	3.77	7.65	4.80	2.97	3.04
	扫Ⅰ尾矿	149.18	52.90	15.07	0.65	82.03	5.80
	扫Ⅱ精矿	11.61	4.11	6.30	3.35	2.66	2.31
	铜精矿	137.57	48.78	15.18	0.31	79.36	3.49
	粗选精矿	122.17	43.32	3.36	12.54	14.99	91.15

3.5.2.3 巯基乙酸钠对铜钼分离的影响

在现场全流程考察过程中发现，矿浆在进入分离浮选槽之前会先在调浆槽中预先加入巯基乙酸钠进行调浆处理。因此，选用现场旋流器溢流的铜钼混合矿开展了巯基乙酸钠对铜钼分离的影响研究。试验采用一次粗选、二次扫选，药剂用量见表 3-7，浮选流程如图 3-15 所示，结果见表 3-8。

表 3-7 浮选过程中的药剂用量

名称		硫化钠 /kg·t^{-1}	巯基乙酸钠 /kg·t^{-1}	水玻璃 /kg·t^{-1}	煤油 /kg·t^{-1}	2号油/滴
第Ⅰ组	粗选	20	—	1	0.50	2
	扫选Ⅰ	10	—	0.50	0.25	1
	扫选Ⅱ	5	—	0.25	0.13	2
第Ⅱ组	粗选	20	4	1	0.50	2
	扫选Ⅰ	10	2	0.50	0.25	1
	扫选Ⅱ	5	1	0.25	0.13	2

表 3-8 所列为巯基乙酸钠的加入对铜钼分离的影响，其中第Ⅰ组不加入巯基乙酸钠，第Ⅱ组加入巯基乙酸钠。从表中可以看出，当不加入巯基乙酸钠时，粗选后所得钼粗精品位（质量分数）为 12.44%，含铜 3.92%，钼回收率 88.07%；当加入 4kg/t 的巯基乙酸钠时，钼粗精品位为 12.40%，含铜 4.20%，钼回收率 89.37%。这表明巯基乙酸钠的加入对粗选过程铜的抑制没有明显作用。粗精尾再经二次扫选后，当加入巯基乙酸钠时，所得铜精矿的品位为 10.33%，铜回收率为 71.65%，钼的含量为 0.32%。这与不加入巯基乙酸钠时获得的铜精矿品位（10.41%）、铜回收率（72.96%）及其中钼的含量（0.39%）相差不大，这表明巯基乙酸钠的加入对扫选过程铜的抑制效果不明显。因此，考虑到生产中的水是反复使用的，在巯基乙酸钠对铜的抑制没有明显的作用的前提下，为了不增加水质的复杂性，停掉现场分离浮选调浆槽中的巯基乙酸钠。

表 3-8 巯基乙酸钠的加入对铜钼分离浮选的影响

名称		矿量/g	产率（质量分数）/%	铜品位（质量分数）/%	钼品位（质量分数）/%	铜回收率（质量分数）/%	钼回收率（质量分数）/%
第Ⅰ组	铜钼混精	282	100	8.05	4.60	—	—
	扫Ⅰ精矿	20.33	7.21	7.85	3.51	7.03	5.49
	扫Ⅰ尾矿	169.71	60.18	10.31	0.49	77.08	6.40
	扫Ⅱ精矿	10.61	3.76	8.81	1.92	4.10	1.57
	铜精矿	159.10	56.42	10.41	0.39	72.96	4.84
	粗选精矿	91.96	32.61	3.92	12.44	15.88	88.07
第Ⅱ组	铜钼混精	282	100	8.05	4.60	—	—
	扫Ⅰ精矿	19.17	6.80	7.73	3.53	6.53	5.21
	扫Ⅰ尾矿	169.21	60.00	10.22	0.41	6.13	5.34
	扫Ⅱ精矿	11.79	4.18	8.67	1.61	4.50	1.46
	铜精矿	157.42	55.82	10.33	0.32	71.65	3.85
	粗选精矿	93.62	33.20	4.20	12.40	17.32	89.37

3.5.2.4 细磨对钼精矿精选的影响

工艺矿物学研究表明，该矿中辉钼矿呈细小鳞片状，嵌布于脉石矿物中。而在钼精选过程中辉钼矿与脉石的充分解离是提高钼精矿品位和质量的关键。因此，采用现场生产出的钼精矿开展钼精矿细磨对钼精矿精选的影响。实验采用二次精选，药剂用量见表 3-9，浮选流程图如图 3-16 所示，结果见表 3-10。

表 3-9 浮选过程中的药剂用量

名称	水玻璃/$kg \cdot t^{-1}$	煤油/$kg \cdot t^{-1}$	2 号油/滴
精选Ⅰ	10	1	2
精选Ⅱ	10	1	2

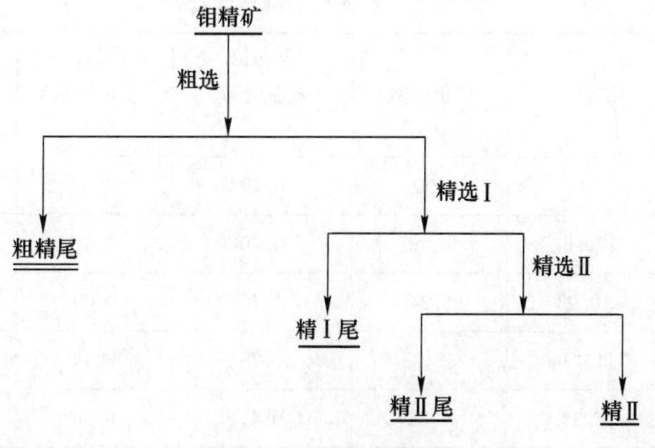

图 3-16 浮选流程图

表 3-10 所列为钼精矿细磨对钼精选的影响，其中第Ⅰ组为不磨矿对钼精选的影响，第Ⅱ组为细磨对钼精选的影响。对比结果可以看出，未磨钼精矿进行二次精选后所得钼精Ⅱ的品位和回收率（质量分数）分别为34%和96.82%；细磨钼精矿经二次精选后所得钼精Ⅱ的品位和回收率（质量分数）分别为37.69%和92.04%。这表明在钼精选阶段矿石的进一步细磨处理有利于钼品位的提高。因此，确定生产中钼精选作业前有必要进行矿石细磨。

表 3-10　细磨对钼精选的影响

名　称		矿量/g	产率（质量分数）/%	铜品位（质量分数）/%	钼品位（质量分数）/%	铜回收率（质量分数）/%	钼回收率（质量分数）/%
第Ⅰ组	钼精矿	131	100	0.79	30.12	—	—
	精Ⅰ精矿	120.07	91.66	0.70	32.03	81.21	97.47
	精Ⅰ尾矿	10.93	8.34	1.75	9.09	18.48	2.52
	精Ⅱ精矿	112.36	85.77	0.73	34.00	79.26	96.82
	精Ⅱ尾矿	5.35	4.08	1.33	6.56	6.88	0.89
第Ⅱ组	钼精矿	131	100	0.79	30.12	—	—
	精Ⅰ精矿	107.58	82.12	0.58	34.99	60.29	95.40
	精Ⅰ尾矿	23.42	17.88	1.77	7.77	40.06	1.53
	精Ⅱ精矿	96.36	73.56	0.80	37.69	74.49	92.04
	精Ⅱ尾矿	6.84	5.22	0.69	7.24	4.56	1.25

3.5.2.5　水质对钼精矿精选的影响

回水的使用对铜钼分离浮选几乎没有不利的影响。但是，现场分离浮选作业的粗扫选和精选作业是打通的，即铜钼分离粗选后的矿浆直接进入精选阶段。因此，开展了钼精选作业中的水质对钼精矿精选的影响研究。实验采用二次精选，药剂用量见表 3-9，浮选流程如图 3-16 所示，结果见表 3-11。

表 3-11　水质对钼精选的影响

名　称		矿量/g	产率（质量分数）/%	铜品位（质量分数）/%	钼品位（质量分数）/%	铜回收率（质量分数）/%	钼回收率（质量分数）/%
清水	钼精矿	131	100	0.79	30.12	—	—
	精Ⅰ精矿	120.07	91.66	0.70	32.03	81.21	97.47
	精Ⅰ尾矿	10.93	8.34	1.75	9.09	18.48	2.52
	精Ⅱ精矿	112.36	85.77	0.73	34.00	79.26	96.82
	精Ⅱ尾矿	5.35	4.08	0.41	6.56	2.12	0.89

续表 3-11

名称		矿量/g	产率（质量分数）/%	铜品位（质量分数）/%	钼品位（质量分数）/%	铜回收率（质量分数）/%	钼回收率（质量分数）/%
回水	钼精矿	131	100	0.79	30.12	—	—
	精Ⅰ精矿	110.24	89.63	0.66	31.57	70.30	88.20
	精Ⅰ尾矿	20.76	9.54	1.49	22.42	29.89	11.80
	精Ⅱ精矿	74.12	60.26	0.64	38.08	45.84	71.53
	精Ⅱ尾矿	36.12	29.37	0.70	15.90	24.43	16.68

表 3-11 所列为水质对钼精选阶段钼品位、铜品位和回收率的影响。从表中可以看出，回水的使用对钼精矿的品位影响不明显，但对钼的回收率影响非常大。采用清水调浆的钼精矿经二次精选后，钼精Ⅰ和钼精Ⅱ中钼的回收率（质量分数）分别为 97.47%和96.82%；当采用回水调浆时，经二次精选后，钼精Ⅰ和钼精Ⅱ中钼的回收率分别为88.20%和71.53%，这表明回水的使用严重影响钼的回收率。这是由于回水经长期使用后，其中积累了大量的铜矿物抑制剂（硫化钠和巯基乙酸钠），导致钼精选体系碱度非常大，使辉钼矿的浮选受到严重抑制。因此，生产现场钼精选阶段不能完全使用回水，采用回水和清水进行配比后的水进行钼精选作业。

3.5.3　现场研究

3.5.3.1　现场回水中残留药剂对铜钼分离浮选的影响

水质对铜钼分离影响的研究表明，采用回水进行分离浮选比采用清水时的铜与钼的分离效果要好，这主要是由于回水中残留有大量的抑制剂。实验取现场旋流器溢流的矿浆，开展了回水中残留药剂对铜钼分离的影响研究。实验采用一次粗选、二次扫选，药剂用量见表 3-12，浮选流程如图 3-15 所示，结果见表 3-13。

表 3-12　浮选过程中的药剂用量

名称	硫化钠/kg·t^{-1}	水玻璃/kg·t^{-1}	煤油/kg·t^{-1}	2 号油/滴
粗选	—	—	—	2
扫选Ⅰ	—	—	0.25	1
扫选Ⅱ	—	—	0.13	2

表 3-13　回水中残存的药剂对铜钼分离浮选的影响

名称	矿量/g	产率（质量分数）/%	铜品位（质量分数）/%	钼品位（质量分数）/%	铜回收率（质量分数）/%	钼回收率（质量分数）/%
铜钼混精	350	100	9.62	5.84	—	—
扫Ⅰ精矿	36	10.29	6.39	5.80	6.83	10.23
扫Ⅰ尾矿	136	38.86	12.97	1.21	52.40	8.02

续表 3-13

名　称	矿量/g	产率（质量分数）/%	铜品位（质量分数）/%	钼品位（质量分数）/%	铜回收率（质量分数）/%	钼回收率（质量分数）/%
扫Ⅱ精矿	24	6.86	5.41	4.67	3.86	5.48
铜精矿	112	32.00	14.59	0.46	48.54	2.54
粗选精矿	178	50.86	7.71	9.37	40.77	81.60

表 3-13 所列为取现场旋流器溢流矿浆，研究回水中残留药剂对铜钼分离浮选影响的结果。从表中可以看出，经一次粗选后粗精中的铜含量（质量分数）从 9.62%降到 7.71%；粗精尾经过二次扫选后，铜精矿的品位为 14.59%，其中含钼 0.46%。浮选过程中槽中的泡沫状态稳定，泡沫中含钼高，铜上浮量不大，这表明回水中残留的药剂对铜有比较明显的抑制作用。

3.5.3.2　现场粗选槽中矿浆分离浮选研究

现场全流程考察过程中发现，粗选槽中的浮选状况非常不好，泡沫少，铜严重过浮，铜钼分离效果非常差。实验取现场分离浮选粗选槽中的矿浆（现场粗选槽矿浆中已加入硫化钠 40kg/t，水玻璃 1kg/t，煤油 0.25kg/t），在不加入任何浮选药剂条件下，开展现场粗选槽中矿浆铜钼分离研究。实验采用一次粗选，实验结果见表 3-14。

表 3-14　现场粗选槽中矿浆粗选结果

名　称	矿量/g	产率（质量分数）/%	铜品位（质量分数）/%	钼品位（质量分数）/%	铜回收率（质量分数）/%	钼回收率（质量分数）/%
铜钼混精	350	100	19.93	2.27	—	—
粗选精矿	105.37	30.11	7.96	6.67	12.02	88.46
粗精尾矿	244.63	69.89	25.09	0.38	87.98	11.54

从表 3-14 中可以看出，在不加入浮选药剂时，矿浆经粗选后，粗精中铜品位（质量分数）从 19.93%下降到 7.96%，粗选尾矿铜品位达到 25.09%，其中含钼 0.38%。浮选过程中泡沫稳定，铜上浮量不大。这表明现场生产分离粗选槽中的药剂用量合适，能使铜和钼有效分离。但是这与现场生产中粗选作业的分离效果不一致。这是由于长期以来现场的分离粗选作业的效果不好，槽底部积累了大量的铜矿物，使粗选槽中铜的品位高达 19.93%，最终导致粗选作业中铜和钼的分离效果不理想。

3.5.4　生产实践

3.5.4.1　调试方案的确定

通过现场全流程考察、现场验证实验和现场实验研究结果，确定现场调试方案如下：

（1）调整生产中药剂用量，见表 3-15；

（2）停掉分离浮选前的球磨，将混合精矿压滤后直接打入分离浮选调浆槽中；

（3）将分离粗选作业后的矿浆接入球磨，经旋流器溢流后进入精选作业；

（4）钼精选作业采用回水与清水的混合水；

(5) 停掉现场分离浮选调浆槽中的巯基乙酸钠;
(6) 清理粗选槽中大量的铜矿物;
(7) 为稳定矿浆液面，确定各组槽之间加装中间室，加装后浮选机如图 3-17 所示。

表 3-15 生产中的药剂用量

名 称	硫化钠/kg·t^{-1}	水玻璃/kg·t^{-1}	煤油/kg·t^{-1}
粗选	40	1	0.50
扫选Ⅰ	20	0.50	0.25
扫选Ⅱ	10	0.25	0.13
精选Ⅰ~精选Ⅷ	—	10	1

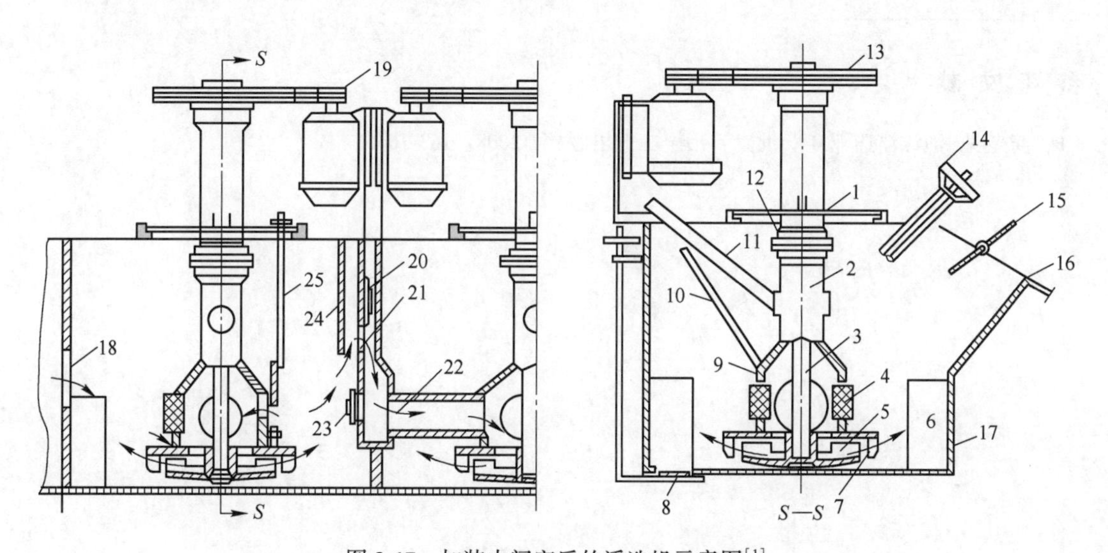

图 3-17 加装中间室后的浮选机示意图[1]

1—座板；2—空气筒；3—主轴；4—矿浆循环孔；5—叶轮；6—稳流板；7—盖板；
8—事故放矿闸门；9—连接管；10—砂孔闸门调节杆；11—吸气管；12—轴承套；
13—主轴皮带轮；14—尾矿闸门丝杆及手轮；15—刮板；16—泡沫溢流唇；17—槽体；
18—直流槽进浆口；19—电动机及皮带轮；20—尾矿溢流堰闸门；21—尾矿溢流堰；
22—给矿管（吸浆管）；23—砂孔闸门；24—中间室隔板；25—内部矿浆循环孔闸门调节杆

3.5.4.2 生产实践结果

按照拟定的调试方案，进行现场实践，运行结果见表 3-16。从表中可以看出，现场调试方案合理，铜钼分离效果良好，生产两年以来钼精矿中的铜含量（质量分数）由调试前的 1.50%~1.80%降到 0.10%~0.20%；铜精矿中的钼含量由调试前的 1.10%~1.40%降到 0.50%~0.80%，产品钼精矿的品位由调试前的 20%提高到 33%。

表 3-16 现场试运行结果

天数/d	铜精矿（质量分数）/%		回收率(质量分数)/%		钼精矿(质量分数)/%		钼回收率(质量分数)/%	
	Cu	Mo	Cu	Mo	Mo	Cu	Cu	Mo
1	11.31	0.81	75.65	2.44	33.26	0.16	1.56	81.33

续表 3-16

天数/d	铜精矿（质量分数）/%		回收率(质量分数)/%		钼精矿(质量分数)/%		钼回收率(质量分数)/%	
	Cu	Mo	Cu	Mo	Mo	Cu	Cu	Mo
2	12.20	0.66	76.77	3.41	32.11	0.15	1.61	82.69
3	10.24	0.76	78.21	3.54	33.73	0.21	1.67	82.34
4	11.60	0.73	76.38	3.67	43.40	0.16	1.33	80.34
5	11.53	0.52	77.95	3.76	37.89	0.18	1.44	83.54
6	10.39	0.54	78.99	4.15	33.04	0.24	1.97	79.68

参 考 文 献

[1] 龚光明. 泡沫浮选［M］. 北京：冶金工业出版社，2008：163-164.

4 难选铜钼矿分离浮选抑制机理研究

4.1 引言

在铜钼分离工艺中，铜矿物抑制剂的选择非常关键。铜矿物的抑制剂主要包括硫化物类、氰化物类、诺克斯类、氧化剂及有机抑制剂等。抑制剂种类的选择一般由铜矿物的类型决定。一般来说，铜钼矿中铜矿物大多是黄铜矿，含少量的次生硫化铜矿，常用硫化物类和氰化物作为抑制剂，但氰化物有巨毒，污染环境，并且对含有金、银及次生硫化铜矿物的矿石不适用。因此，硫化物类和有机抑制剂应用较为广泛。

研究中铜矿物抑制剂采用的是 Na_2S，但由于其在空气中不稳定，易氧化分解，造成铜钼分选过程中最佳用量很大，相对于铜钼混合精矿，用量达到 40kg/t。这在工业中会导致成本偏高，不经济；另外，抑制剂用量大，也会使得在系统中不断循环的回水成分日益复杂，影响生产的稳定性。因此，针对 Na_2S 易氧化分解及用量大，本章首先开展不同种类铜抑制剂，如硫化钠（Na_2S）、硫氢化钠（NaHS）、巯基乙酸钠（$HSCH_2COONa$）、巯基乙酸（$HSCH_2COOH$）及它们的复配对铜钼混合矿中铜矿物抑制效果的对比研究；在此基础上，开展 Na_2S 氧化分解、矿浆温度及惰性气体对 Na_2S 抑制效果的影响研究。

4.2 抑制剂种类对铜矿物抑制的影响

4.2.1 Na_2S 用量的影响

Na_2S 作为硫化物类抑制剂中的一种，是铜钼分选过程中常用的铜抑制剂之一。为了确定其用量对铜钼混合矿中铜的抑制效果及钼品位和回收率的影响，开展铜钼混合矿 Na_2S 抑制剂用量条件实验，其工艺流程如图 4-1 所示。实验条件为：矿石粒度小于 42μm 占 60.49%；矿浆浓度 20%，水玻璃 1kg/t；煤油 0.5kg/t，2 号油 0.5kg/t；Na_2S 用量：10kg/t、20kg/t、30kg/t、40kg/t、50kg/t、60kg/t。

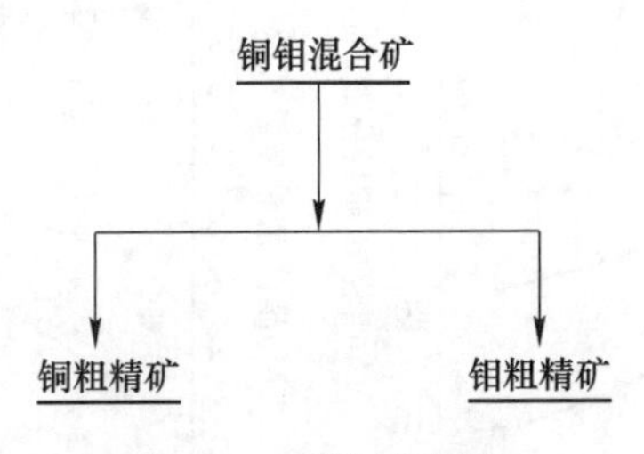

图 4-1　浮选流程图

表 4-1 所列为 Na_2S 用量对铜钼分选的影响，图 4-2 和图 4-3 所示分别为 Na_2S 用量对钼粗精矿和铜粗精矿中铜、钼的品位与回收率的影响。

表 4-1　Na_2S 用量对铜钼分离的影响

Na_2S 用量 /kg·t^{-1}	名称	产率（质量分数）/%	铜品位（质量分数）/%	钼品位（质量分数）/%	铜回收率（质量分数）/%	钼回收率（质量分数）/%
10	铜钼混精	100	10.88	6.37	—	—
	铜粗精矿	41.49	13.61	5.36	51.90	34.91
	钼粗精矿	58.32	8.98	7.11	48.14	65.09
20	铜粗精矿	47.55	14.76	4.29	64.50	22.01
	钼粗精矿	52.45	7.36	8.25	35.48	67.93
30	铜粗精矿	54.35	14.99	3.30	74.89	28.33
	钼粗精矿	45.65	5.92	9.89	24.84	70.88
40	铜粗精矿	58.12	15.05	2.21	80.31	20.16
	钼粗精矿	41.88	4.98	12.12	19.17	79.68
50	铜粗精矿	63.14	14.98	2.48	86.93	24.58
	钼粗精矿	36.59	3.88	13.13	13.04	75.42
60	铜粗精矿	70.21	14.08	2.49	90.86	27.44
	钼粗精矿	29.55	3.32	15.37	9.01	71.31

从图 4-2 中可以看出，随着 Na_2S 用量的增大，钼粗精矿中铜的品位和回收率均呈下降趋势，钼的品位逐渐增大，但钼的回收率在 Na_2S 用量达到 40kg/t 以上时迅速下降。从图 4-3 中可以看出，随着 Na_2S 用量的增大，铜粗精矿中铜回收率增大，铜的品位在硫化钠用量达到 40kg/t 时开始有所降低；铜粗精矿中钼的品位和回收率总体呈下降趋势，但当 Na_2S 用量增加到 40kg/t 以上时，钼的品位和回收率开始增大。再结合表 4-1，Na_2S 用量对钼粗精矿和铜粗精矿产率的影响，说明抑制剂 Na_2S 用量偏低，对主要含铜矿物黄铜矿的抑

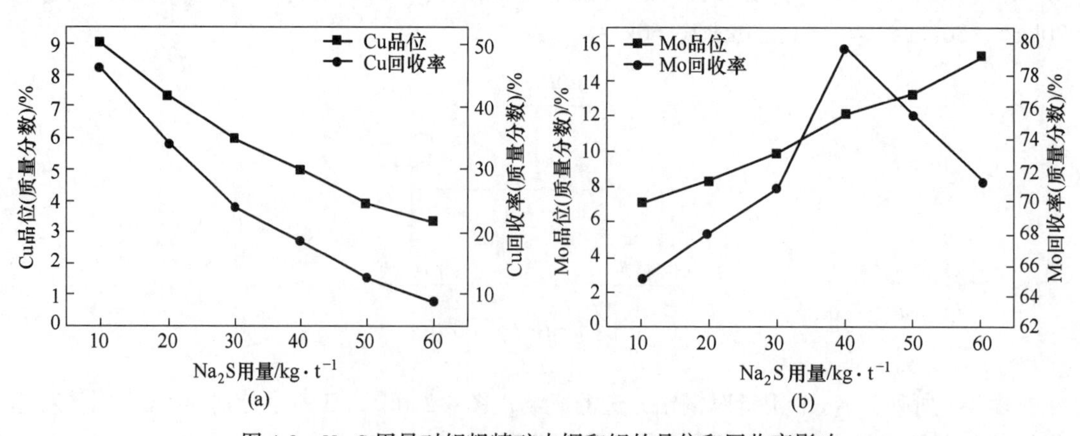

图 4-2　Na_2S 用量对钼粗精矿中铜和钼的品位和回收率影响

（a）铜；（b）钼

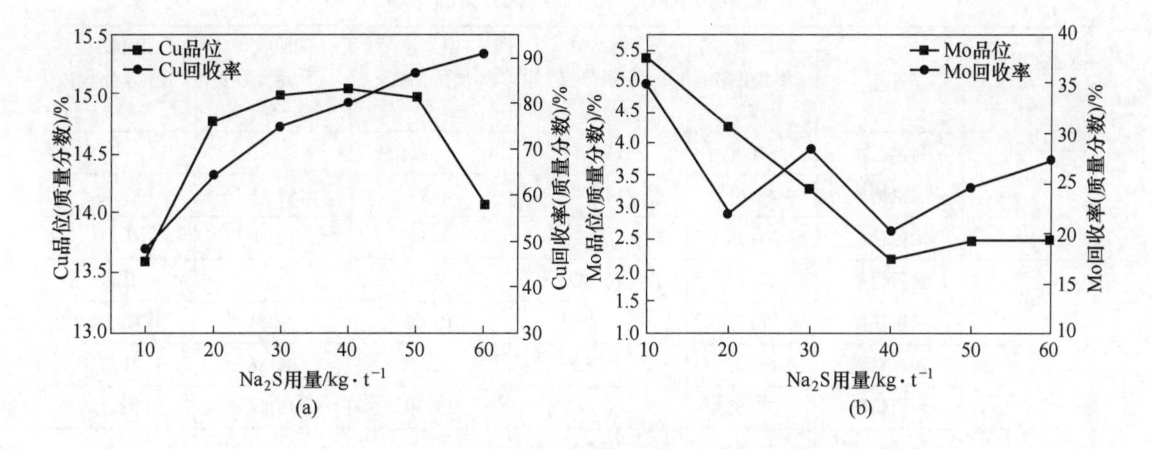

图 4-3 Na_2S 用量对铜粗精矿中铜和钼的品位和回收率影响

(a) 铜；(b) 钼

制效果有限。当 Na_2S 用量为 40kg/t 时有效地抑制了铜钼混合矿石中的铜矿物，但当 Na_2S 用量增大到 40kg/t 以上时，矿石中的部分钼矿物也出现了被抑制的情况，进而影响钼粗精矿中钼的回收率及铜粗精矿中铜的品位降低，因此，Na_2S 用量 40kg/t 具有较好的分选效果。

4.2.2 NaHS 用量的影响

NaHS 作为硫化物类抑制剂的一种，主要用于黄铜矿和斑铜矿为主的铜矿物的抑制。为了确定 NaHS 对铜钼混合矿中铜矿物抑制效果及钼的品位和回收率的影响，对铜钼混合矿进行 NaHS 抑制剂用量的条件实验，其工艺流程如图 4-1 所示。实验条件为：矿石粒度小于 42μm 的占 60.49%；矿浆浓度 20%，水玻璃 1kg/t；煤油 0.5kg/t，2 号油 0.5kg/t；NaHS 用量：5kg/t、10kg/t、15kg/t、20kg/t、25kg/t。

表 4-2 所列为 NaHS 用量对铜钼分选的影响，图 4-4 和图 4-5 所示分别为 NaHS 用量对钼粗精矿和铜粗精矿中铜、钼的品位与回收率的影响。从图 4-4 可以看出，随着 NaHS 用量的增加，浮选得到钼粗精矿中钼的回收率逐渐增大，当 NaHS 用量为 15kg/t 时，钼的回收率最高 83.3%，此时钼的品位达到 13.19%，当用量大于 15kg/t 后，钼的回收率开始下降，而钼的品位缓慢增大，当 NaHS 用量增大到 25kg/t 时，钼的品位和回收率分别为 13.89%和 75.4%，有了不同程度的降低。从图 4-5 可以看出，随着 NaHS 用量的增大，铜粗精矿中钼的品位和回收率降低，当 NaHS 用量为 15kg/t 时，钼的品位和回收率分别降到 1.67%和 16.7%，此后再增大 NaHS 用量，钼的品位和回收率开始增大。这主要是因为 NaHS 用量偏大，会抑制钼的浮出，铜的品位和回收率随着用量的增大不断增大。以上结果说明抑制剂 NaHS 用量偏低，对主要含铜矿物黄铜矿的抑制效果不佳，导致钼粗精矿中的铜不能得到有效抑制，钼的品位和回收率均偏高。而 NaHS 用量增大到 15kg/t 能够抑制铜矿物，钼也出现了被抑制的情况，导致钼粗精矿中钼的回收率及铜粗精矿中铜的品位降低，因此，NaHS 用量 15kg/t，具有较好的分选效果矿物表面的捕收剂并起到良好的抑制作用。

表 4-2　NaHS 用量对铜钼分离的影响

NaHS 用量 /kg · t^{-1}	名称	产率（质量分数）/%	铜品位（质量分数）/%	钼品位（质量分数）/%	铜回收率（质量分数）/%	钼回收率（质量分数）/%
5	铜钼混精	100	11.74	6.12	—	—
	铜粗精矿	48.61	14.29	4.59	59.16	32.45
	钼粗精矿	51.39	9.33	7.56	40.84	67.19
10	铜粗精矿	53.12	16.02	2.63	72.49	22.86
	钼粗精矿	46.88	6.89	10.07	27.51	77.14
15	铜粗精矿	61.35	16.62	1.67	86.86	16.7
	钼粗精矿	38.65	3.99	13.19	13.14	83.3
20	铜粗精矿	66.84	15.59	1.93	88.74	21.03
	钼粗精矿	36.01	3.67	13.45	11.26	79.14
25	铜粗精矿	66.14	16.17	2.27	91.11	24.60
	钼粗精矿	33.22	3.14	13.89	8.89	75.40

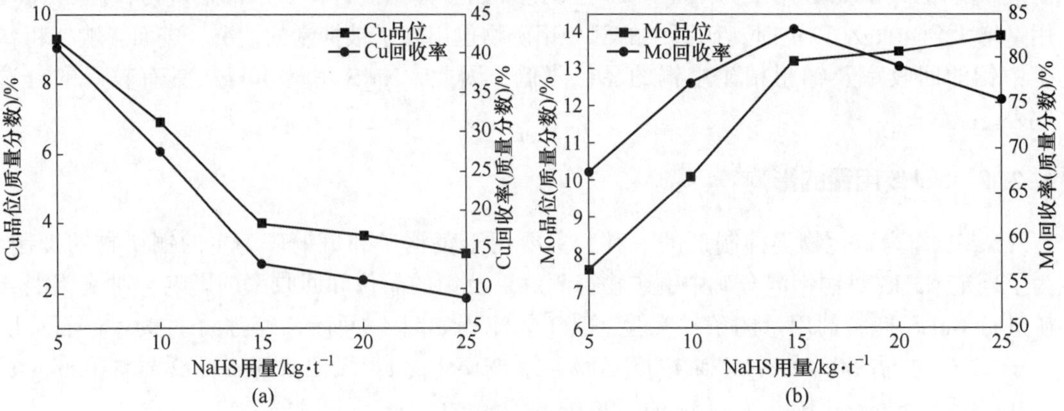

图 4-4　NaHS 用量对钼粗精矿中铜和钼的品位和回收率影响

（a）铜；（b）钼

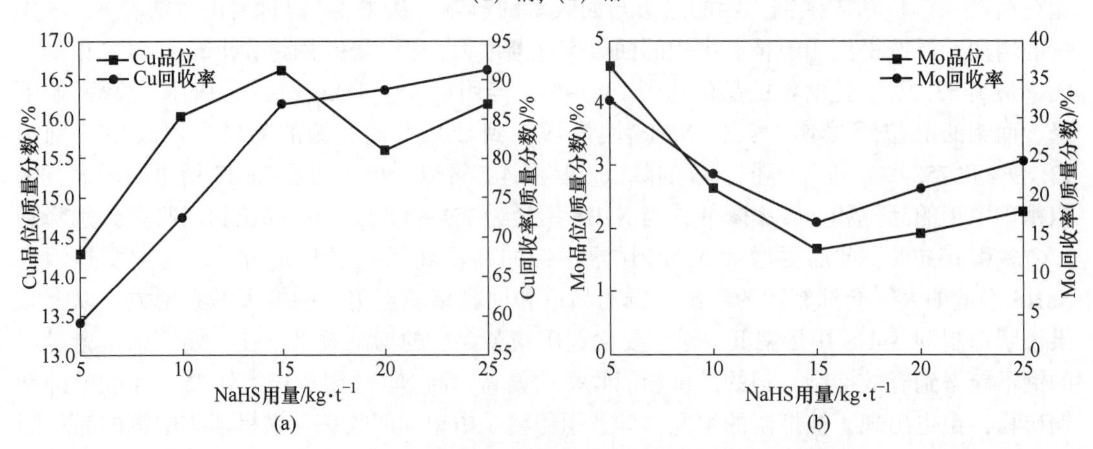

图 4-5　NaHS 用量对铜粗精矿中铜的品位和回收率影响

（a）铜；（b）钼

4.2.3 巯基乙酸钠和巯基乙酸用量的影响

巯基乙酸钠（$HSCH_2COONa$）和巯基乙酸（$HSCH_2COOH$）都属于巯基类抑制剂，主要用于黄铜矿的抑制。$HSCH_2COONa$ 和 $HSCH_2COOH$ 作为抑制剂能够有效地实现铜钼混合矿的分选，而且其对 pH 值的适应性较强，在较宽的 pH 值条件下都可进行分选，同时药剂的选择性也比较高，药剂使用量少，环境污染较低，金、银等贵金属的回收率较高，是硫化钠、氰化钠良好的替代抑制剂。其抑制过程主要由巯基和羧基发挥作用，其抑制机理为其分子结构中的—HS 作为亲固基通过化学吸附作用牢固吸附在黄铜矿表面，同时取代已吸附的黄原酸，减弱铜矿物表面的疏水性，亲水基—COOH 与矿物产生离子交换吸附，分子中的巯基和羧基吸附在矿物的表面形成化学吸附层，吸附层层间通过氢键或氧化产生的—S—S—(二聚物）键合，使得矿物表面的亲水性被提高，两个基团同时作用，实现对黄铜矿的抑制。

为了确定 $HSCH_2COONa$ 和 $HSCH_2COOH$ 对铜钼混合矿中铜矿物抑制效果及钼的品位和回收率的影响，对铜钼混合矿分别进行 $HSCH_2COONa$ 和 $HSCH_2COOH$ 抑制剂用量的条件实验，其工艺流程如图 4-1 所示。实验条件为：矿石粒度小于 42μm 的占 60.49%；矿浆浓度 20%，水玻璃 1kg/t；煤油 0.5kg/t，2 号油 0.5kg/t；$HSCH_2COONa$ 用量：3kg/t、5kg/t、8kg/t、10kg/t、14kg/t；$HSCH_2COOH$ 用量：3kg/t、5kg/t、8kg/t、10kg/t、14kg/t。

表 4-3 所列为 $HSCH_2COONa$ 用量对铜钼分离的影响，图 4-6 和图 4-7 所示分别为 $HSCH_2COONa$ 用量对钼粗精矿中铜钼的品位和回收率及铜粗精矿中铜、钼品位和回收率的影响。铜钼混合精矿含铜 10.74%，含钼 5.12%。从图 4-6（a）中可以看出，随着抑制剂 $HSCH_2COONa$ 用量的增大，钼粗精矿中铜的品位和回收率均减小，当用量为 8kg/t 时，钼粗精矿中铜的品位和回收率分别降到 5.45%和 19.14%，之后再增大用量，品位和回收率稍有降低，但不显著。图 4-6（b）显示，随着抑制剂 $HSCH_2COONa$ 用量的增大，钼粗精矿中钼的品位和回收率呈总体增大的趋势，在 $HSCH_2COONa$ 用量为 8kg/t 时，钼的品位增大到 9.84%，回收率达到最大 72.49%，再将 $HSCH_2COONa$ 用量增大到 10kg/t 时，钼的品位增大到 10.77%，但由于此用量钼受到抑制，回收率有所下降，降低到 71.98%。

表 4-3 $HSCH_2COONa$ 用量对铜钼分离的影响

$HSCH_2COONa$ 用量/$kg \cdot t^{-1}$	名称	产率（质量分数）/%	铜品位（质量分数）/%	钼品位（质量分数）/%	铜回收率（质量分数）/%	钼回收率（质量分数）/%
	铜钼混精	100	10.74	5.12	—	—
3	铜粗精矿	55.11	11.79	3.86	60.5	41.55
	钼粗精矿	44.89	9.44	6.67	39.46	58.48
5	铜粗精矿	58.55	12.91	3.07	70.38	35.11
	钼粗精矿	41.34	7.69	8.03	29.6	64.84

续表 4-3

$HSCH_2COONa$ 用量/$kg \cdot t^{-1}$	名称	产率（质量分数）/%	铜品位（质量分数）/%	钼品位（质量分数）/%	铜回收率（质量分数）/%	钼回收率（质量分数）/%
8	铜粗精矿	62.05	14.02	2.27	81.01	27.51
	钼粗精矿	37.72	5.45	9.84	19.14	72.49
10	铜粗精矿	65.63	13.76	2.19	84.08	28.07
	钼粗精矿	34.22	4.99	10.77	15.89	71.98
14	铜粗精矿	67.22	13.91	2.66	87.06	34.92
	钼粗精矿	32.69	4.25	10.19	12.94	65.06

再结合图 4-7，随着 $HSCH_2COONa$ 用量增大，铜粗精矿中铜的品位和回收率增大，钼的品位和回收率降低，在 $HSCH_2COONa$ 用量为 8kg/t 时，铜粗精矿中铜的品位达到 14.2%，钼的品位降到 2.27%，钼的回收率降到 27.51%。之后再增加 $HSCH_2COONa$ 用量，铜粗精矿中铜的品位和回收率无明显增加，钼的品位和回收率由于钼受到抑制，开始增大。

因此，当 $HSCH_2COONa$ 的用量为 8kg/t 时，其抑制效果最佳。

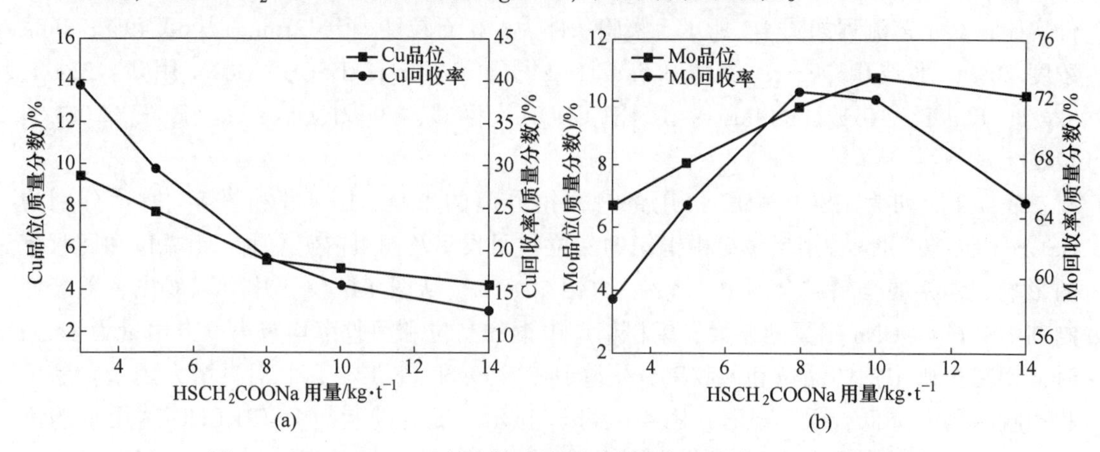

图 4-6　$HSCH_2COONa$ 用量对钼粗精矿中铜和钼的品位和回收率影响

（a）铜；（b）钼

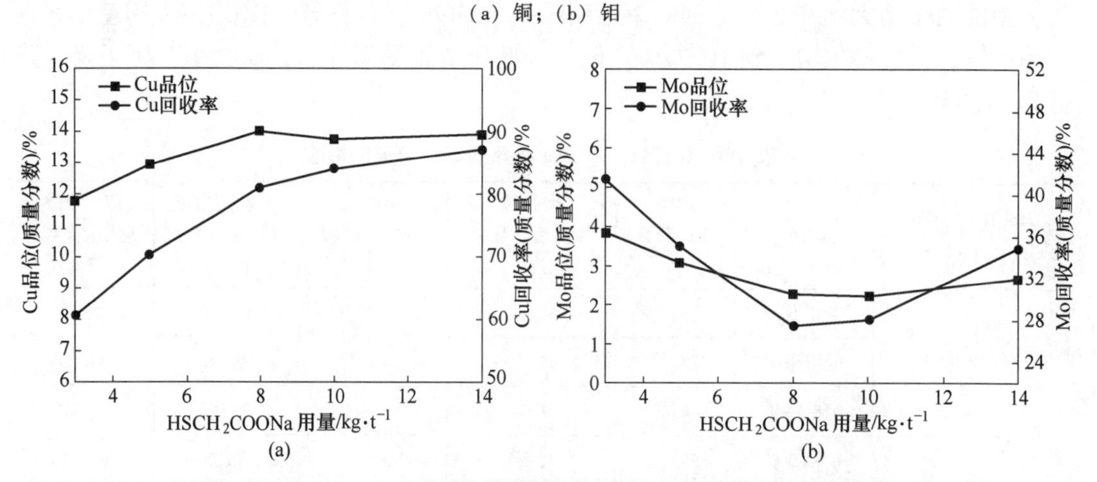

图 4-7　$HSCH_2COONa$ 用量对铜粗精矿中铜和钼的品位和回收率影响

（a）铜；（b）钼

表 4-4 所列为 $HSCH_2COOH$ 用量对铜钼分离的影响，图 4-8 和图 4-9 所示分别为 $HSCH_2COOH$ 用量对钼粗精矿和铜粗精矿中钼的品位和回收率的影响。从图 4-8 可以看出，随着 $HSCH_2COOH$ 用量从 3kg/t 增大到 14kg/t 时，钼粗精矿中，钼的品位和回收率均呈不断增大的趋势，回收率从 56.22%增大到 70.94%；钼品位从 6.14%增大到 9.84%；铜的品位和回收率也随着巯基乙酸用量的增大减小，当 $HSCH_2COOH$ 用量达到 14kg/t 时，铜品位降到 5.12%，铜的回收率降到 17.6%。结合图 4-9，铜粗精矿中，钼的品位和回收率随着巯基乙酸用量的增大缓慢减小，当 $HSCH_2COOH$ 用量达到 14kg/t 时，钼品位降到 2.36%，钼的回收率降到 29.04%。由于 $HSCH_2COOH$ 价格较高，因此，采用 $HSCH_2COOH$ 用量 10kg/t 为抑制铜矿物效果最佳的药剂用量。与抑制剂 $HSCH_2COONa$ 相比，同药剂用量情况下，$HSCH_2COONa$ 的抑制效果优于 $HSCH_2COOH$。

表 4-4 $HSCH_2COOH$ 用量对铜钼分离的影响

$HSCH_2COOH$ 用量/kg · t^{-1}	名称	产率（质量分数）/%	铜品位（质量分数）/%	钼品位（质量分数）/%	铜回收率（质量分数）/%	钼回收率（质量分数）/%
	铜钼混精	100	10.74	5.12	—	—
3	铜粗精矿	53.03	11.97	4.23	59.10	43.81
	钼粗精矿	46.88	9.37	6.14	40.90	56.22
5	铜粗精矿	56.42	12.52	3.62	65.77	39.89
	钼粗精矿	43.47	8.46	7.08	34.24	60.11
8	铜粗精矿	60.89	13.35	3.12	75.69	37.11
	钼粗精矿	39.01	6.69	8.25	24.30	62.86
10	铜粗精矿	62.67	13.73	2.75	80.12	33.66
	钼粗精矿	37.22	5.73	9.12	19.86	66.30
14	铜粗精矿	63.00	14.05	2.36	82.42	29.04
	钼粗精矿	36.91	5.12	9.84	17.60	70.94

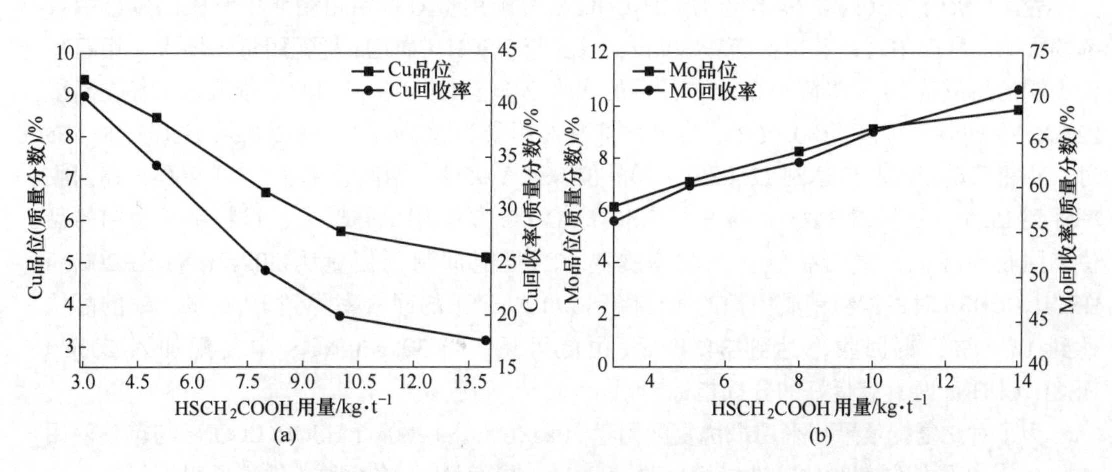

图 4-8 $HSCH_2COOH$ 用量对钼粗精矿中铜和钼的品位和回收率影响

（a）铜；（b）钼

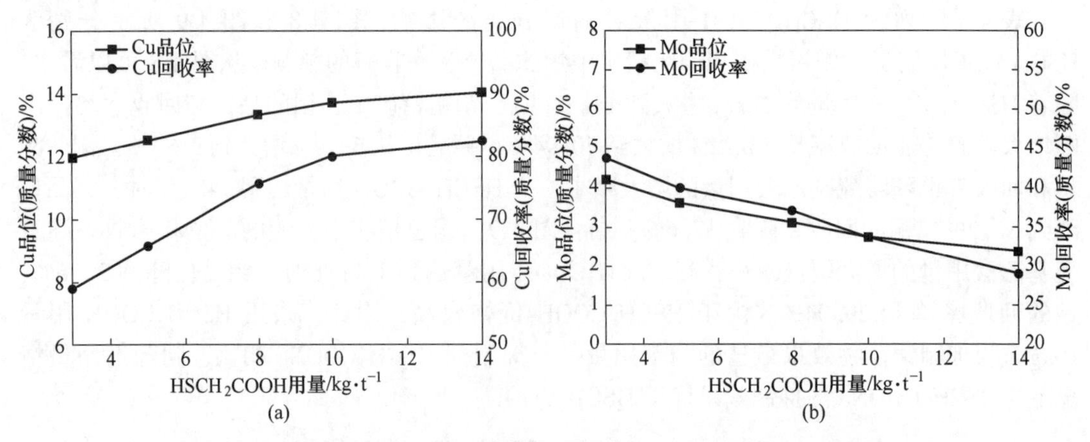

图 4-9 $HSCH_2COOH$ 用量对铜粗精矿中铜和钼的品位和回收率影响

(a) 铜；(b) 钼

4.2.4 Na_2S 与巯基乙酸钠复配用量的影响

在以上四种抑制剂用量研究中，单独采用 Na_2S 和 NaHS 作为铜抑制剂时，它们有脱除残余药剂的作用，因此，浮选过程中泡沫丰富，浮选分离效果好；而单独以 $HSCH_2COONa$ 和 $HSCH_2COOH$ 作抑制剂时，它们没有脱除铜钼混合矿中残余浮选药剂的作用，因此，浮选气泡脏且差，浮选效果不佳。为了降低 Na_2S 抑制剂用量并提高巯基类抑制剂的浮选效果，采用 Na_2S 与 $HSCH_2COONa$ 进行复配，开展浮选分离研究，工艺流程如图 4-1 所示。

基于单独用 Na_2S 作抑制剂时其最佳用量为 40kg/t，本章采用 30kg/t 的 Na_2S 分别与 100g/t、150g/t 和 200g/t 的 $HSCH_2COONa$ 进行复配作为抑制剂，研究其抑制效果，并与单独使用 Na_2S 抑制剂进行对比。实验条件为：矿石粒度小于 42μm 的占 60.49%；矿浆浓度 20%，水玻璃 1kg/t；煤油 0.5kg/t，2 号油 0.5kg/t；抑制剂用量：30kg/t Na_2S+100g/t $HSCH_2COONa$、30kg/t Na_2S+150g/t $HSCH_2COONa$、30kg/t Na_2S+200g/t $HSCH_2COONa$。

表 4-5 所列为 30kg/t Na_2S 与 $HSCH_2COONa$ 复配用量对铜钼粗精矿中铜钼品位与回收率的影响。从表中可以看出，随着 30kg/t Na_2S 与 $HSCH_2COONa$ 复配用量的增大，钼粗精矿中铜的品位从 10.88%降至 3.95%，铜的回收率降至 15.50%，钼的品位从 6.37%提高至 12.08%，回收率提高至 80.96%。当复配抑制剂用量为 30kg/t Na_2S+200g/t $HSCH_2COONa$ 时，钼粗精矿钼的品位达到 12.08%，铜品位降到 3.95%，钼回收率达到 80.96%，铜回收率降到 15.50%；随着 30kg/t Na_2S 与 $HSCH_2COONa$ 复配用量的增大，铜粗精矿中钼的品位和回收率降低，铜的品位和回收率提高，当复配抑制剂用量为 30kg/t Na_2S+200g/t $HSCH_2COONa$ 时，铜粗精矿中钼的品位降到 2.12%，钼的回收率降到 19.07%，铜的品位达到 16.04%，铜回收率达到 84.49%。由此可见，当 30kg/t Na_2S 中复配加入 200g/t $HSCH_2COONa$ 时具有良好的分选指标。

为了对比复配效果，采用最优复配用量 30kg/t Na_2S+200g/t $HSCH_2COONa$ 与单独使用 30kg/t Na_2S 作抑制剂时的分选指标（见表 4-1）进行对比，将两种条件下所得铜粗精矿和钼粗精矿的浮选指标绘入图 4-10。从图中可以看出，与单独用 30kg/t Na_2S 作抑制剂比较，加入 200g/t $HSCH_2COONa$，所得钼粗精矿中铜的品位降低了 1.97%，钼的回收率提高了 10.08%，所得铜粗精矿中钼的品位降低了 1.18%，钼的回收率降低了 9.26%。因此，巯基乙酸钠的加入在一定程度上可以降低硫化钠的用量，并且浮选效果相较于单独使用巯基乙酸钠有一定提高，而且浮选过程中泡沫状态丰富良好。

表 4-5 30kg/t Na_2S 与 $HSCH_2COONa$ 复配用量对铜钼分离的影响

复配抑制剂用量	名称	产率（质量分数）/%	铜品位（质量分数）/%	钼品位（质量分数）/%	铜回收率（质量分数）/%	钼回收率（质量分数）/%
30kg/t Na_2S +100g/t $HSCH_2COONa$	铜钼混精	100	10.88	6.37	—	—
	铜粗精矿	52.73	16.12	2.72	78.13	22.52
	钼粗精矿	47.27	5.03	10.44	21.85	77.47
30kg/t Na_2S +150g/t $HSCH_2COONa$	铜粗精矿	55.65	16.07	2.49	82.19	21.75
	钼粗精矿	44.35	4.37	11.24	17.81	78.25
30kg/t Na_2S +200g/t $HSCH_2COONa$	铜粗精矿	57.31	16.04	2.12	84.49	19.07
	钼粗精矿	42.69	3.95	12.08	15.50	80.96

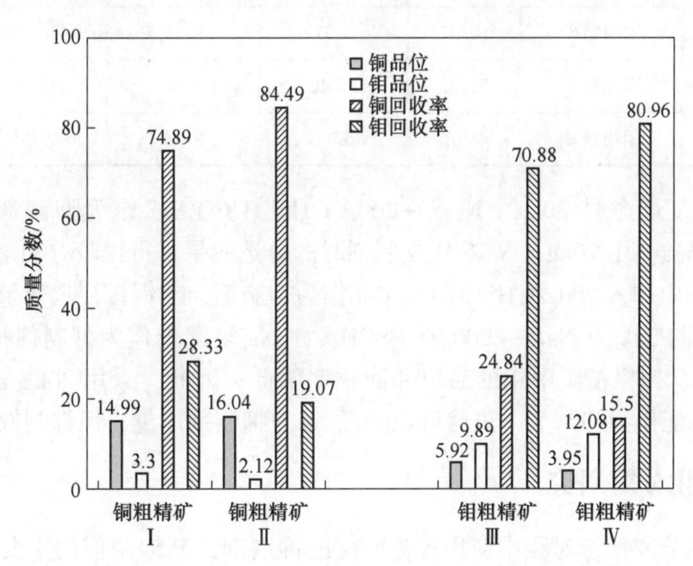

图 4-10 30kg/t Na_2S 与 30kg/t Na_2S+200g/t $HSCH_2COONa$ 对铜钼分选指标的影响

Ⅰ，Ⅲ—30kg/t Na_2S；Ⅱ，Ⅳ—30kg/t Na_2S+200g/t $HSCH_2COONa$

为了能进一步降低 Na_2S 用量，采用 20kg/t 的 Na_2S 分别与 100g/t、150g/t 和 200g/t 的 $HSCH_2COONa$ 进行复配作为抑制剂，研究其抑制效果，并与单独使用 Na_2S 抑制剂进行对比。实验条件为：矿石粒度小于 42μm 的占 60.49%；矿浆浓度 20%，水玻璃 1kg/t；煤油 0.5kg/t，2 号油 0.5kg/t；抑制剂用量：20kg/t Na_2S+100g/t $HSCH_2COONa$、20kg/t Na_2S+150g/t $HSCH_2COONa$、20kg/t Na_2S + 200g/t $HSCH_2COONa$、20kg/t Na_2S + 300g/t $HSCH_2COONa$。

表 4-6 所列为 20kg/t Na_2S 与 $HSCH_2COONa$ 复配用量对铜钼粗精矿中铜钼品位与回收率的影响。从表中可以看出，随着 20kg/t Na_2S 与 $HSCH_2COONa$ 复配用量的增大，钼的品位由混合精矿中的 6.37%提高到钼粗精矿中的 9.84%，钼的回收率提高到 75.35%，有一定程度的提高，但其中铜的品位在复配剂用量达到 20kg/t Na_2S +200g/t $HSCH_2COONa$ 时还高达 6.11%。另外，铜粗精矿中，随着复配剂用量的增大，钼的品位和回收率不断降低，其中钼的品位在复配剂用量 20kg/t Na_2S +200g/t $HSCH_2COONa$ 时为 3.07%，表明铜钼分选效果有限。

表 4-6　20kg/t Na_2S 与 $HSCH_2COONa$ 复配用量对铜钼分离的影响

复配抑制剂用量	名称	产率（质量分数）/%	铜品位（质量分数）/%	钼品位（质量分数）/%	铜回收率（质量分数）/%	钼回收率（质量分数）/%
20kg/t Na_2S+100g/t $HSCH_2COONa$	铜钼混精	100	10.88	6.37	—	—
	铜粗精矿	48.13	14.76	4.11	65.29	31.05
	钼粗精矿	51.87	7.28	8.47	34.71	68.97
20kg/t Na_2S+150g/t $HSCH_2COONa$	铜粗精矿	49.05	15.36	3.48	69.25	26.81
	钼粗精矿	50.95	6.57	9.15	30.77	73.19
20kg/t Na_2S+200g/t $HSCH_2COONa$	铜粗精矿	51.22	15.42	3.07	72.61	24.69
	钼粗精矿	48.78	6.11	9.84	27.96	75.35

将采用最优复配条件 20kg/t Na_2S +200g/t $HSCH_2COONa$ 作为抑制剂时的分选效果（见表 4-6）与单独使用 20kg/t Na_2S 作抑制剂时的分选效果进行比较（见表 4-1），可以看出，20kg/t Na_2S 中加入 200g/t $HSCH_2COONa$ 作为抑制剂，对铜钼浮选效果有一定的提高，但不显著。而且与 30kg/t Na_2S +200g/t $HSCH_2COONa$ 复配剂作为抑制剂相比，铜粗精矿中钼的品位偏高，钼粗精矿中钼的品位和回收率偏低。因此，采用 20kg/t Na_2S 与 200g/t $HSCH_2COONa$ 复配作为抑制剂，虽然可以降低 Na_2S 抑制剂用量，但抑制效果一般。

4.3　Na_2S 氧化分解研究

Na_2S 是铜钼分离浮选过程中应用较为广泛的抑制剂，其抑制作用主要靠 Na_2S 水解后产生的 HS^-，见式（1-1）~式（1-3）。浮选过程中，矿浆处于不断搅拌和不断鼓入空气的条件下，起抑制作用的 HS^- 极易被氧化，使 Na_2S 分解失效，进而造成其在浮选过程中消耗量过大。因此，要降低 Na_2S 抑制剂在浮选过程中的消耗量，就需要降低 Na_2S 在浮选过程中的氧化分解。

为了研究 Na_2S 的氧化分解，本节首先研究 Na_2S 在不同浮选体系及条件下的氧化分解规律。

4.3.1　Na_2S 在空气中的氧化分解

在三孔烧瓶中放入配置好的 500mL 0.01mol/L 的 Na_2S 溶液，并控制搅拌转速为

1000r/min，放置 3.5h（210min），整个过程采用硫离子选择电极监测溶液的电位变化，结果如图 4-11 所示。从图中可以看出，刚配置好的 Na_2S 溶液的硫离子电位为-699mV，随着其在空气中放置时间的延长，硫离子电位缓慢升高，放置 210min 后，Na_2S 溶液的硫离子电位升高到-484mV。

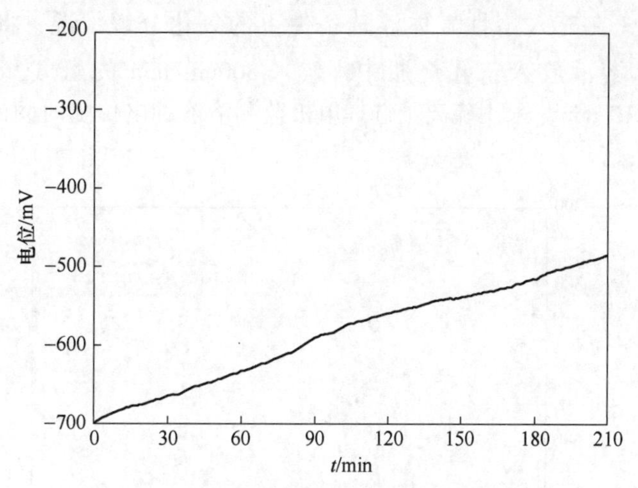

图 4-11　Na_2S 溶液硫离子电位随时间变化曲线

4.3.2 Na_2S 在鼓入空气条件下的氧化分解

为了模拟 Na_2S 在充气浮选条件下的氧化分解情况，将配置好的 500mL 0.01mol/L 的 Na_2S 溶液放入三孔烧瓶中，鼓入 800mL/min 的空气，控制搅拌转速为 1000r/min，放置 210min，采用硫离子选择电极监测溶液的电位变化，结果如图 4-12 所示。

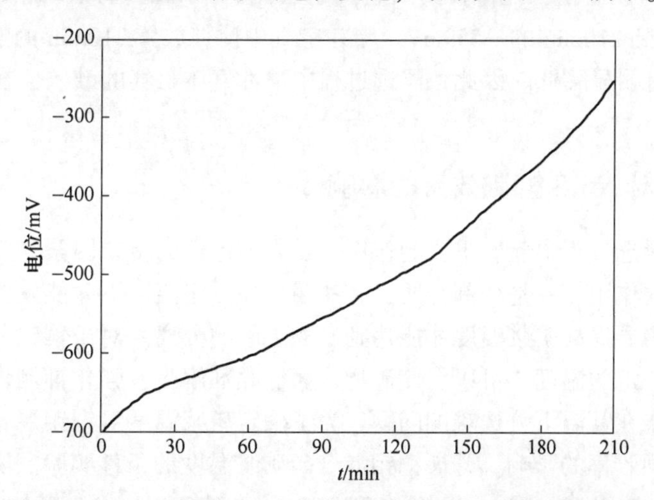

图 4-12　Na_2S 溶液鼓入空气条件下硫离子电位随时间变化曲线

从图 4-12 中可以看出，Na_2S 溶液在搅拌鼓入空气的条件下，硫离子电位从初始的-701mV上升到 210min 的-251mV。与图 4-11 无鼓入空气条件下的电位变化相比，电位上升速度变化更为显著，最终电位上升幅度是空气条件下的 1.93 倍。因此，可以看出，浮选过程中空气的鼓入在一定程度上会加速 Na_2S 的氧化分解，这是导致其在浮选过程中消耗量大的原因之一。

4.3.3　Na_2S 在鼓入惰性气体条件下的氧化分解

为了模拟 Na_2S 在充入惰性气体浮选条件下的氧化分解情况，将配置好的 500mL 0.01mol/L 的 Na_2S 溶液放入三孔烧瓶中，鼓入 800mL/min 的氩气，控制搅拌转速为 1000r/min，放置 210 min，采用硫离子选择电极监测溶液的电位随时间的变化，结果如图 4-13 所示。

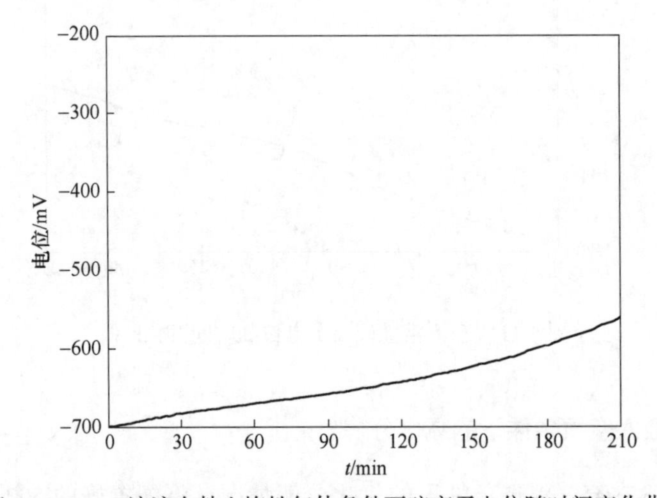

图 4-13　Na_2S 溶液在鼓入惰性气体条件下硫离子电位随时间变化曲线

从图 4-13 中可以看出，在搅拌鼓入氩气的条件下，Na_2S 溶液中硫离子电位从初始的 -699mV缓慢上升到 210min 的 -559mV。与在空气中搅拌放置 210min 的电位变化相比，电位上升速度幅度有明显降低。因此，浮选过程中惰性气体氩气的鼓入会在一定程度上减缓 Na_2S 的氧化分解。

4.4　矿浆温度对 Na_2S 抑制效果的影响

矿浆温度在浮选过程中起着重要的作用，是影响浮选的重要因素之一。调节矿浆温度主要有两个方面的作用，一是药剂性质，有些药剂在一定温度下才能发挥有效作用；二是有些特殊工艺，需要提高矿浆温度才能达到矿物之间的分离。对于铜钼分离浮选，将铜钼混合精矿加温至一定的温度，可以促使矿物表面捕收剂解吸，强化抑制作用，能在一定程度上提高混合精矿在常温下分选难的问题。为了确定矿浆温度对铜钼混合矿中铜的抑制效果及钼的品位和回收率的影响，开展铜钼混合矿矿浆温度的条件实验。实验条件为：矿石粒度小于 42μm 的占 60.49%；矿浆浓度 20%；水玻璃 1kg/t；煤油 0.5kg/t；2 号油 0.5kg/t；Na_2S 用量：40kg/t；矿浆温度：20℃、30℃、40℃、50℃。

矿浆温度对铜钼分离的影响见表 4-7。从表中可以看出，随着矿浆温度的提高，钼粗精矿中的钼的品位有所提高，铜的品位有所下降；当矿浆温度为常温 20℃时，钼粗精矿中钼品位为 13.01%，铜的品位 2.87%；当矿浆温度控制为 30℃时，钼粗精矿中钼品位为

14.28%，铜的品位为 2.18%。这说明提高矿浆温度在一定程度上能够选择性解吸铜矿物表面的捕收剂，促进 Na_2S 对铜矿物的抑制作用，提高铜钼分离浮选的效果；之后再进一步提高矿浆温度到 50℃，钼粗精矿钼的品位和回收率没有出现明显的改善。因此，考虑提高矿浆温度所带来的加热能耗，确定最佳矿浆温度为 30℃。

表 4-7　矿浆温度对铜钼分离的影响

矿浆温度/℃	名称	产率（质量分数）/%	钼品位（质量分数）/%	钼回收率（质量分数）/%	铜品位（质量分数）/%	铜回收率（质量分数）/%
20	铜钼混精	100	10.38	—	5.17	—
	铜粗精矿	44.72	7.13	30.72	8.01	69.29
	钼粗精矿	55.28	13.01	69.29	2.87	30.69
30	铜粗精矿	40.89	4.74	18.67	9.49	75.06
	钼粗精矿	59.11	14.28	81.32	2.18	24.92
40	铜粗精矿	42.77	4.05	16.69	9.36	77.43
	钼粗精矿	57.23	15.11	83.31	2.04	22.58
50	铜粗精矿	42.41	3.64	14.89	9.39	77.03
	钼粗精矿	57.59	15.34	85.11	2.06	22.95

4.5　惰性气体对 Na_2S 抑制效果的影响

浮选过程中，矿浆处于不断搅拌和不断鼓入空气的条件下，Na_2S 中起抑制作用的 HS^- 极易被氧化，使 Na_2S 分解失效，造成其在浮选过程中消耗量过大。为了降低 Na_2S 抑制剂在浮选过程中的消耗量，目前采用的主要方法为通入惰性气体如氮气、氩气，降低矿浆中的氧分压，使还原性 HS^- 受到的氧化作用减弱，抑制剂失效的程度降低，达到减少 Na_2S 抑制剂消耗量的目的。由以上研究可知，浮选过程中惰性气体氩气的鼓入会在一定程度上减缓 Na_2S 的氧化分解。为了进一步确定浮选过程中惰性气体的充入对铜钼混合矿中铜的抑制效果及钼品位和回收率的影响，开展铜钼混合矿浮选不同 Na_2S 抑制剂用量条件下，充入惰性气体的条件实验。实验条件为：矿浆浓度 20%，水玻璃 1kg/t；煤油 0.5kg/t，2 号油 0.5kg/t；Na_2S 用量：10kg/t，20kg/t，25kg/t；浮选中充气：氩气。

表 4-8 所列为不同 Na_2S 用量条件下氩气的充入对铜钼分离的影响。从表中可以看出，氩气鼓入的条件下，Na_2S 用量为 25kg/t 时，钼粗精矿中铜的品位降到 2.29%，钼的品位提高到 14.92%，回收率也都较为理想。为了易于对比，开展了 Na_2S 40kg/t 鼓入空气条件下对铜钼分选的影响，结果列入表 4-8 中。从表中可以明显看出，40kg/t Na_2S 鼓入空气条件下，铜钼分选后钼粗精矿中铜的品位为 2.44%，钼的品位 14.58%，回收率分别为 75.05%和 22.83%，分选效果与鼓入氩气条件下 Na_2S 用量为 20kg/t 时相当，这说明浮选过程中，氩气的充入在不降低浮选效果的前提下能够有效地降低 Na_2S 的用量。

表 4-8　不同 Na_2S 用量条件下惰性气体对铜钼分离的影响

Na_2S 用量 /kg·t^{-1}	气体	名称	产率（质量分数）/%	钼品位（质量分数）/%	钼回收率（质量分数）/%	铜品位（质量分数）/%	铜回收率（质量分数）/%
40	空气	铜钼混精	100	9.98	—	5.49	—
		铜粗精矿	48.63	5.12	24.95	8.71	77.15
		钼粗精矿	51.37	14.58	75.05	2.44	22.83
10	氩气	铜粗精矿	40.72	7.87	32.11	5.66	41.98
		钼粗精矿	59.28	11.43	67.89	5.37	57.98
20	氩气	铜粗精矿	46.57	5.17	24.13	9.18	77.87
		钼粗精矿	53.43	14.17	75.86	2.27	22.09
25	氩气	铜粗精矿	48.12	4.65	22.42	8.94	78.36
		钼粗精矿	51.88	14.92	77.56	2.29	21.64

5 铜钼矿与抑制剂作用第一性原理研究

从分子水平研究抑制剂与黄铜矿表面的相互作用对深入理解抑制剂的作用机理具有很重要的意义。研究人员根据实验现象和推理，提出了巯基类抑制剂在黄铜矿表面的吸附模型。例如 Raghavan 等人研究发现，巯基乙酸（TGA）在与硫化铜矿物作用时会被氧化成双巯基乙酸（DTGA），并且这两种成分对硫化铜矿物都有抑制作用。Poling 和 Liu 通过研究巯基乙酸对黄铜矿的抑制效果发现，巯基乙酸之所以能够抑制黄铜矿是因为巯基乙酸中的巯基跟黄铜矿表面的铜发生了作用，并且矿浆中氧的存在增强了巯基乙酸的抑制效果。尽管研究人员对此开展了研究工作，但是对于抑制剂分子与黄铜矿表面发生吸附时电荷的转移情况，以及表面吸附能的改变等信息尚不清楚。而应用密度泛函理论的模拟，可对化学吸附过程中电子迁移、能带结构、态密度和吸附能变化等信息进行描述。基于此，本章开展了巯基乙酸、巯基乙酸钠、硫化钠和硫氢化钠这四种抑制剂在铜钼矿金属面的吸附情况，吸附前后作用原子态密度的变化，以及吸附后的吸附能的变化研究，为抑制剂的选择提供理论依据。

5.1 黄铜矿第一性原理研究

5.1.1 黄铜矿原始晶胞的优化

黄铜矿属 $I\bar{4}2d$ 空间群，$a=b=0.529\text{nm}$，$c=1.042\text{nm}$，$\alpha=\beta=\gamma=90°$，$z=4$。黄铜矿的原始晶胞结构如图 5-1 所示。黄铜矿具有典型的半导体结构，晶格在任意方向表现为不完全解理，S 原子和金属原子在四面体中交替分布，每个 S 原子周围有 4 个金属原子，每个金属原子周围有 4 个 S 原子。在计算过程中，以基于密度泛函理论的平面波赝势法为例。

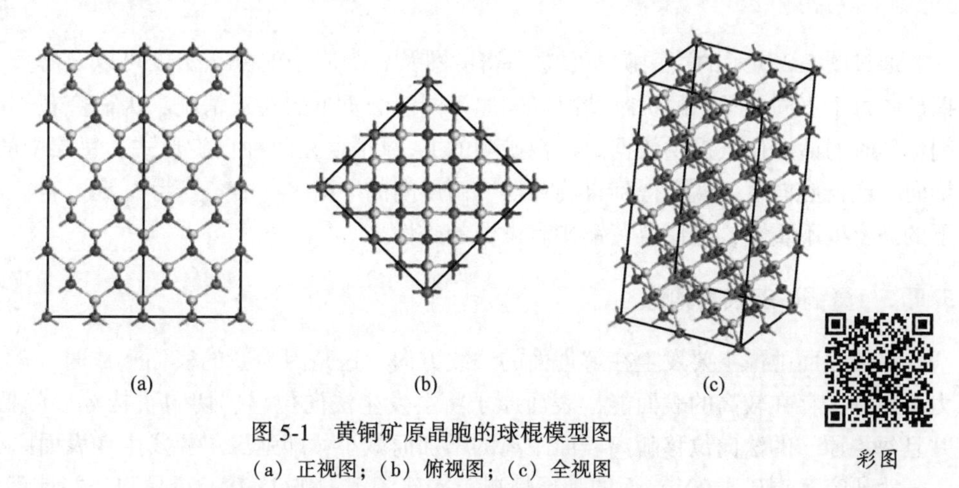

图 5-1 黄铜矿原晶胞的球棍模型图

（a）正视图；（b）俯视图；（c）全视图

（扫码查看彩图：紫色—Cu；红色—Fe；黄色—S）

5.1.2　黄铜矿的能带结构和态密度分析

根据固体物理理论，如果在一个原子的原子轨道上添加一个一维周期条件，则这个原子轨道会形成一条能带，能带的带宽来源于这些原子轨道的在周期方向上的成键强度，强度越大，带宽越大；成键越弱，带宽越小，若周期方向上没有成键，能带将是一直线。而态密度可以反映出电子状态在各个能级的分布情况，是原子与原子之间的相互作用及不同原子轨道相互作用情况的直接反映，并能揭示化学键的部分重要信息。

对优化后的黄铜矿原始晶胞进行了能带结构和态密度计算，如图5-2所示。从图中的计算结果可以看出，在2.0eV处有带隙为0.5eV，与Oliveira的计算结果接近，但小于实验测得的0.7eV。导带处的轨道会移动使得带隙变窄。计算值小于实验值很有可能是因为实验用黄铜矿存在杂质或晶格缺陷造成的，也有可能是DFT的近似计算引起，但这并不影响对矿物结构及电荷分布信息的分析。

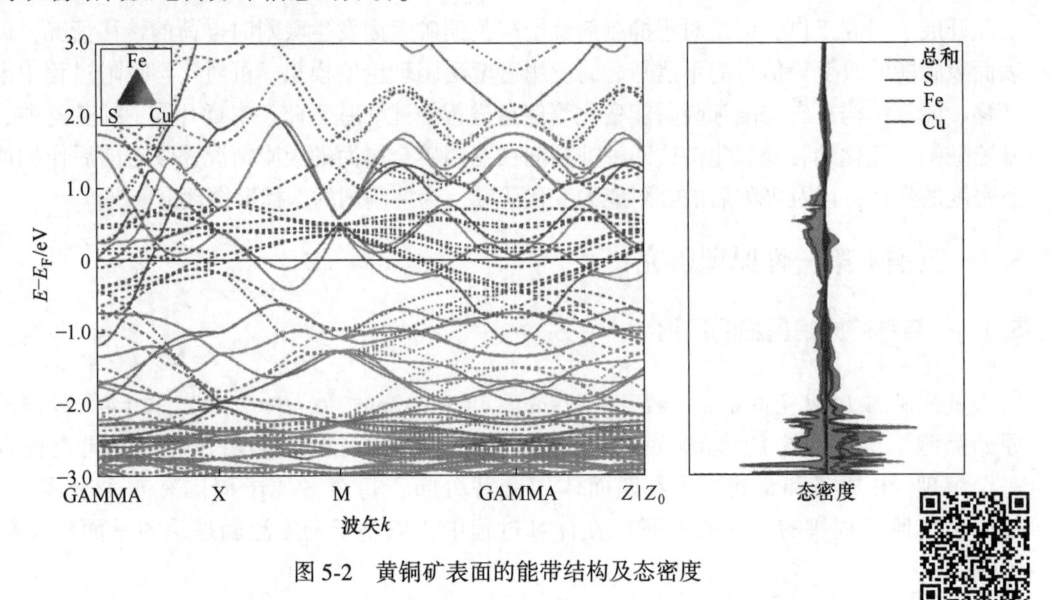

图5-2　黄铜矿表面的能带结构及态密度

彩图

通过图5-2所示的黄铜矿表面总态密度图及各个原子的分态密度可以了解黄铜矿中每个不同电子态的贡献情况以同原不同能级贡献的轨道情况，为研究黄铜矿与抑制剂作用时的活性位点提供依据。黄铜矿中的Fe原子存在两种自旋形式，每层中的Fe为自旋向上或自旋向下，从而得到自旋补偿，两层间的电荷$Fe_{up}-Fe_{down}$为3.56。自旋向上和向下的态密度不重合，这使得黄铜矿有微弱的磁性。

5.1.3　黄铜矿的表面弛豫

晶体表面弛豫主要发生在解理面的法线方向，这是因为新的表面形成时，表面原子受力不对称，存在较高的表面能，表面原子将会发生法向位移、切向重构等以降低表面能，并且每层原子的法向位移随离表面距离的增加而减小，即弛豫主要发生在表面原子。

为研究黄铜矿（001）面的弛豫情况，构建了黄铜矿2×2×1超晶胞，并计算不同真空层厚度下的能量，结果表明1.5nm是较为理想的真空层厚度。黄铜矿（001）面有金属端面（M(001) 面）和硫端面（S(001) 面）两种形式。对两种端面分别进行了弛豫计算，结果如图 5-3 和图 5-4 所示。

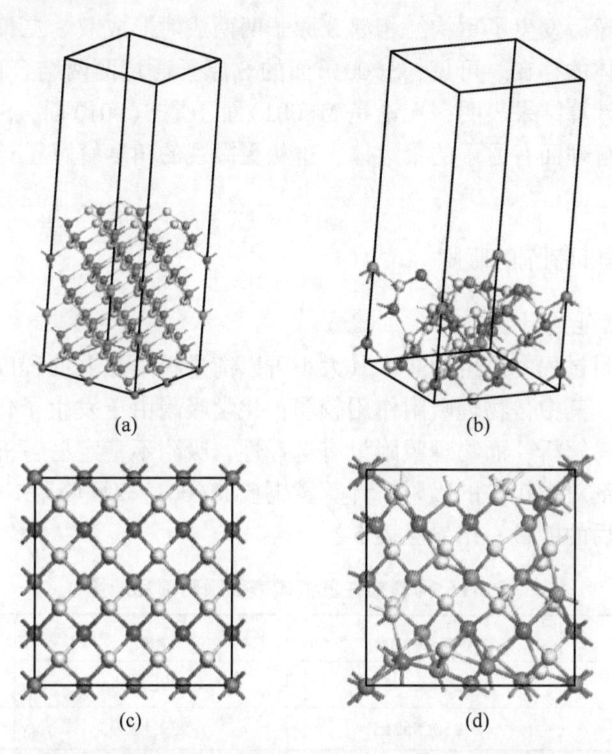

图 5-3 黄铜矿原晶胞加上真空层后的全视图(a)和俯视图(c)及黄铜矿金属端面 M(001)面的弛豫结果全视图(b)和俯视图(d)

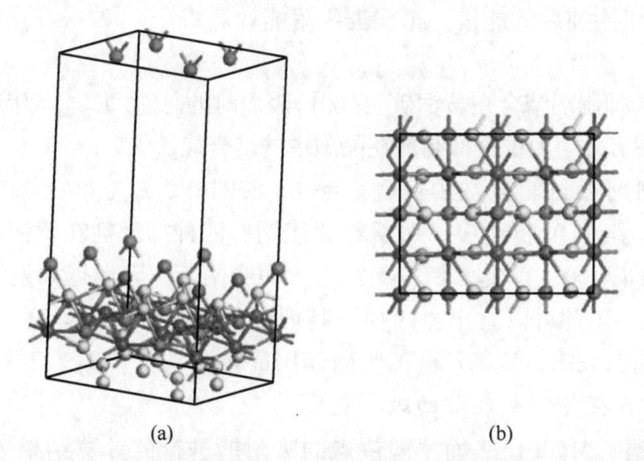

图 5-4 黄铜矿金属端面 S(001)面的弛豫结果全视图(a)和俯视图(b)

由图 5-3 所示的 M(001)面的弛豫结果显示，大量本体位置的原子发生了位移，生成了较复杂的重构表面，这些重构现象可以用矿物解离后的悬空键自排布原理解释。重构现象主要有两个方面，一方面，相邻的 Cu、Fe 原子在相互靠近的同时均向一个方向偏移；另一方面，在法线方向上，表层的 Cu、Fe 原子小幅度地向面内收缩，同时次层的 S 原子较大幅度地向外抬升，形成了非常明显的硫表面，这与已有的计算结果吻合。

由图 5-4 所示的黄铜矿 S(001)面的弛豫结果显示，与 M(001)的相比较为简单，可以看出，表面原子弛豫后发生了重构，相邻 S 原子两两成对形成双 S 二聚体，理论上证明黄铜矿表面双 S 二聚体的存在。可见，S(001)面的 S 原子通过两两结合形成 S—S 分子键来降低表面能。上述计算结果表明，无论是 M(001)面还是 S(001)面，S 原子都表现出向外突出的现象，而且解理面有原子的聚集体，这从更微观的角度解释了黄铜矿具有一定的天然疏水性。

5.1.4 黄铜矿表面抑制剂的吸附

5.1.4.1 吸附能的计算

吸附能是指吸附过程中产生的热，其大小可以衡量吸附强弱的程度。吸附的方式有物理吸附和化学吸附，其中，物理吸附作用较弱；化学吸附由于发生了化学反应，具有选择性，吸附稳定不容易解析；而物理吸附没有选择性，吸附不稳定易解析。

为了考察抑制剂对铜钼矿的吸附，计算黄铜矿 M(001)表面吸附 Na_2S、NaHS、巯基乙酸和巯基乙酸钠前后的能量，结果见表 5-1。

表 5-1 抑制剂在黄铜矿表面吸附前后能量 (eV)

抑制剂	$E_{黄铜矿+抑制剂}$	$E_{黄铜矿}$	$E_{抑制剂}$
Na_2S	-249.06967	-239.76545	-6.4649452
NaHS	-250.55715	-239.83393	-9.0446249
巯基乙酸	-287.90049	-239.4232	-48.673905
巯基乙酸钠	-286.36452	-239.81346	-46.194911

基于表 5-1 中吸附前后的能量，再根据吸附能计算式：

$$E = E_{黄铜矿+抑制剂} - E_{黄铜矿} - E_{抑制剂}$$

式中，$E_{黄铜矿+抑制剂}$ 为抑制剂结合在黄铜矿 M(001)表面时的总能；$E_{黄铜矿}$ 为黄铜矿 M(001)表面在晶胞中的结合能；$E_{抑制剂}$ 为单个抑制剂在晶胞中的结合能。

计算四种抑制剂吸附能分别为：$E_{Na_2S} = -2.8393eV$，$E_{NaHS} = -1.6786eV$，$E_{巯基乙酸} = 0.1966eV$，$E_{巯基乙酸钠} = -0.3561eV$。计算结果表明，四种抑制剂在黄铜矿表面的吸附能值 E 大小顺序为：$E_{巯基乙酸} > E_{巯基乙酸钠} > E_{NaHS} > E_{Na_2S}$，而吸附能（$E$）越大说明黄铜矿越不容易与抑制剂分子结合。由此可以看出，四种抑制剂中与黄铜矿作用程度 Na_2S 最强，其次是 NaHS，之后是巯基乙酸钠，巯基乙酸的吸附作用最弱。

5.1.4.2 Na_2S 在黄铜矿表面的吸附过程

对 Na_2S 在黄铜矿 M(001)表面不同位点的吸附能进行的计算结果表明，Na_2S 中 S 原子在与黄铜矿表面的 Cu 作用时能量最低。抑制剂在黄铜矿表面吸附后的态密度如图 5-5 所示。

当 Na_2S 吸附黄铜矿表面时，体系总态密度在 -25～4eV 区间，这说明存在能带穿越 -25～4eV 这一区间。一维周期条件下的原子轨道会形成能带，而单位能量范围内的轨道（能级数）则被定义为态密度。从总态密度分布可以看出，-7～4eV 处态密度最为集中，

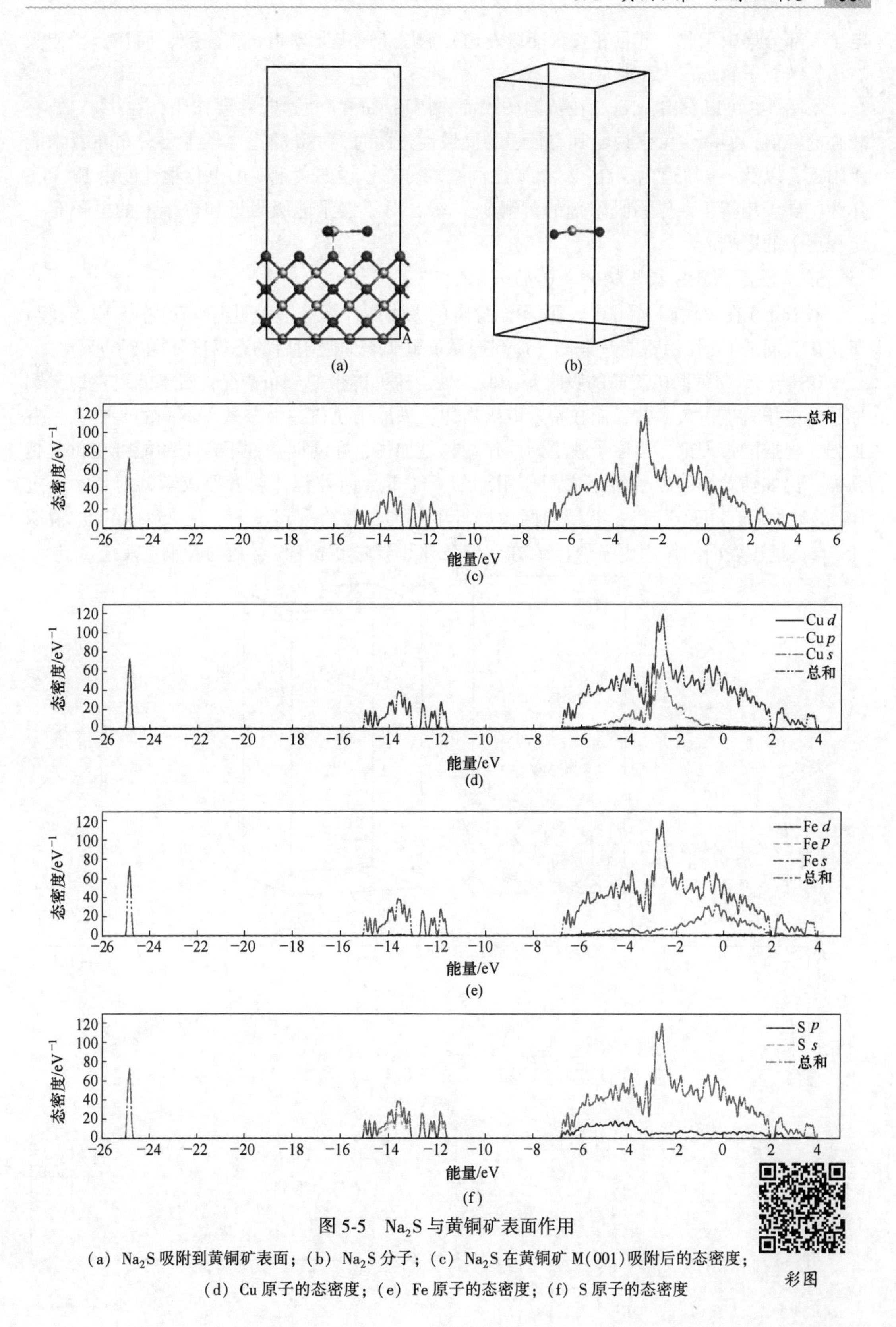

图 5-5 Na_2S 与黄铜矿表面作用

（a）Na_2S 吸附到黄铜矿表面；（b）Na_2S 分子；（c）Na_2S 在黄铜矿 M(001)吸附后的态密度；（d）Cu 原子的态密度；（e）Fe 原子的态密度；（f）S 原子的态密度

电子大部分集中于此，并且在费米能级左边，铜原子的电子轨道占大多数，而在费米能级右边，铁原子轨道占大多数。

从图 5-5 可以看出，Na_2S 在黄铜矿表面作用后 Cu 3*d* 轨道起主要作用，在-3eV 处有较强的峰值，但峰尖太强说明其有较强的局域性。同时 Fe 3*d* 轨道电子主要分布在费米能级附近，以及 S *p* 轨道电子在-2～2eV 之间平均分布，说明黄铜矿的电化学性能由 Fe 和 S 作为主导。相较于未作用吸附剂的黄铜矿，Na_2S 对于费米能级附近和价带上的电子有一定程度上的影响。

5.1.4.3 NaHS 在黄铜矿表面的吸附过程

对 NaHS 在黄铜矿 M(001)表面不同位点的吸附能计算结果表明，NaHS 中 S 原子在与黄铜矿表面的 Cu 作用时能量最低。抑制剂在黄铜矿表面吸附后的态密度如图 5-6 所示。

HS^-与 S^{2-}在黄铜矿表面的吸附有相似之处，比如能带的分布情况，费米能级左边，铜原子的电子轨道占大多数，而在费米能级右边，铁原子轨道占大多数。不同的是带宽稍有加强，根据能带理论，当原子轨道间的作用越是加强，在周期条件下产生的能带变化就越强烈，比如随着不同原子轨道之间作用加强，能带会向外延伸或者形成新的能带。经过 HS^-的吸附后，相较于 S^{2-}，能带向两边进行了延伸，其跨度超过 S^{2-}（-25～4eV），说明 HS^-与黄铜矿表面的作用更强烈，S^{2-}在一定条件下会先形成 HS^-，再与黄铜矿反应。

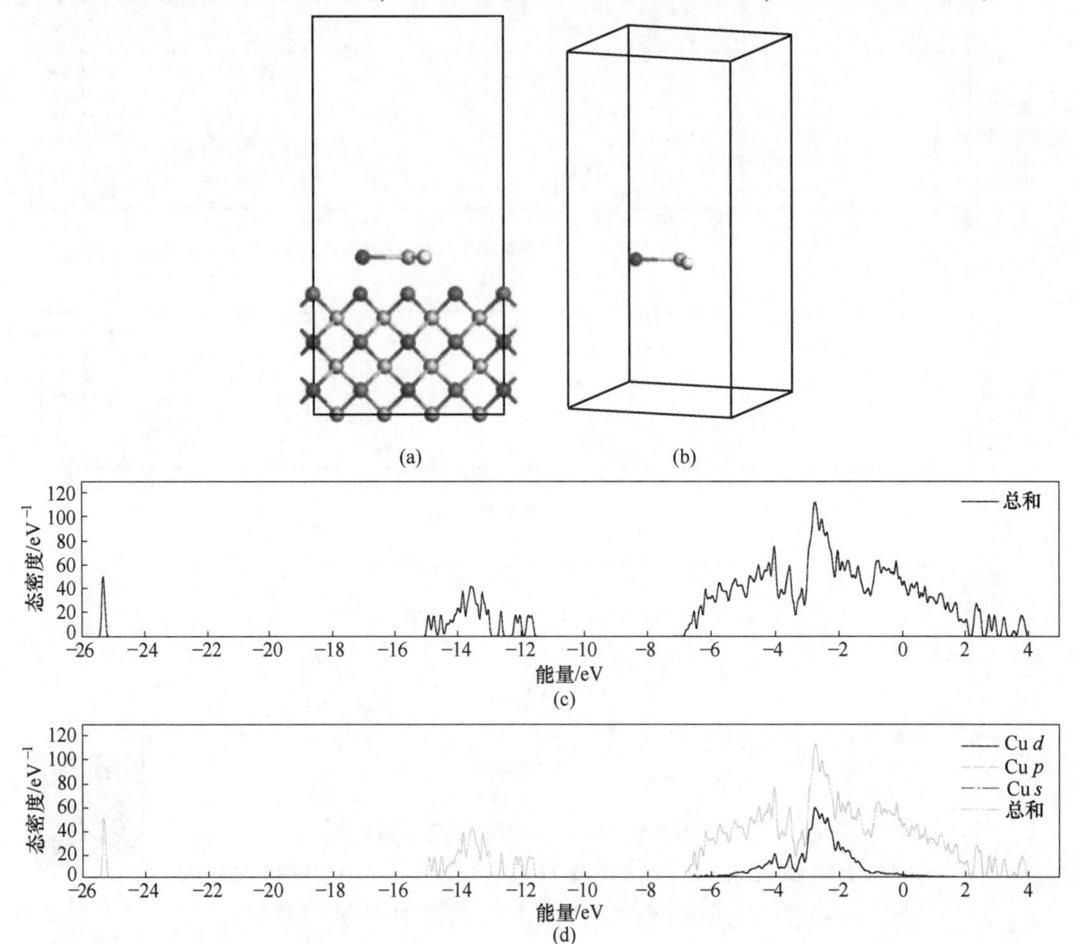

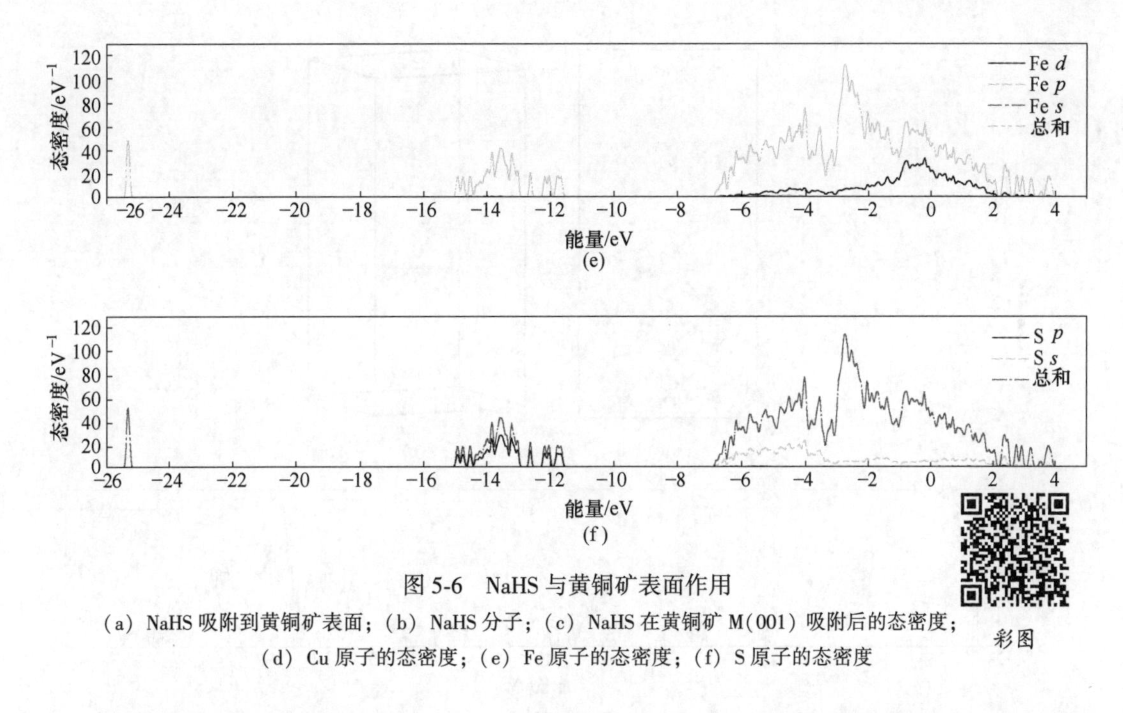

图 5-6 NaHS 与黄铜矿表面作用

（a）NaHS 吸附到黄铜矿表面；（b）NaHS 分子；（c）NaHS 在黄铜矿 M(001) 吸附后的态密度；（d）Cu 原子的态密度；（e）Fe 原子的态密度；（f）S 原子的态密度

NaHS 在黄铜矿表面作用对比 Na_2S 可以发现，Cu 3d 轨道在价带区域的态密度尖峰减弱，说明在此区域内 Cu 3d 轨道减少，在 H 1s 轨道电子的作用下 S 原子最外层 p 电子向黄铜矿表面 Cu 原子移动。

S 原子与黄铜矿表面的 Cu、Fe 原子发生作用后，Cu、Fe 原子原费米能级以上部分 p、s 电子能级分布趋向于均匀化，说明 S 原子最外层电子 p 电子向黄铜矿表面迁移。

NaHS 吸附在黄铜矿表面以后，Cu 原子新生成的 s 和 d 峰的能级比 Na_2S 吸附后形成的强，证实了结合能大于 Na_2S 的观点。

5.1.4.4 巯基乙酸在黄铜矿表面的吸附过程

对巯基乙酸在黄铜矿 M(001)表面不同位点的吸附能进行的计算结果表明，巯基乙酸的两个 C 原子与黄铜矿表面的 Cu 作用时结合能最低，巯基乙酸分子和巯基乙酸与黄铜矿表面作用情况和抑制剂在黄铜矿表面吸附后的态密度如图 5-7 所示。

巯基乙酸吸附黄铜矿表面与 NaHS 有相似之处，大部分电子轨道集中在-7～3.5eV 之间，其次是-15～-12eV 之间，费米能级左边，铜原子的电子轨道占大多数，而在费米能级右边，铁原子轨道占大多数。但是经过巯基乙酸吸附的黄铜矿表面能带分布变得更复杂，其能带分布数量增多，这说明巯基乙酸与黄铜矿表面作用方式更复杂，并且与 NaHS 吸附相比，经过巯基乙酸的吸附，能带向更低能级移动，这意味着巯基乙酸与黄铜矿表面的吸附该过程更加稳定。图 5-7 中的数据显示，吸附巯基后态密度发生显著变化，巯基中的硫元素与铜元素在-2～0eV 之间产生共振峰，能量相近，原子之间距离在成键范围之内，因此巯基中的硫元素可以与铜元素发生物理化学作用进而吸附于黄铜矿表面。从总的态密度上看，在-10～-8eV 之间出现 3 道新峰，这是由 Cu d 轨道分裂形成，再一次证明巯基与表面的作用。

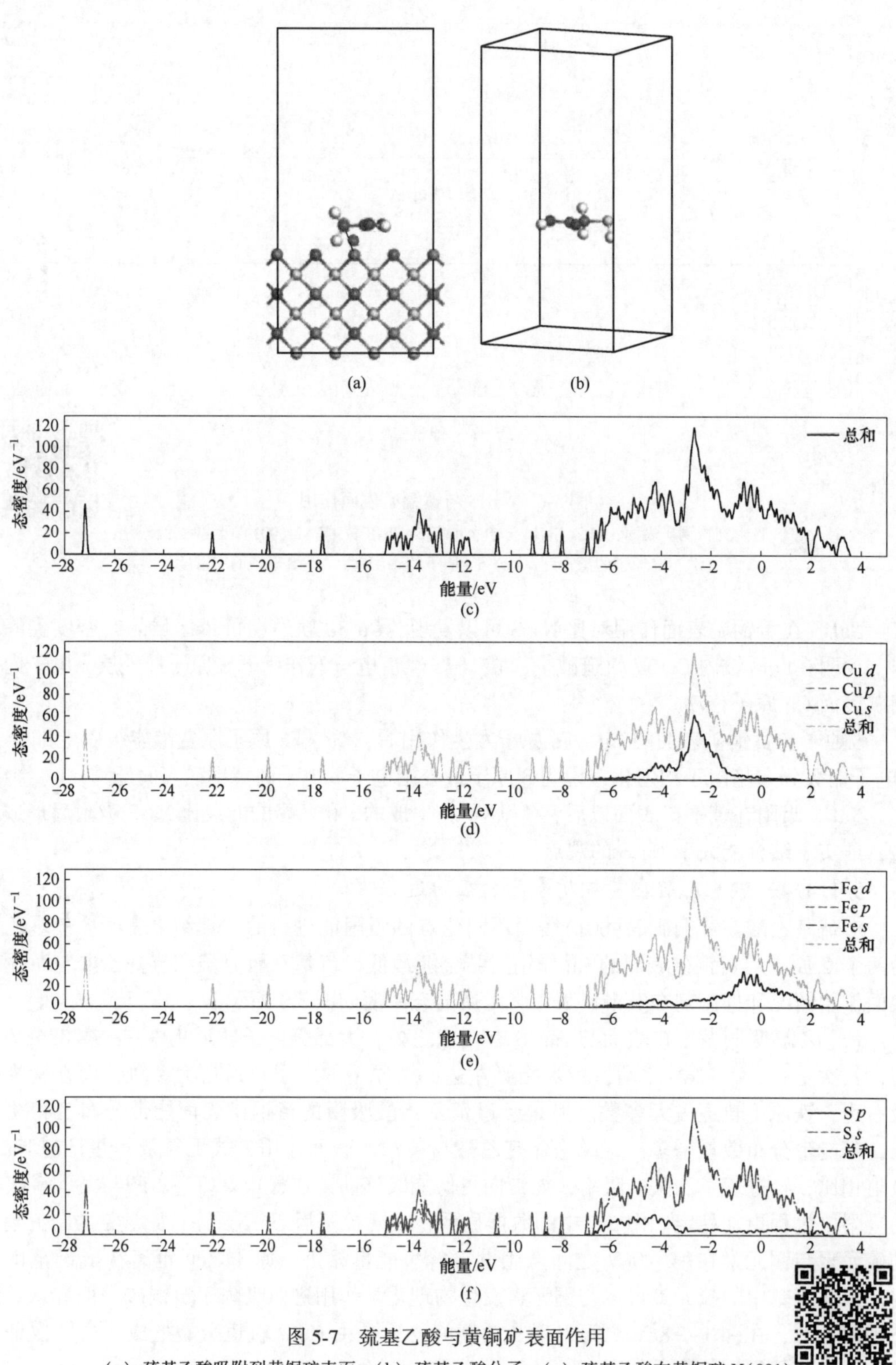

图 5-7 巯基乙酸与黄铜矿表面作用

(a) 巯基乙酸吸附到黄铜矿表面；(b) 巯基乙酸分子；(c) 巯基乙酸在黄铜矿 M(001) 吸附后的态密度；(d) Cu 原子的态密度；(e) Fe 原子的态密度；(f) S 原子的态密度

彩图

从硫元素的分态密度上观察，当巯基吸附于黄铜矿表面时，S 2p 轨道在-5～0eV 有极大地下降，能带变宽，说明硫元素的价电子在吸附过程中产生了较大的运动。并且硫元素的成键轨道向低能态运动，这意味着部分巯基中的硫元素在吸附过程中与表面形成了新的化学键进而产生了新的能带。

从铜元素的分态密度上可以看出，虽然费米能级附近的态密度变化不大，但是铜原子的成键轨道向下移了将近 2eV，能带变宽，并且在-7～-5eV 出现了新的态密度，这说明铜原子电子也参与了成键，并且这个过程也是自发的。同样的情况也发生在铁元素上，铁的态密度在-20～-15eV 出现了新的态密度，这同样是由部分 d 轨道分裂而成，费米能级附近态密度不变，能带变宽，与铁原子间形成的化学键作用加强，或者与铁原子之间形成新的化学键，这表明巯基中的硫元素完全可以与黄铜矿表面金属离子发生化学变化进而吸附于黄铜矿表面。

5.1.4.5 巯基乙酸钠在黄铜矿表面的吸附过程

对巯基乙酸钠在黄铜矿 M(001)表面不同位点的吸附能进行的计算结果表明，与巯基乙酸相同的两个 C 原子与黄铜矿表面的 Cu 作用时能量最低，巯基乙酸钠晶胞和巯基乙酸钠与黄铜矿表面作用情况和抑制剂在黄铜矿表面吸附后的态密度如图 5-8 所示。

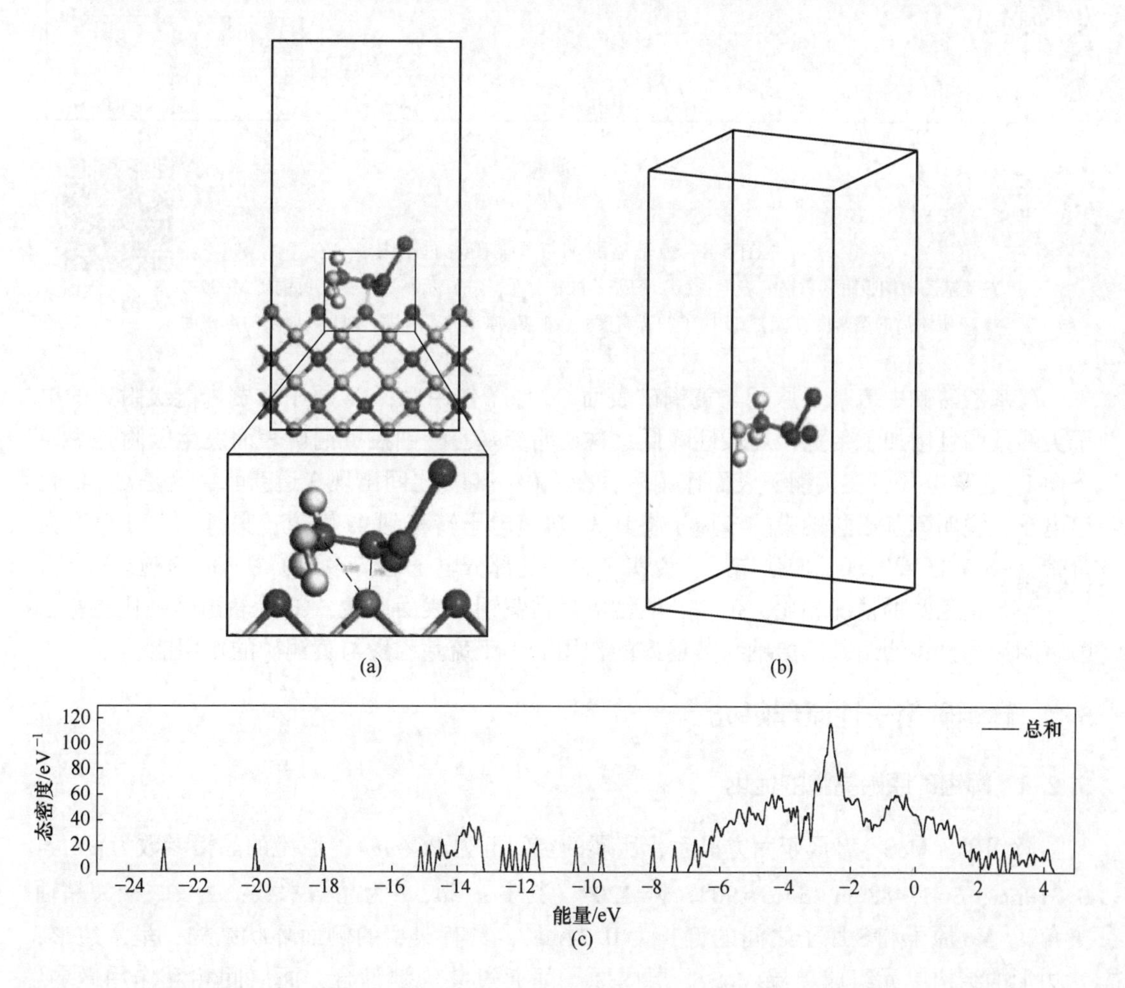

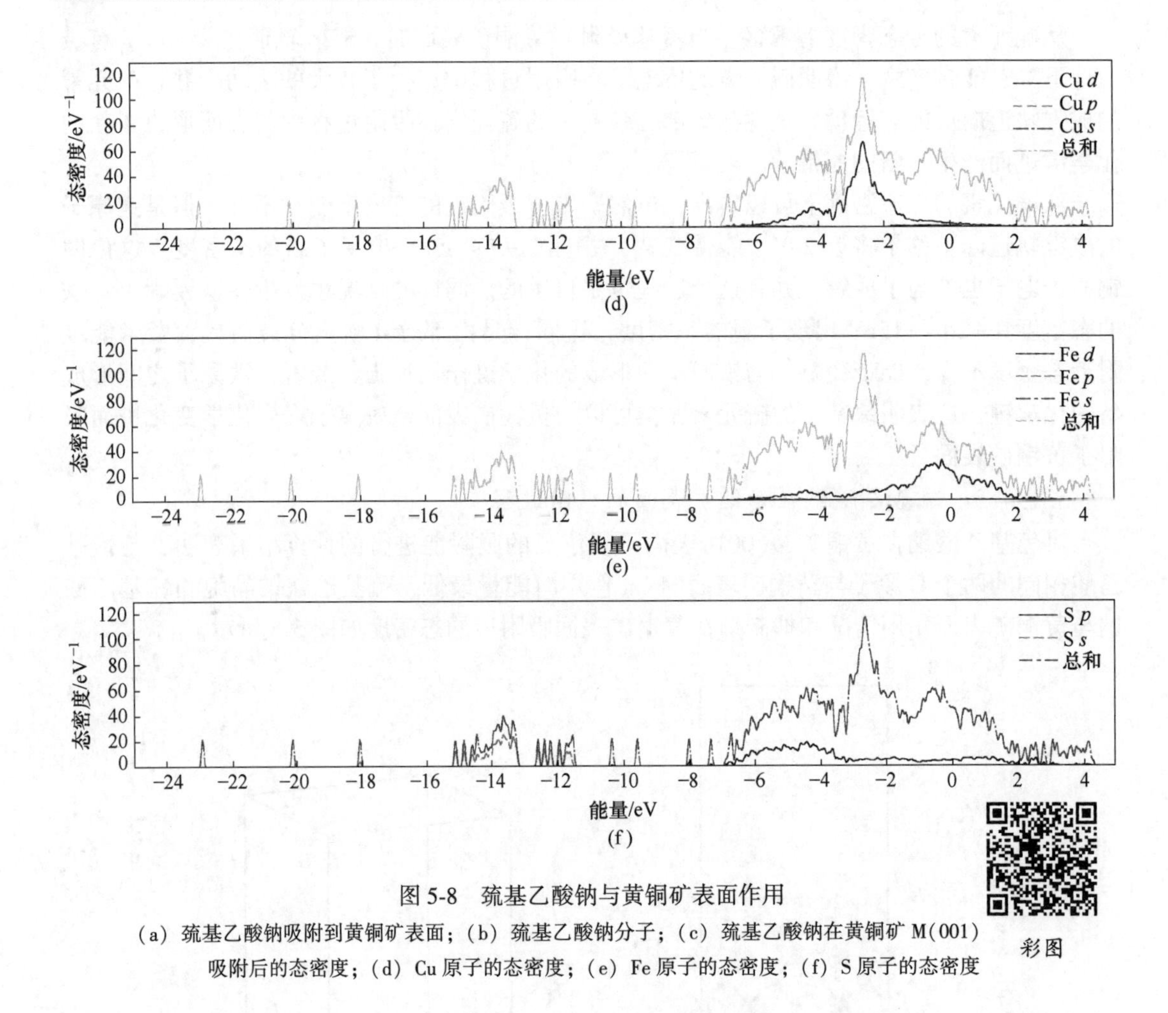

图 5-8　巯基乙酸钠与黄铜矿表面作用

(a) 巯基乙酸钠吸附到黄铜矿表面；(b) 巯基乙酸钠分子；(c) 巯基乙酸钠在黄铜矿 M(001) 吸附后的态密度；(d) Cu 原子的态密度；(e) Fe 原子的态密度；(f) S 原子的态密度

彩图

巯基乙酸钠中巯基 S 原子与黄铜矿表面 Cu 原子作用后，Fe 原子在费米能级附近的电子尖峰减弱且增加了带宽，局域性降低；这说明巯基乙酸钠在黄铜矿表面发生吸附是 S 原子向 Fe 转移电子；在黄铜矿表面作用后，在-10～-8eV 之间出现 3 道新峰，这是 Cu 4s 轨道电子，说明巯基乙酸钠中的 S 原子将其 3p 轨道电子转移到 4s 轨道；另外 Cu 3d 轨道在价带上-5eV 区域出现了增强作用，说明 S 原子的部分电子也转移到了 Cu 3d 轨道。

与巯基乙酸的情况相比，巯基乙酸钠吸附在黄铜矿表面以后，Cu d 轨道峰强比巯基乙酸吸附后弱，说明巯基乙酸钠与黄铜矿的作用能小于巯基乙酸与黄铜矿的作用能。

5.2　辉钼矿第一性原理研究

5.2.1　辉钼矿原始晶胞的优化

辉钼矿（MoS_2），属于六方晶系，所属的空间群为 $P6/mmc$，原胞的晶格参数为 $a=b=0.319$nm，$c=1.488$nm，$\alpha=\beta=90°$，$\gamma=120°$（其中 a、b、c 为晶格常数；α、β、γ 为晶轴夹角）。Mo 原子和 S 原子之间的键长为 0.24nm，具有典型的侧面环状结构，呈六边形，六边形的结构单元组成单层 MoS_2。层内原子间通过共价键键合，而层间相互作用微弱，通过范德华力相互作用。辉钼矿的原始晶胞结构如图 5-9（a）所示。单层 MoS_2 的结构为“三明治”状，厚度为 0.065nm，共有 3 层原子层，分别为 S 原子层、Mo 原子层和 S 原子层。

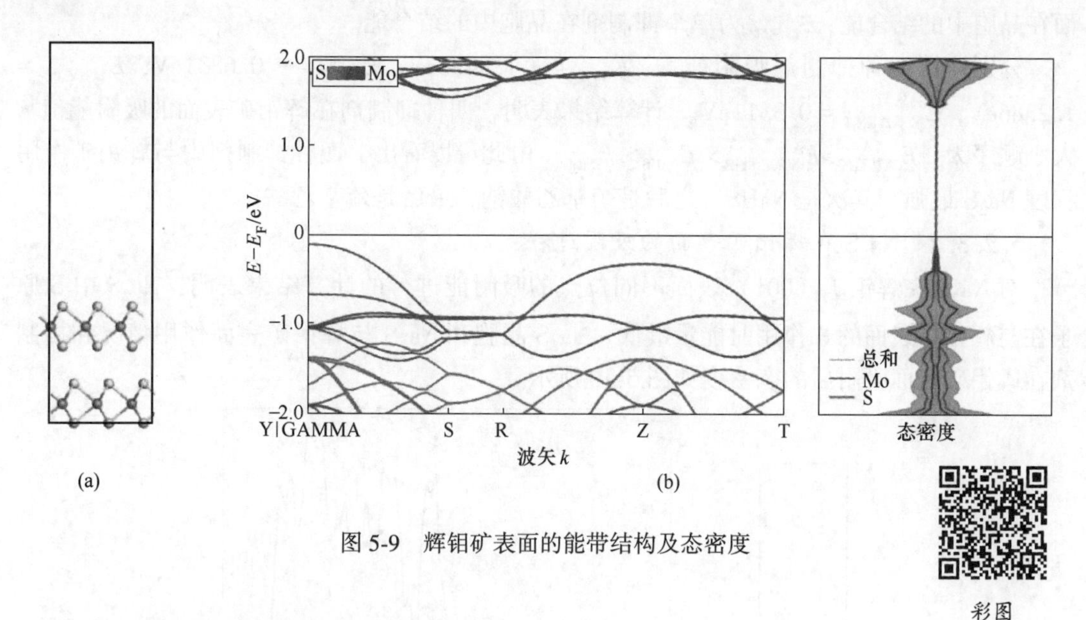

图 5-9 辉钼矿表面的能带结构及态密度

彩图

5.2.2 辉钼矿的能带结构和态密度分析

取费米能级为能量零点，对优化后的辉钼矿原始晶胞进行了能带结构和态密度计算，结果如图 5-9（b）所示。态密度是能带结构的可视化结果，与能带结构一一对应；但态密度图比能带结构图更加直观，因此态密度图比能带结构应用更加广泛。在态密度图可以很直观地观察到费米能级附近电子的密度组成，由于费米能级附近的电子活性最强，因此通过态密度图可知道物质各原子的反应活性。

由图 5-9（b）可以看出，单层 MoS_2 的禁带宽度为 1.65eV，导带底在 S 点，价带顶 GAMMA 点，是间接带隙半导体。同时从态密度图中发现，导带底主要由 Mo d 轨道贡献的，S p 轨道也有少量贡献，价带顶大部分贡献来源于 Mo d 轨道贡献，且态密度图中的带隙与能带图中的带隙有很高的一致性。

5.2.3 四种抑制剂在辉钼矿表面的吸附

5.2.3.1 吸附能的计算

为了更好地分析，选择原始 MoS_2（001）体系为对照组分别探究 Na_2S、NaHS、巯基乙酸和巯基乙酸钠四种抑制剂在辉钼矿表面吸附后的能量，结果见表 5-2。

表 5-2 四种抑制剂在辉钼矿表面吸附前后能量 (eV)

抑制剂	$E_{辉钼矿+抑制剂}$	$E_{辉钼矿}$	$E_{抑制剂}$
Na_2S	−498.03425	−489.72564	−6.4649452
NaHS	−498.98204	−489.25436	−9.0446249
巯基乙酸	−536.78202	−489.34672	−48.673905
巯基乙酸钠	−535.09849	−489.23462	−46.194911

基于表 5-2 中吸附前后的能量，再计算吸附能：

$$E = E_{辉钼矿+抑制剂} - E_{辉钼矿} - E_{抑制剂}$$

式中，$E_{辉钼矿+抑制剂}$ 为抑制剂结合在辉钼矿 M(001) 表面时的总能；$E_{辉钼矿}$ 为辉钼矿 M(001)表面在晶胞中的结合能；$E_{抑制剂}$ 为单个抑制剂在晶胞中的结合能。

分别计算四种抑制剂吸附能为：E_{Na_2S} =- 1.8436eV，E_{NaHS} =- 0.6831eV，$E_{巯基乙酸}$ = 1.2386eV，$E_{巯基乙酸钠}$ = 0.3311eV。计算结果表明，四种抑制剂在辉钼矿表面的吸附能值 E 大小顺序为：$E_{巯基乙酸} > E_{巯基乙酸钠} > E_{NaHS} > E_{Na_2S}$。由此可以看出，四种抑制剂中与辉钼矿作用程度 Na_2S 最强，其次是 NaHS，之后是巯基乙酸钠，最后是巯基乙酸。

5.2.3.2　Na_2S 在辉钼矿表面的吸附过程

对 Na_2S 在辉钼矿（001）表面不同位点的吸附能进行的计算结果表明，Na_2S 中 S 原子在与辉钼矿表面的 S 作用时能量最低。Na_2S 晶胞和 Na_2S 与辉钼矿表面作用情况和抑制剂在辉钼矿表面吸附后的态密度如图 5-10 所示。

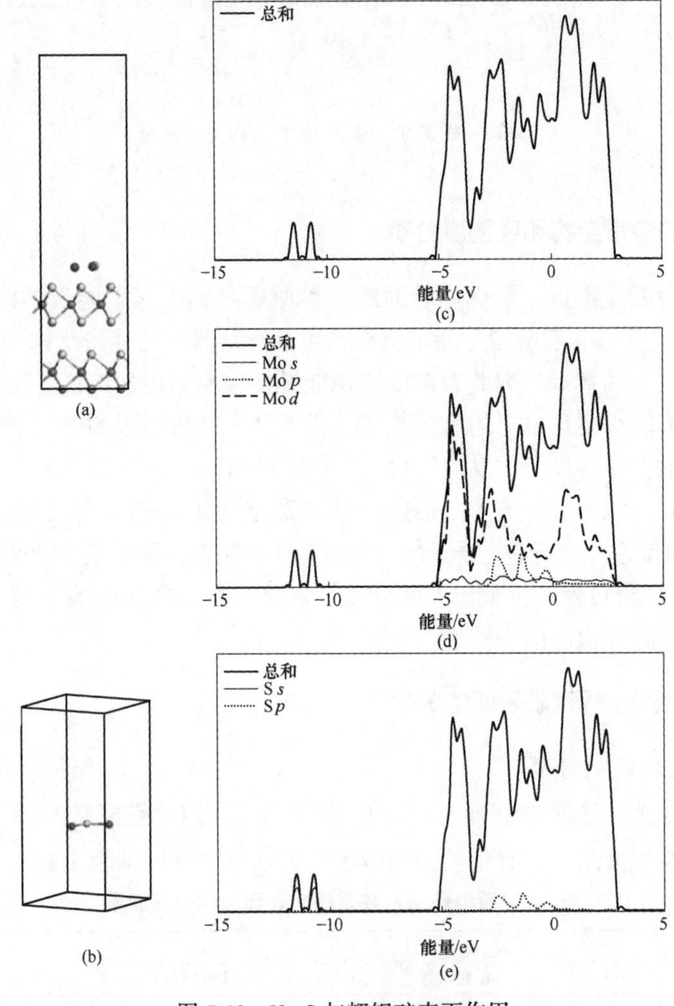

图 5-10　Na_2S 与辉钼矿表面作用

（a）Na_2S 吸附到辉钼矿表面；（b）Na_2S 分子；（c）Na_2S 在辉钼矿 M(001) 吸附后的态密度；（d）Cu 原子的态密度；（e）S 原子的态密度

Na_2S 在辉钼矿表面作用后 Mo 3d 轨道起主要作用，在-2.5eV 和 1.5eV 处有较强的峰值，但峰尖太强说明其有较强的局域性。同时 S 2p 轨道电子主要分布在费米能级附近为电化学性能作出了贡献，电子在-2~0eV 之间平均分布，说明辉钼矿的电化学性能由 Mo 原子作为主导。相较于未作用吸附剂的辉钼矿，NaS_2 对于费米能级附近和价带上的电子有一定程度上的影响。

5.2.3.3 NaHS 在辉钼矿表面的吸附过程

对 NaHS 在辉钼矿（001）表面不同位点的吸附能进行的计算结果表明，NaHS 中 S 原子在与辉钼矿表面的 S 原子间隙作用时能量最低，在 S 原子正上方作用其次。NaHS 晶胞和 NaHS 与辉钼矿表面作用情况和抑制剂在辉钼矿表面吸附后的态密度如图 5-11 所示。

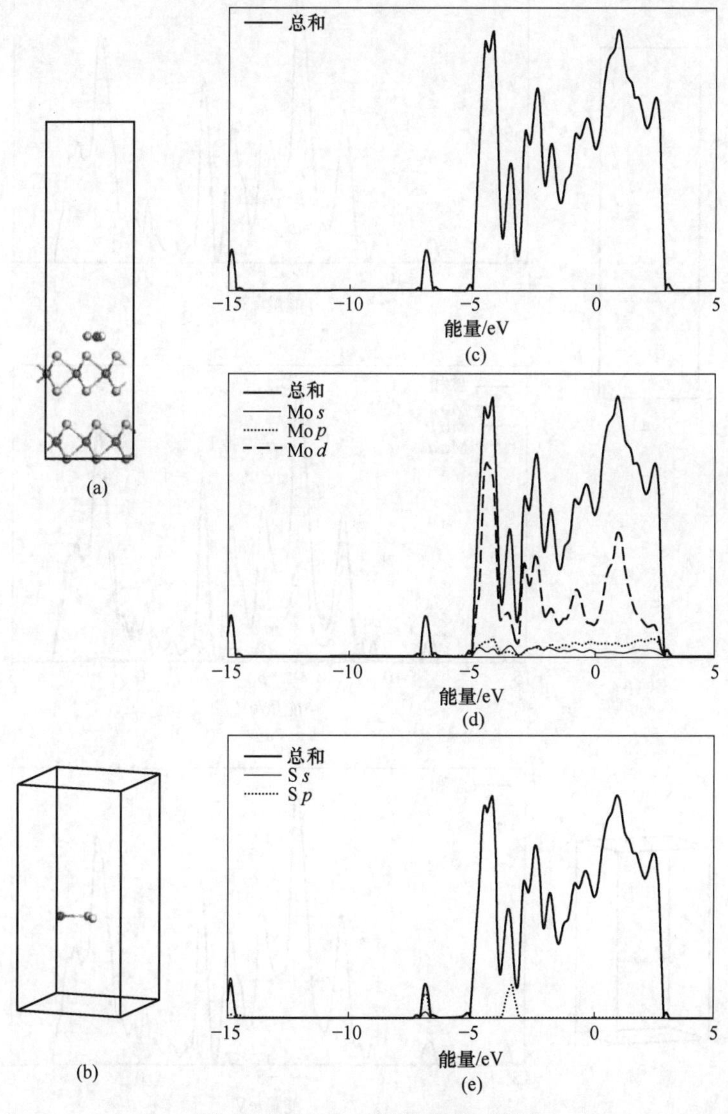

图 5-11 NaHS 与辉钼矿表面作用

（a）NaHS 吸附到辉钼矿表面；（b）NaHS 分子；（c）NaHS 在辉钼矿（001）吸附后的态密度；（d）Mo 原子的态密度；（e）S 原子的态密度

从图 5-11 中可以看出，NaHS 分子中 H 原子与辉钼矿表面的 S 原子发生作用后，S 原子原费米能级以上部分 p、s 电子能级均消失，并且在−3～−2eV 和−8～−6eV 附近出现 p 电子的态密度尖峰，局域性增强。这说明 H 原子外层电子向辉钼矿表面迁移；辉钼矿表面 Mo 原子的态密度主要由其 4d 电子贡献，且在 NaHS 吸附先后变化不大。

5.2.3.4 巯基乙酸在辉钼矿表面的吸附过程

对巯基乙酸在辉钼矿（001）表面不同位点的吸附能进行的计算结果表明，巯基乙酸的两个 C 原子与辉钼矿表面的 S 间隙作用时能量最低，巯基乙酸晶胞和巯基乙酸与辉钼矿表面作用情况和抑制剂在辉钼矿表面吸附后的态密度如图 5-12 所示。

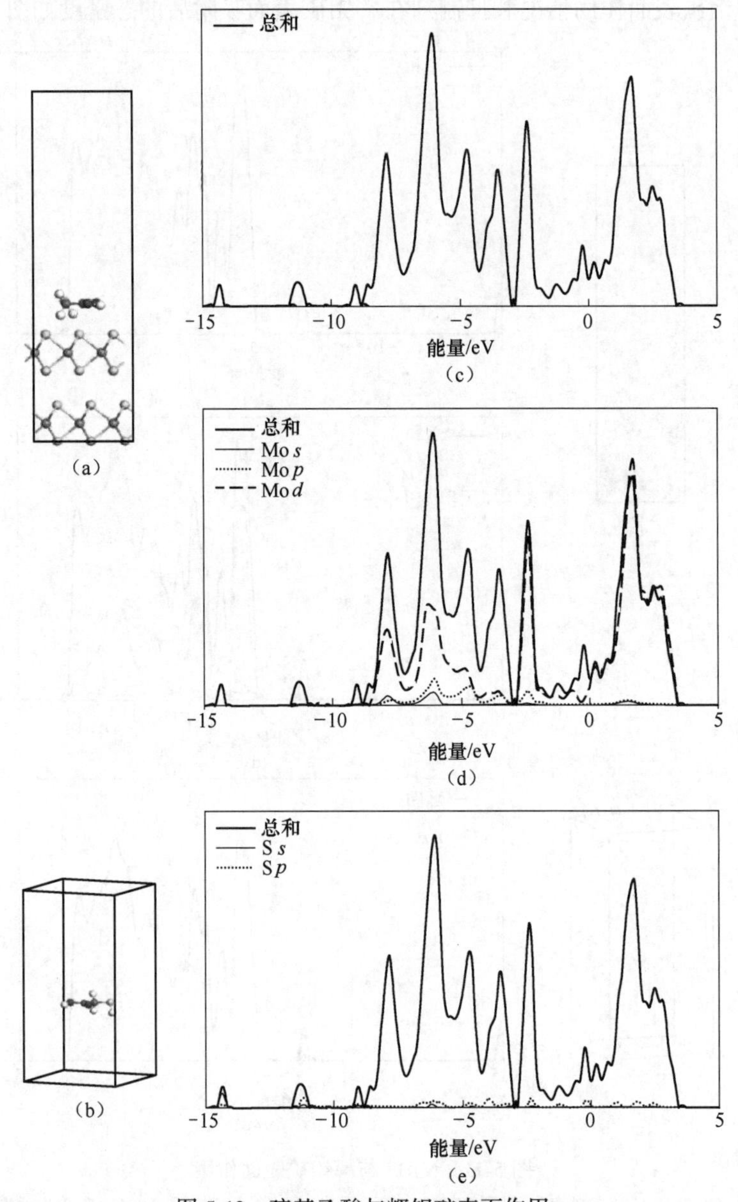

图 5-12 巯基乙酸与辉钼矿表面作用

（a）巯基乙酸晶胞吸附到辉钼矿表面；（b）巯基乙酸分子；（c）巯基乙酸在辉钼矿（001）吸附后的态密度；（d）Mo 原子的态密度；（e）S 原子的态密度

图 5-12 中的数据显示，巯基乙酸与辉钼矿表面的 S 原子发生作用后，S *s* 轨道电子的态密度尖峰消失，峰形平均化，局域性减弱，说明 S 原子最外层 *p* 轨道电子向辉钼矿表面迁移；辉钼矿表面 Mo 原子的态密度主要由其 *d* 轨道电子贡献。

巯基乙酸在辉钼矿表面作用后，在-10~-5eV 之间出现新峰，在-10~-5eV 之间的价带几乎全部由 Mo 4*d* 轨道组成，Mo *p* 轨道和 S *p* 轨道只贡献了一小部分；另外 S *p* 轨道在价带上-15~-10eV 区域出现了增强作用，说明巯基乙酸中 S 原子的部分电子转移到了辉钼矿表面的 S *p* 轨道，增强了 S 原子价带功能。同时费米能级附近的 *p* 轨道电子局域性增强。

5.2.3.5 巯基乙酸钠在辉钼矿表面的吸附过程

对巯基乙酸钠在辉钼矿（001）表面不同位点的吸附能进行的计算结果表明，与巯基乙酸相同的两个 C 原子与辉钼矿表面 S 原子间隙作用时能量最低，巯基乙酸钠晶胞、巯基乙酸钠与辉钼矿表面作用情况和抑制剂在辉钼矿表面吸附后的态密度如图 5-13 所示。

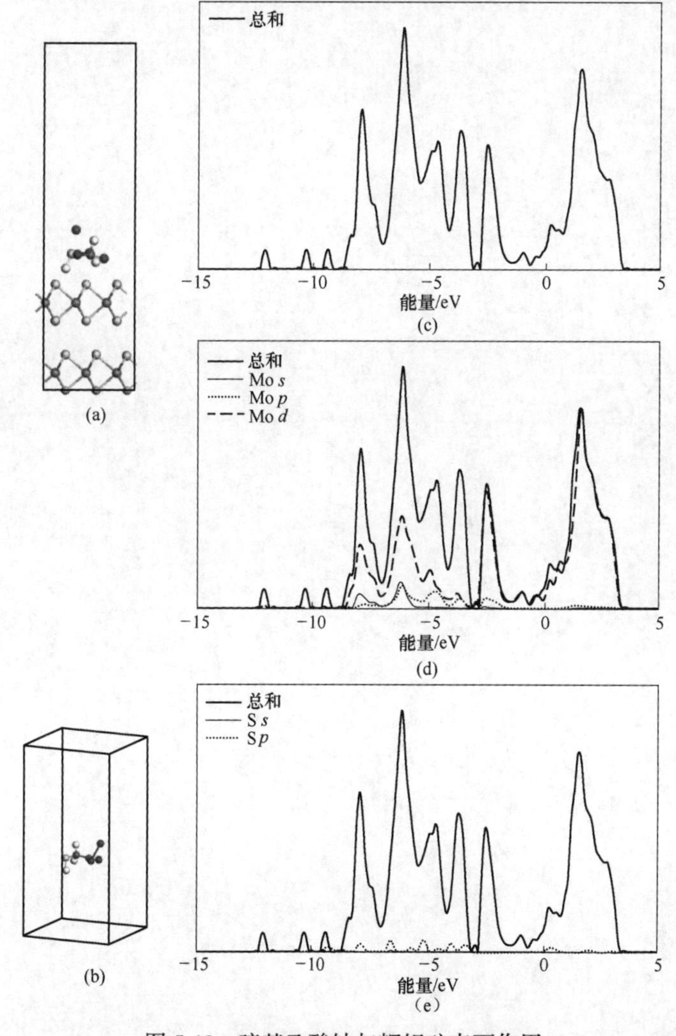

图 5-13 巯基乙酸钠与辉钼矿表面作用

（a）巯基乙酸钠吸附到辉钼矿表面；（b）巯基乙酸钠分子；（c）巯基乙酸钠在辉钼矿（001）吸附后的态密度；（d）Mo 原子的态密度；（e）S 原子的态密度

巯基乙酸钠中巯基S原子与辉钼矿表面S原子作用后，Mo原子在0~5eV的态密度尖峰增强且增加了带宽，局域性增高；这说明巯基乙酸钠在辉钼矿表面发生吸附，Mo原子向S转移电子；在辉钼矿表面作用后，在-10eV之间出现2道新峰，这是S 3*p*轨道电子，说明巯基乙酸钠中的S原子将其3*p*轨道电子转移到辉钼矿表面S 3*p*轨道；同时S原子在-10~-2.5eV之间的峰形平均化，区域性减弱，在费米能级附近的价带消失。

与巯基乙酸的情况相比，巯基乙酸钠吸附在辉钼矿表面以后，S *p*轨道峰强比巯基乙酸吸附后弱，说明巯基乙酸钠与辉钼矿的作用能小于巯基乙酸与辉钼矿的作用能。

6 黄铜矿电化学氧化机理研究

6.1 引言

无捕收剂体系中硫化矿能实现自诱导浮选，这是由于硫化矿物表面负二价的硫不稳定，易氧化，在矿物表面形成具有一定疏水性的硫相。而对疏水硫相的组成仍然存在争论：有学者认为中性硫 S^0 是硫化矿无捕收剂浮选的疏水相；有学者则支持金属多硫化物是无捕收剂浮选的疏水相的观点；而另一种观点则支持缺金属硫化物是无捕收剂浮选的疏水相。黄铜矿是非常重要的含铜硫化矿物，对于它在无捕收剂浮选体系中表面氧化机理的研究很多，目前较为统一的认识是铁原子在黄铜矿在氧化过程中优先离开晶格。但对于铁原子离开晶格后在矿物表面所留下的具有疏水性物质的种类（缺铁的黄铜矿晶格、多硫化物及中性硫 S^0）仍然没有统一的认识。

捕收剂体系中硫化矿的浮选实际上是硫化矿、捕收剂和氧三者之间的相互电化学作用，并在矿物表面形成疏水相的过程。针对黄铜矿在捕收剂体系中的浮选电化学研究较多。一般认为，黄铜矿表面生成的疏水相是捕收剂二聚物分子。然而目前关于黄铜矿在氧化过程中固-液界面信息及形成表面氧化相阻抗特征的研究非常少，而这方面的研究能够更深入地了解黄铜矿表面的氧化过程及形成表面氧化相的性质。这将有利于确定黄铜矿表面疏水性氧化相稳定存在的电位范围，进而指导电位调控浮选。

本章开展了两方面的研究。一是采用循环伏安（CV）法研究无捕收剂体系中黄铜矿表面的氧化过程，并且采用 X 射线光电子能谱（XPS）研究在不同电位氧化后黄铜矿表面氧化相（疏水相和亲水相）的构成，确定电位对黄铜矿表面疏水性氧化相的影响及该疏水氧化相稳定存在的电位范围。二是采用傅里叶变换红外光谱（FTRI）研究了捕收剂体系中黄铜矿表面氧化形成的主要疏水物质的种类，同时采用扫描电子显微镜（SEM）和交流阻抗（EIS）研究了电位对黄铜矿表面捕收剂疏水相的影响，确定捕收剂疏水相稳定存在的电位范围。

6.2 研究方法

6.2.1 电化学测试

电化学研究采用传统的三电极体系，铂片作为辅助电极，甘汞电极作为参比电极，分别采用黄铜矿和硫砷铜矿作为工作电极。

6.2.1.1 工作电极的制作

采用挑选出的天然黄铜矿和硫砷铜矿矿块制备工作电极。将其切割为 1cm × 1cm × 2cm 的矿块，然后将铜导线固定在工作电极矿块上，把矿块和导线装入直径约为 2cm，长约为 2cm 的 PVC 管内，表面露出 $1cm^2$，用一定比例的环氧树脂和固化剂进行封装，其结构如图 6-1 所示。

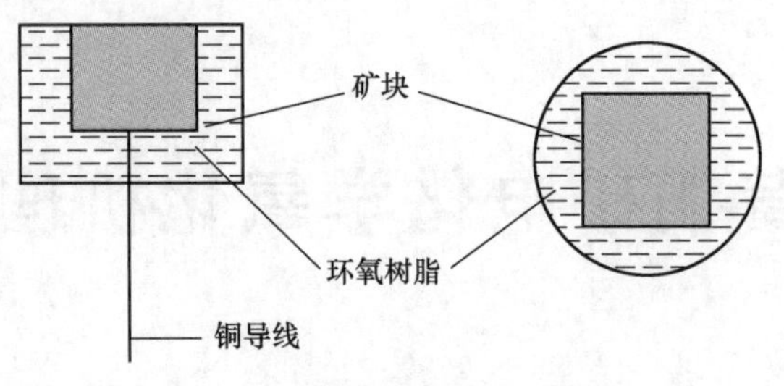

图 6-1　工作电极结构示意图

6.2.1.2　电化学测试

将制作好的黄铜矿和硫砷铜矿矿块电极作为工作电极。工作电极在特定溶液中浸泡一定时间达到平衡后进行测量，每次测量均用砂纸打磨成镜面、水洗，以更新工作面。分别进行循环伏安（CV）、极化曲线和交流阻抗（EIS）测试。本章中所有的电位值都是相对于饱和甘汞电极电位 SCE。

采用恒电位仪 EG&G potentiostat Model 273A 和 5210 锁相放大器所组成的电化学测试系统进行交流阻抗测试。扫描频率范围为 100kHz~10mHz，扰动信号为 5×10^{-3} V。阻抗数据采用 Zimpwin 3.20 软件拟合。

采用恒电位仪 EG&G potentiostat Model 273A 进行循环伏安测试。扫描起始电位开路电位（OCP），扫描速度 0.05V/s，扫描电位范围-0.95~0.66V（vs. SCE）。所有的电化学测试开始前延时 600s 使得到稳定的测试系统。

6.2.2　傅里叶变换红外光谱测试

6.2.2.1　与浮选药剂作用黄铜矿粉末的制备

配制不同 pH 值 0.1mol/L 的乙基黄药溶液 200mL，加入 2g 黄铜矿的矿样，振荡使其充分作用，将溶液过滤，用相应的 pH 值缓冲溶液冲洗 5 次，过滤，阴干。

6.2.2.2　制样过程

将与乙基黄药作用后的黄铜矿粉末在玛瑙研钵中磨细，加入 KBr 粉料，继续研磨并混合均匀，直至黄铜矿粉末的细度小于 2μm。然后将已经磨好的物料加到压片专用的模具上加压，取出压成片状的样品装入样品架待测。

6.2.3　X 射线光电子能谱（XPS）测试

XPS 检测样品分别用 1500 号砂纸和 1μm 的金刚石抛光膏进行打磨抛光，将样品放在超声波中用丙酮和蒸馏水清洗干净后，将样品放入电解液中分别极化到选定的电位值保持恒定 600s，再将样品从电解液中拿出用去氧蒸馏水冲洗 3 遍，风干，抽真空，转入 XPS 真空槽中。

XPS 分析仪器型号为 ESCALAB 250（Thermo VG）。X 射线源为 Al K_α（1486.6eV），电压和功率分别为 15kV 和 150W。样品表面分析区域面积为 2mm × 2mm。书中所有 XPS 峰的结合能值都已校正位相对于标准结合能 C 1*s*（284.6eV）。XPS 数据分析采用 XPSPEAK4.1 软件。峰的鉴别采用相关的 XPS 数据库。

6.2.4　扫描电子显微镜（SEM）检测

6.2.4.1　块状样品

将制备好的块状样品先用1μm的抛光膏精细抛光，然后将样品放入超声波中用丙酮和蒸馏水清洗。随后将样品放入电解液中分别极化到选定的电位值保持恒定600s，再将样品从电解液中拿出用蒸馏水冲洗4遍以确保没有黄药溶液残留在样品表面，风干，抽真空，转入SEM真空槽中。SEM分析仪器型号为SSX-550。X射线源为Al K_{α}（1486.6eV），功率为150W。

6.2.4.2　粉末样品

将制备好的粉末样品黏在铜台的导电胶上，然后进行喷金，放入SEM真空槽中进行检测分析。

6.3　无捕收剂体系黄铜矿的氧化行为

6.3.1　浮选行为

图6-2所示为无捕收剂浮选体系中pH值对黄铜矿浮选回收率的影响。从图中可以看出，黄铜矿在弱酸性（pH=4.67）和中性浮选体系（pH=6.97）溶液中具有一定的可浮性，回收率均为73%。但随着溶液pH值的增加，黄铜矿的回收率急剧下降，当pH值为12.67时，回收率仅有37.52%，这表明黄铜矿在无捕收剂碱性条件下浮选受到一定程度的抑制。

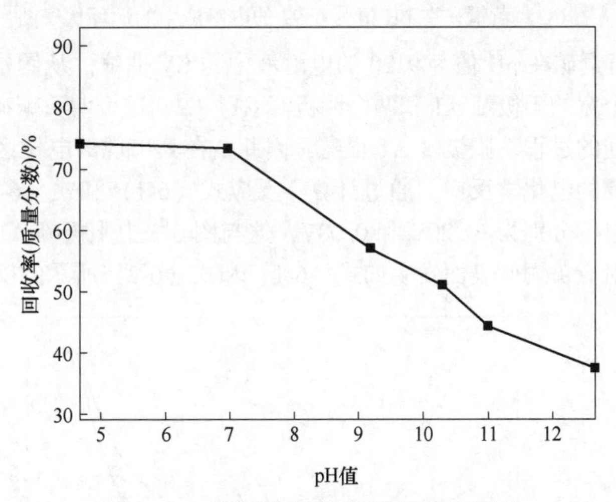

图6-2　pH值对黄铜矿浮选回收率的影响

6.3.2　电化学氧化机理

6.3.2.1　pH值对黄铜矿表面氧化还原反应及产物相的影响

图6-3所示为黄铜矿在pH值为6.97的电解溶液中所测得的CV曲线。从图中可以看出，阳极扫描方向出现A1和A2两个阳极峰，阴极方向出现C1、C2和C3三个阴极峰。

通过比较氧化峰和还原峰的大小及峰位，确定黄铜矿表面所发生的氧化还原过程是不完全可逆过程。阳极峰 A1 发生的起始电位约为-0.07V，此起始电位与反应式（6-1）发生的初始电位基本一致，表明此过程中发生黄铜矿表面晶体结构中的铁和硫从晶格中脱落，并在黄铜矿与电解液界面上发生如反应式（6-1）所示的氧化过程，在矿物表面形成铁的羟基物和硫。阳极峰 A2 发生的起始电位约为 0.22V，此电位与反应式（6-2）发生的初始电位基本一致，表明此过程主要发生黄铜矿表面 CuS 的氧化（见式（6-2）），即铜从黄铜矿晶体结构中脱落形成铜羟基物及元素硫。阴极峰 C1 发生其可逆反应。

$$CuFeS_2(s) + 3H_2O \longrightarrow CuS(s) + Fe(OH)_3(s) + S^0 + 3H^+ + 3e \tag{6-1}$$

$$CuS(s) + 2H_2O \longrightarrow Cu(OH)_2(s) + S^0 + 2H^+ + 2e \tag{6-2}$$

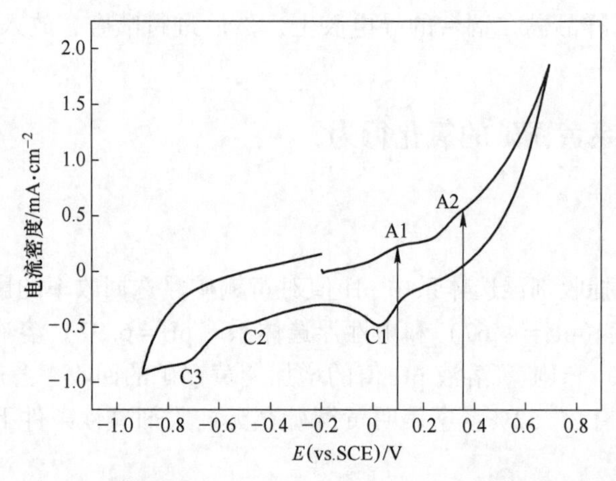

图 6-3　黄铜矿在 pH 值为 6.97 的电解液中的循环伏安图

图 6-4 所示为黄铜矿在 pH 值为 9.20 的电解液中的 CV 曲线。从图中可以看出，在整个扫描过程中出现一个宽的阳极峰 A1 和两个阴极峰 C1、C2，这表明黄铜矿表面发生的氧化还原反应是不完全可逆的过程。阳极峰 A1 很宽，因此，在其出现的电位区间-0.20~0.40V 内可能包含有两个主要的电化学反应。通过计算，反应式（6-1）和式（6-2）在 pH 值为 9.20 的电解液中的起始电位分别为-0.20V 和 0.08V，这与图 6-3 中阳极峰 A1 形成的电位区间相当。因此，阳极峰对应黄铜矿表面发生如式（6-1）和式（6-2）所示的反应过程。

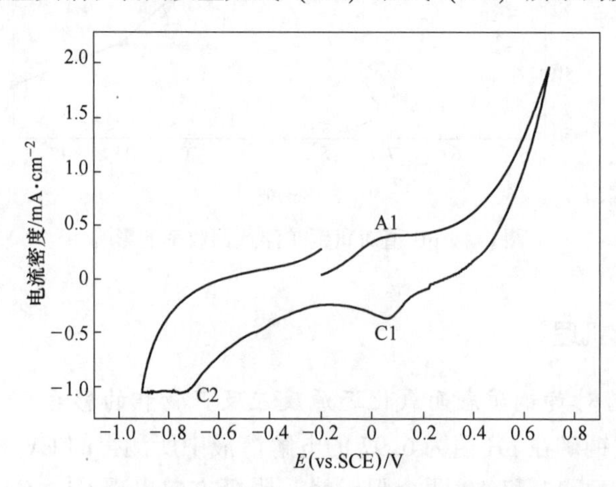

图 6-4　黄铜矿在 pH 值为 9.20 的电解液中的循环伏安图

阴极峰 C1 和 C2 对应于阳极扫描过程中黄铜矿电极表面形成的氧化产物的溶解反应，反应见式（6-3）和式（6-4）：

$$CuO + S^0 + H_2O + 2e \longrightarrow CuS + 2OH^- \tag{6-3}$$

$$2CuO + H_2O + 2e \longrightarrow Cu_2O + 2OH^- \tag{6-4}$$

6.3.2.2 电位对黄铜矿表面氧化产物相构成的影响

CV 的扫描范围为-0.95~0.66V，扫描速度为 0.05V/s，扫描时间为 34s。因此，在整个 CV 测试程中，黄铜矿表面形成的氧化产物的量非常少。为了更进一步确定在无捕收剂浮选体系中性溶液中电位对黄铜矿表面氧化产物相的影响，后续的研究在选定的电位值下对黄铜矿进行极化 600s 的处理。极化处理的目的在于提高黄铜矿表面形成的氧化产物的量。之后，采用 XPS 对黄铜矿表面的氧化产物相进行检测分析。选定的极化电位分别为开路电位 OCP，以及在图 6-3 中阳极扫描方向上出现的两个阳极峰 A1、A2 范围内的电位值 0.10V 和 0.35V。XPS 分析结果如图 6-5~图 6-8 所示。

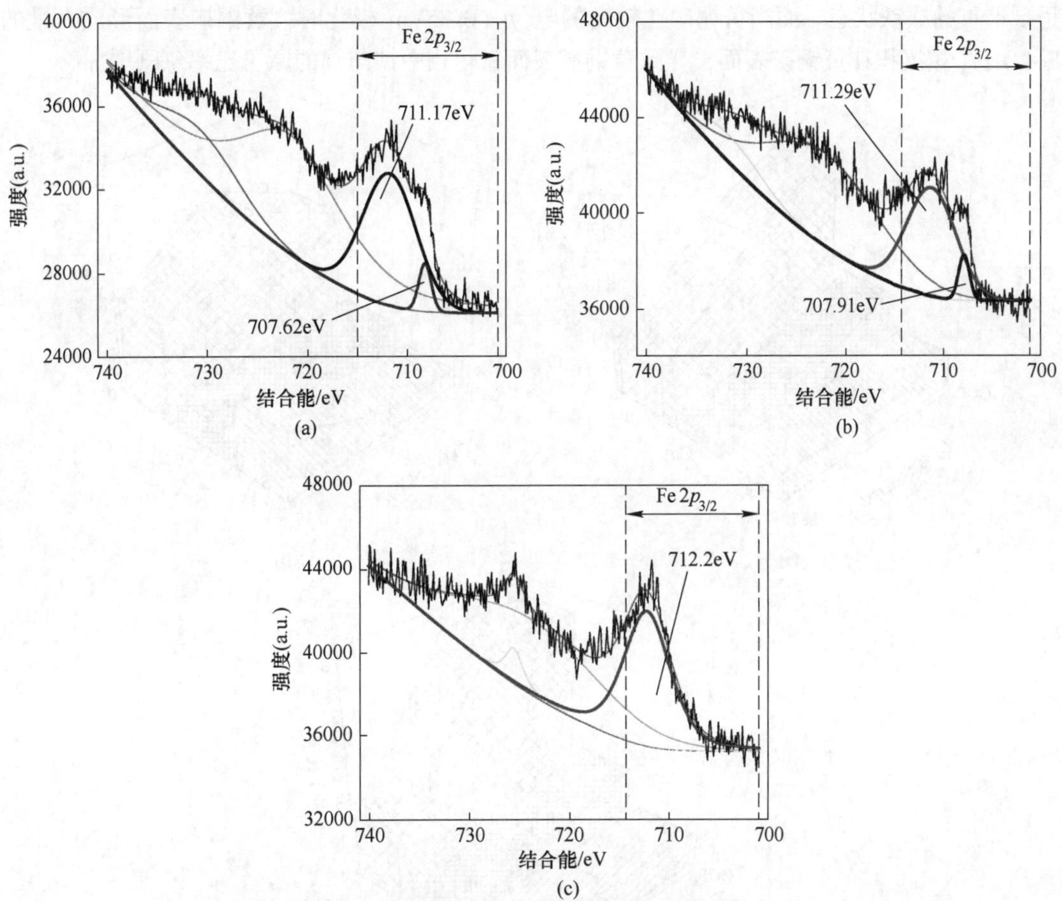

图 6-5 黄铜矿在电解液中不同电位极化后的 Fe 2*p* 谱

(a) OCP；(b) 0.10V；(c) 0.35V

图 6-5 所示为极化处理后黄铜矿表面的 Fe 2*p* 谱，其中，图 6-5（a）和（b）对应在电位 OCP 和 0.10V 极化处理后黄铜矿表面的 Fe 2*p* 谱。从图中可以看出，两个谱图中的 Fe $2p_{3/2}$区域均含有两个峰，在图 6-5（a）中，两个峰的结合能值分别为 707.62eV 和

711.17eV；在图6-5（b）中，两个峰的结合能值分别为707.91eV和711.29eV。与结合能值707.62eV和707.91eV对应的铁是表面形成的缺铁硫化物（$CuFe_{1-x}S_2$）[1]。与结合能值711.17eV和711.29eV对应的铁是表面形成的FeOOH和Fe_2O_3[2-3]。两个图中结合能值为711eV左右的峰的强度明显大于结合能值为707eV左右的峰，这表明当电位为OCP和0.10V时，黄铜矿表面的铁优先离开晶格，在黄铜矿表面形成FeOOH和Fe_2O_3，表面产物相中仅有少量以缺铁硫化物$CuFe_{1-x}S_2$形式存在的铁。图6-5（c）对应黄铜矿在0.35V极化处理后的Fe 2*p*谱图。相对于黄铜矿在OCP和0.10V极化处理后的Fe 2*p*谱，该谱图发生了很大的变化，其中只有结合能值为712.2eV的一个主峰，它是黄铜矿表面氧化相中的$Fe(OH)_3$[4]。

图6-6所示为黄铜矿经过不同电位极化处理后表面氧化相中铁、铜、硫三种原子的摩尔分数及原子比率。从图6-6（b）可以看到，随着极化电位的升高，黄铜矿表面氧化相中铁与铜的原子比从0.49急剧增加到2，这说明黄铜矿在较低的电位（OCP和0.10V）氧化时，黄铜矿表面氧化形成的FeOOH和Fe_2O_3极易从电极表面脱落进入电解液中，导致黄铜矿表面呈现严重的缺铁状态。而当黄铜矿在较高的电位（0.35V）极化时，黄铜矿表面形成大量的$Fe(OH)_3$相沉积在黄铜矿表面，导致黄铜矿表面氧化相中铁与铜的原子比率急剧增加。

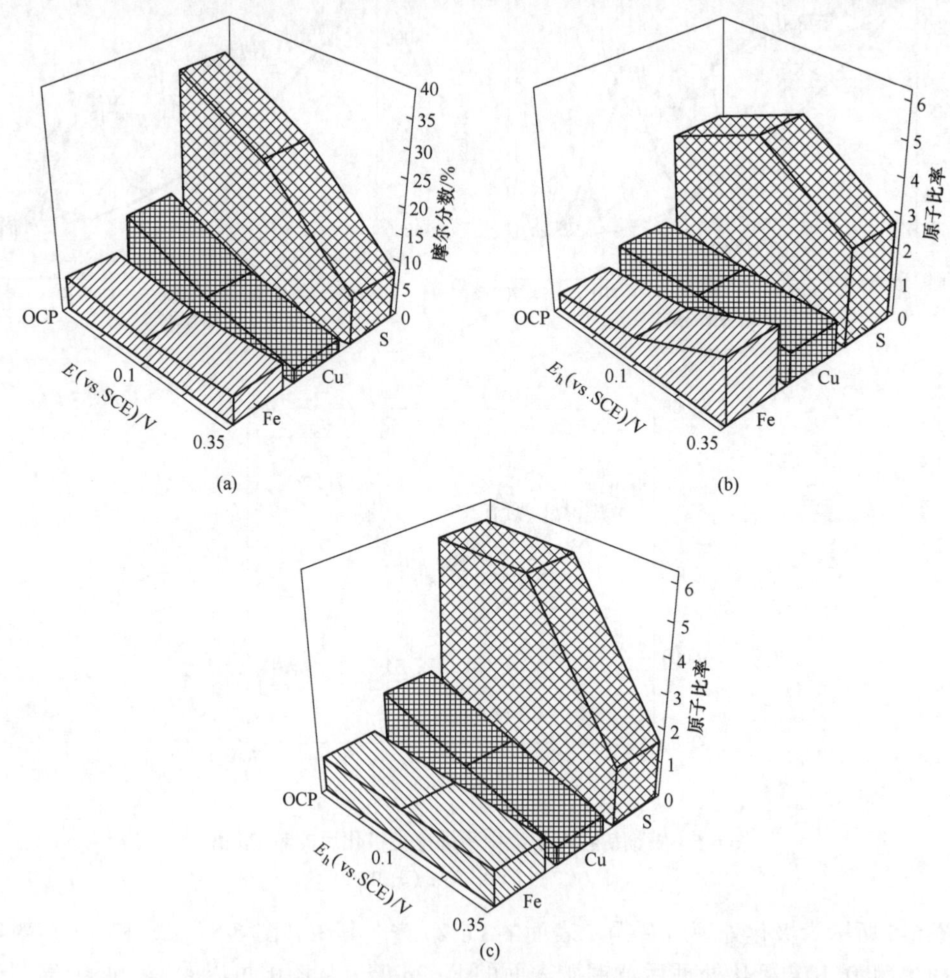

图6-6 黄铜矿在电解液中不同极化电位极化后各个原子的摩尔分数和原子比率

（a）摩尔分数；（b）相对Cu的原子比率$CuFe_xS_y$；（c）相对于Fe的原子比率Cu_xFeS_y

图 6-7 所示为黄铜矿经过极化处理后表面的 S $2p_{3/2}$谱。其中，图 6-7（a）所示为黄铜矿在 OCP 极化后表面的 S $2p_{3/2}$谱，图中包含 3 个峰，结合能值为 160.93eV 和 162.11eV 的两个峰对应黄铜矿表面负二价的硫（S^{2-}）和负一价的硫（S_2^{2-}）[5]，它们在黄铜矿表面相中以亚稳相缺铁硫化物（$CuFe_{1-x}S_2$）和 CuS_2 的形式存在；图中结合能值为 163.65eV 的峰对应表面相中的多硫化物（S_n^{2-}）。图 6-7（b）所示为黄铜矿在电位为 0.10V（vs. SCE）极化后表面的 S $2p_{3/2}$谱。从图中可以看出，谱图中含有 4 个峰，除结合能值为 161.57eV 和 162.74eV 的两个峰外，在结合能值为 164.0eV 和 167.92eV 处还出现了两个新的峰，它们分别代表黄铜矿表面相中的中性硫 S^0 和高价硫相（$S_2O_3^{2-}/SO_4^{2-}$）[3,6]。当极化电位增加到 0.35V（vs. SCE）时，黄铜矿表面的 S $2p_{3/2}$谱发生了很大的变化，如图 6-7（c）所示，结合能值为 161eV 的峰被结合能值为 162.5eV 的峰完全取代，代表黄铜矿表面相中中性硫 S^0 的峰（164.83eV）的强度明显变小，并且出现了代表高价硫相（$S_2O_3^{2-}/SO_4^{2-}$）的峰（168.40eV），峰的强度较极化电位为 0.10V（vs. SCE）时代表高价硫相（$S_2O_3^{2-}/SO_4^{2-}$）的峰的强度大幅度增加，这表明相对较高的氧化电位有利于黄铜矿表面相中高价硫的形成。此外，黄铜矿表面硫的原子比率也能反映电位对表面相中硫相含量的影响，如图 6-6（b）

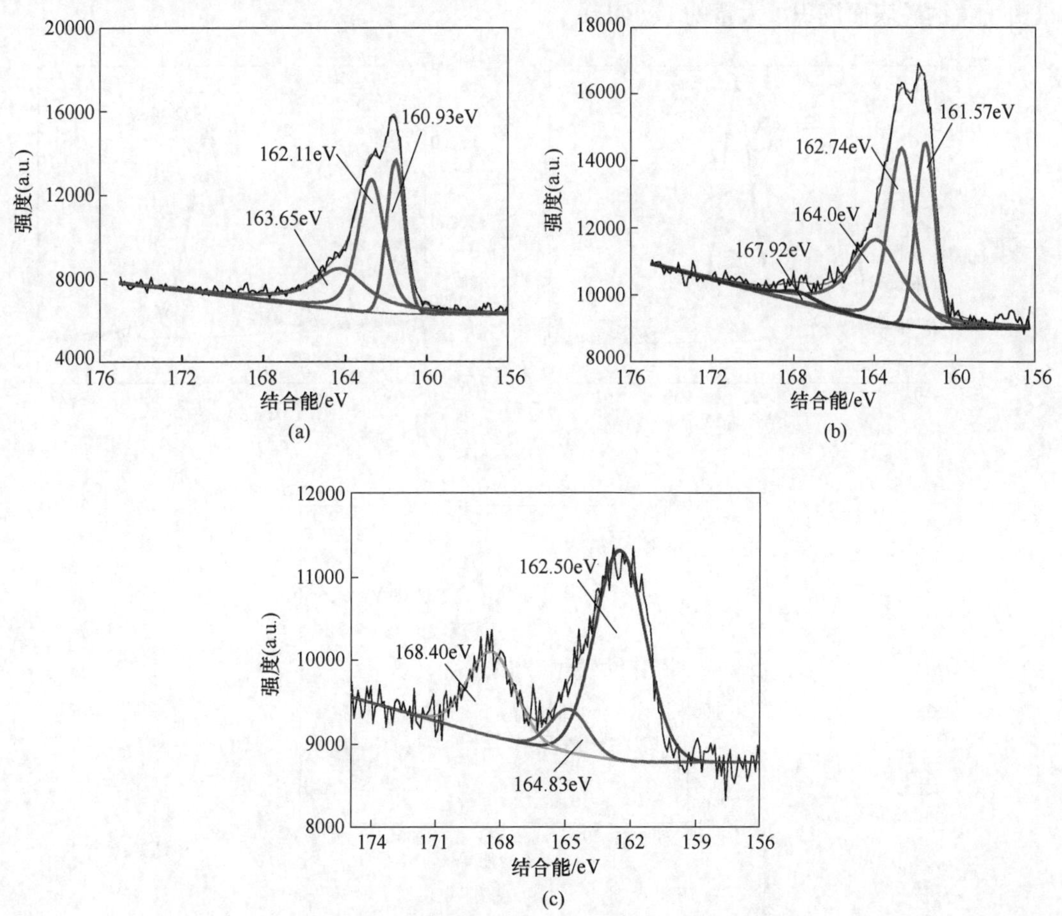

图 6-7 黄铜矿在电解液中不同电位极化后的 S $2p_{3/2}$谱

（a）OCP；（b）0.10V；（c）0.35V

和（c）所示。从图中可以看出，黄铜矿在较低电位（OCP 和 0.10V vs. SCE）氧化时，表面相中硫的原子比率均较高，分别为 4.67 和 5.86。而在较高电位（0.35V vs. SCE）氧化时，表面相中硫原子的比率急剧下降，分别为 2.86 和 1.74，这是由于黄铜矿在较高电位氧化时，表面相中的具有疏水性质的硫相（S^0、S_n^{2-}、S_2^{2-}）氧化成了大量的极易从电极表面脱落进入电解液中的高价硫相（$S_2O_3^{2-}/SO_4^{2-}$）。

图 6-8 所示为黄铜矿在不同电位极化后表面的 Cu $2p_{3/2}$ 谱。从图中可以看出，3 个谱图均在结合能值 932eV 处出现了特征峰，这是黄铜矿表面缺铁硫化物（$CuFe_{1-x}S_2$）和 CuS_2 中的铜原子所贡献[3]。图 6-8（c）所示为黄铜矿在较高电位（0.35V）氧化后表面的 Cu $2p_{3/2}$ 谱，谱图中除在结合能值为 932.18eV 处的主峰外，还在结合能值为 933.7eV 处出现一个附属峰。这个附属峰的出现表明黄铜矿表面存在铜的氧化相 CuO[7]，相对主峰此峰的强度较弱。以上结果说明：在较低电位（OCP 和 0.10V）氧化时，黄铜矿表面晶格中的铜原子没有被氧化，仍以硫化物的形式存在；而随着氧化电位的提高，达到 0.35V 时，黄铜矿表面少部分的铜开始氧化，形成 CuO，而大部分的铜原子仍以硫化物的形态存在。从图 6-6（c）可以看出，随着极化电位的提高，黄铜矿表面铜的原子比率呈减小趋势，这主要是由于黄铜矿表面沉积了大量的 $Fe(OH)_3$。

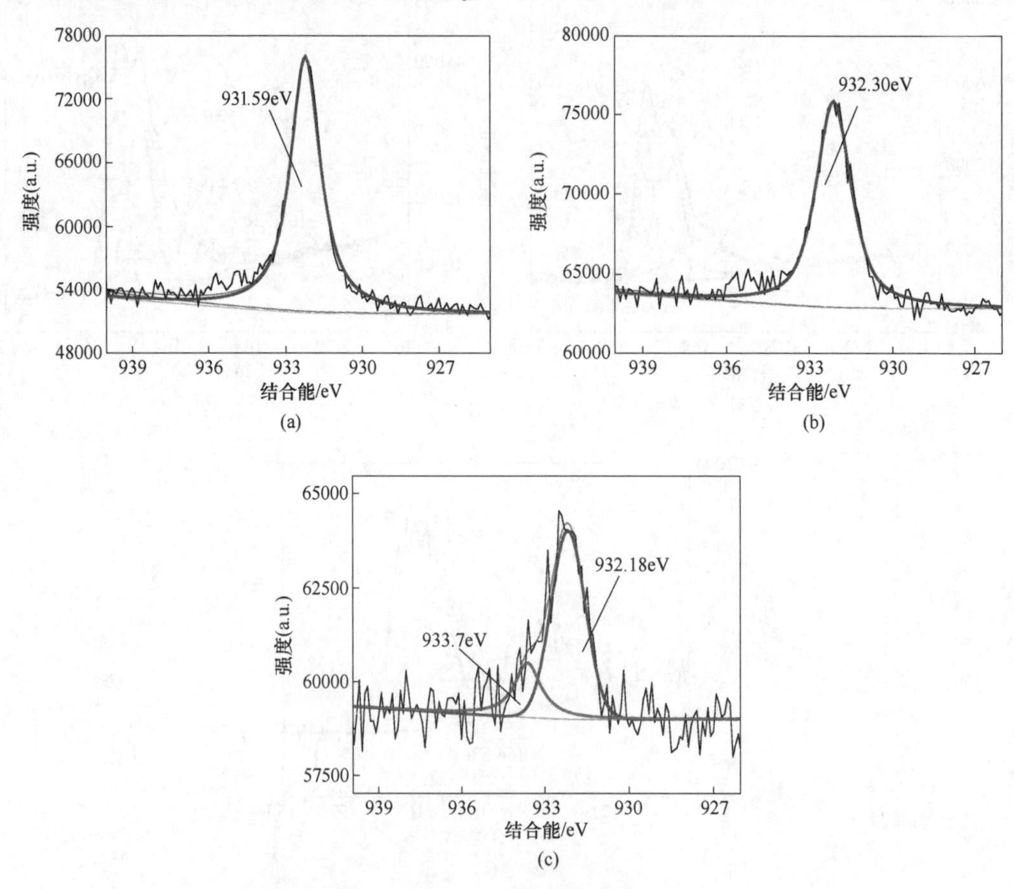

图 6-8　黄铜矿在电解液中不同极化电位极化后的 Cu $2p_{3/2}$ 谱
(a) OCP；(b) 0.10V；(c) 0.35V

6.3.2.3　黄铜矿表面氧化产物相的形成与溶解机制

为了研究黄铜矿在 pH 值为 6.97 电解液中的电化学氧化过程，本章在选定的极化电位下对黄铜矿电极进行阻抗（EIS）测试。选定的电位分别为-0.55V、-0.45V、-0.25V、OCP、0.21V、0.31V 和 0.41V，这些电位值与图 6-3 中的氧化过程 A1 和 A2 相关。阻抗测试结果如图 6-9 所示。黄铜矿在此溶液中的 OCP 为-0.08V，此电位下极化时黄铜矿表面所发生的阳极反应与阴极反应平衡；在电位范围-0.55～-0.25V 极化时，黄铜矿表面主要发生以氧还原为主导的阴极反应；在电位范围 OCP～0.41V 极化时，黄铜矿电极表面主要发生以阳极反应占主导的电化学过程。

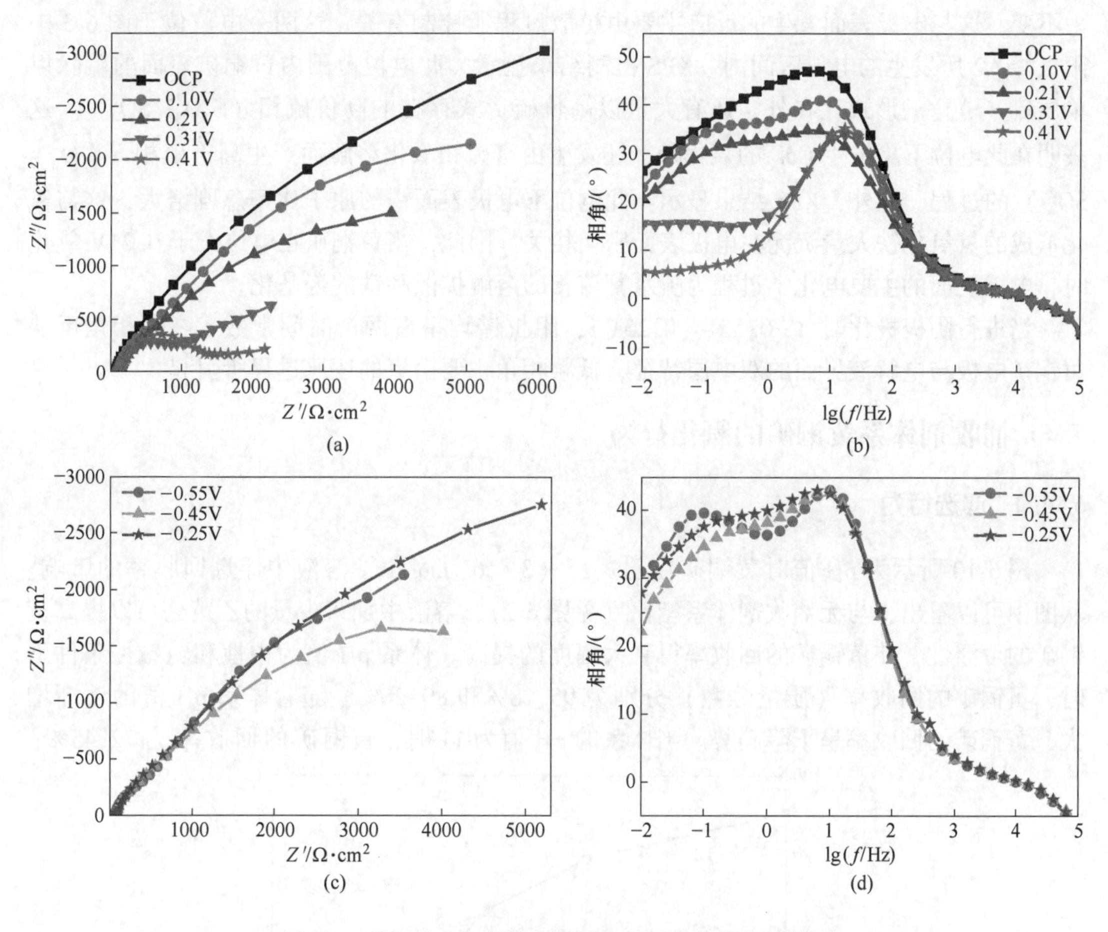

图 6-9　黄铜矿在电解液中不同电位下极化的阻抗谱图

（a）阳极 Nyquist 图；（b）阳极 Bode 图；（c）阴极 Nyquist 图；（d）阴极 Bode 图

从图 6-9 中可以看到，黄铜矿在 OCP 极化时，谱图中包含一个时间常数。在不同阳极极化电位下测得的谱图均含有两个时间常数，且容抗弧半径变化较大，这表明阳极极化时黄铜矿表面发生的电化学过程与 OCP 时不同。从 Bode 图可以明显地看出，当黄铜矿在 OCP 极化时，除反映溶液性质的高频相角外，只有中低频区一个相角，这个相角是由黄铜矿表面与电解液界面双电层引起的，但是此电位下不能排除电极表面有化学反应发生。当极化电位提高到 0.10V 时，Bode 图中低频区明显出现一个新的相角，这与黄铜矿表面发生的氧化还原反应相关。这个过程与图 6-3 中的阳极峰 A1 对应，即黄铜矿表面发生晶格中的铁和硫的脱落氧化过程（反应式（6-1））。XPS 结果也证明黄铜矿表面存在 FeOOH 及硫相，表面呈现严重缺铁状态，硫的摩尔分数和原子比率较大，黄铜矿表面出现了疏水硫相的大量富集。当极化电位提高到 0.21V 时，Bode 图中依然清晰地呈现双相角特征，只是相角值稍有降低。这表明黄铜矿在此电位下极化时，反应式（6-1）仍然在进行，只是阳极产物硫相的溶解率有所提高。因此，黄铜矿在不大于 0.21V 的电位范围极化时，其表面的主要电化学过程为疏水富硫相的逐步生长和钝化。当极化电位升高到 0.31V 和 0.41V 时，Nyquist 图和 Bode 图呈现很大的变化。Bode 图中的低频区域（0.01～1Hz）相角值几乎不变，这与电极表面发生的反应主要由扩散过程所控制有关。这两个电位位于图 6-3 中阳极峰 A2 所发生的电位区间内。XPS 检测结果显示，此电位范围内黄铜矿表面的硫除以单质硫（S^0）的形式存在外，还有大量以高价硫形式存在的高价硫相（$S_2O_3^{2-}/SO_4^{2-}$）。这表明在此电位下除发生 CuS 的氧化外，还发生由富硫相氧化溶解而产生高价硫相（$S_2O_3^{2-}/SO_4^{2-}$）的过程。此外，XPS 结果显示：此电位下电极表面铁的原子比率急剧增大，这与氧化形成的氢氧化铁大量沉淀在电极表面密切相关。因此，当黄铜矿在电位大于 0.21V 氧化时，电极表面的主要电化学过程为疏水富硫相的溶解扩散和铁的羟基化。

当进行阴极极化时（-0.55～-0.25V），阻抗谱均呈现两个时间常数。高频相角反映黄铜矿电极与电解液界面的双电层特征，低频相角主要由氧的还原过程所引起。

6.4　捕收剂体系黄铜矿的氧化行为

6.4.1　浮选行为

图 6-10 所示为 pH 值对黄铜矿在乙黄药（3×10^{-2}mol/L）溶液中浮选回收率的影响。从图中可以看出，与无捕收剂体系相比（见图 6-2），溶液中加入少量的乙黄药可以提高黄铜矿的可浮性，使黄铜矿的回收率得到大幅度的提高。体系 pH 值为中性和弱碱性条件下时，黄铜矿的回收率（质量分数）分别为 95.18%和 89.26%，随着体系 pH 值的逐渐增大，黄铜矿的回收率呈下降趋势。当体系的 pH 值为 11 时，黄铜矿的回收率为 72.45%；

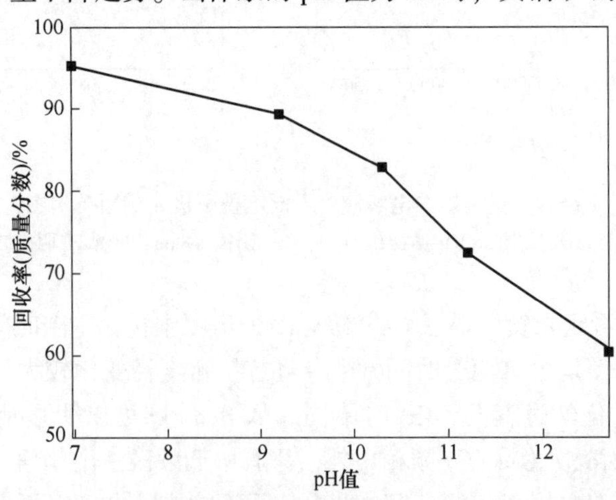

图 6-10　pH 值对黄铜矿在乙黄药溶液中浮选回收率的影响

当体系的 pH 值提高到 12.67 时，黄铜矿的回收率为 60.65%。这表明在乙黄药体系中即使体系的碱度较高，黄铜矿也具有一定的可浮性。

6.4.2 pH 值对黄铜矿表面疏水相的影响

图 6-11 所示为乙黄药的红外光谱图。从图中可以看出，乙黄药的特征吸收峰主要集中在 1300~900cm^{-1}波数区间，特征吸收峰为在（1110±10）~（1172±10）cm^{-1}内的 C—O—C 伸缩振动吸收峰和在（1008±10）cm^{-1}、（1049±10）cm^{-1}的 C═S 伸缩振动吸收峰[8]。

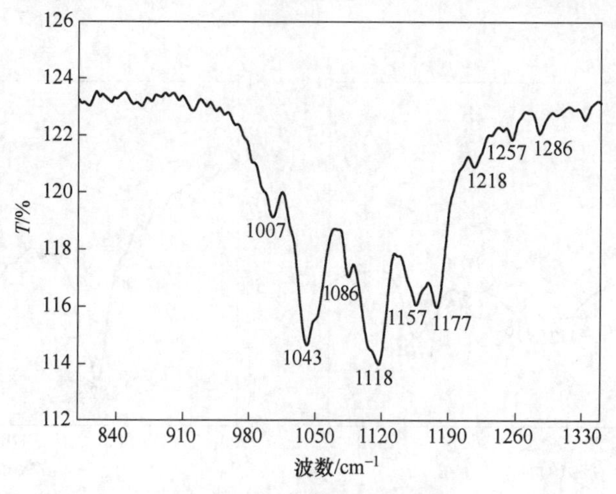

图 6-11 乙黄药红外光谱图

图 6-12 所示为黄铜矿与乙黄药作用后的红外光谱图。从图中可以看出，C ═S 和 C—O—C伸缩振动吸收峰分别位于 1007cm^{-1}、1027cm^{-1}、1077cm^{-1}、1123cm^{-1}、1167cm^{-1}、1207cm^{-1}和 1260cm^{-1}。其中双黄药的 C ═S 伸缩振动吸收峰的波数为（1017±10）cm^{-1}，C—O—C 伸缩振动吸收峰的波数为（1260±10）cm^{-1}[9-10]。波数 1207cm^{-1}的特征峰为黄原酸铜的特征吸收峰[11]，波数 1123cm^{-1}和 1167cm^{-1}的特征峰为黄药基团的伸展振动特征吸收峰[12-13]。红外光谱的结果表明：黄铜矿与乙黄药作用后表面形成的主要的疏水产物为双黄药（X_2），同时存在少量的黄原酸铜（CuX）。

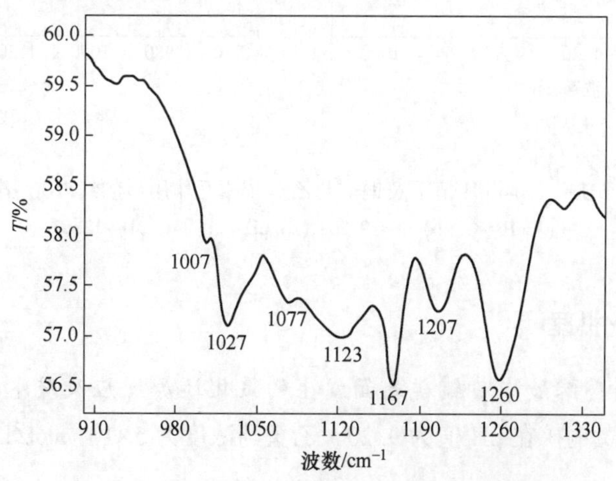

图 6-12 黄铜矿与乙黄药作用后的红外光谱图

图 6-13 所示为不同 pH 值条件下黄铜矿与乙黄药相互作用后的红外光谱图，从图 6-13（a）~（c）可以看出，谱图中均出现了 X_2 特征吸收峰，波数分别为 $1264cm^{-1}$、$1265cm^{-1}$ 和 $1267cm^{-1}$，而 CuX 的特征吸收峰仅出现在 pH 值为 8 的谱图中。此外，从图中还可以看出，X_2 的特征吸收峰随着 pH 值的增大逐渐减弱，当 pH 值增大到 12.67 时，如图 6-13（d）所示，X_2 的特征吸收峰消失。这是由于溶液中氢氧根离子的量逐渐增加，它与黄药阴离子在黄铜矿表面发生竞争吸附，黄铜矿表面形成的大量氢氧化物阻碍黄药阴离子与黄铜矿的作用。因此，pH 值对黄药在黄铜矿表面的疏水相的形成和种类有很大的影响。

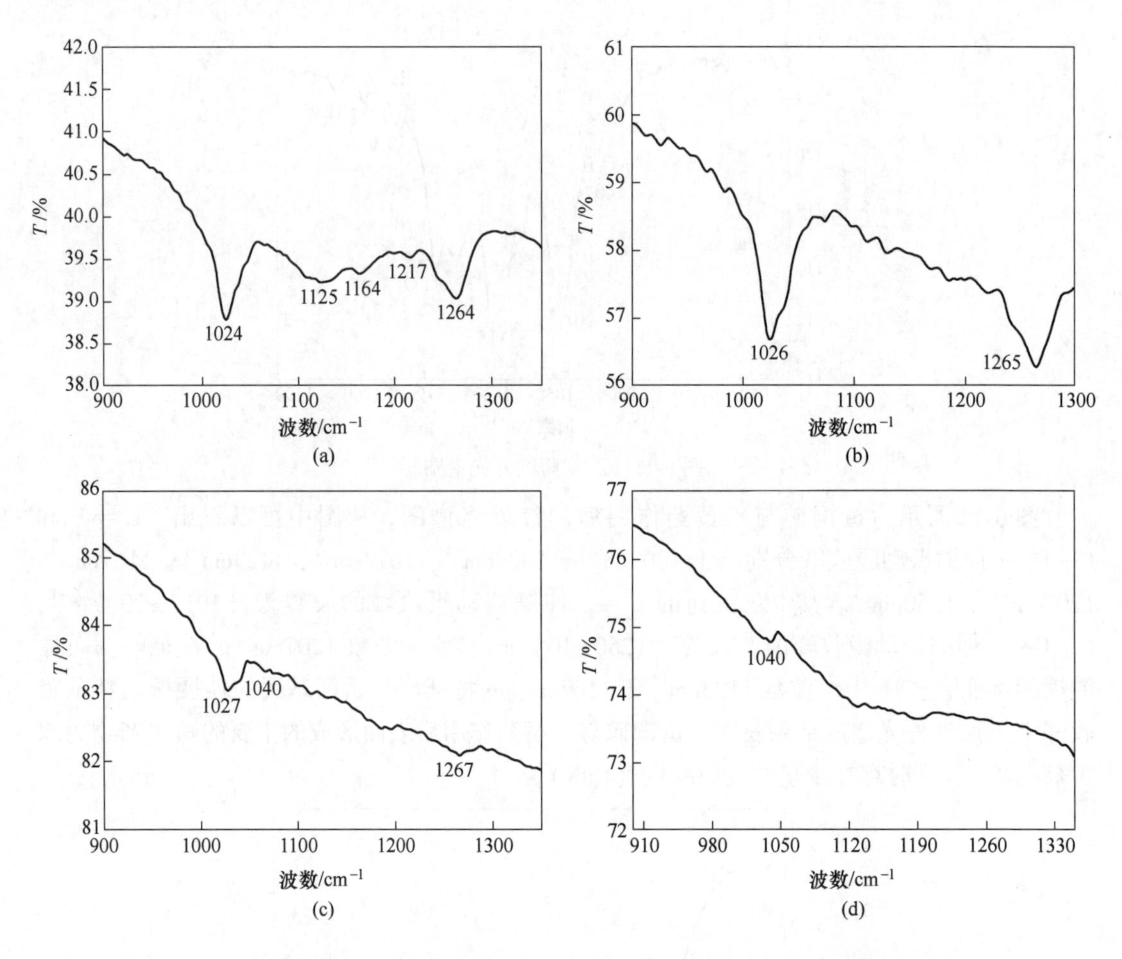

图 6-13　不同 pH 值下黄铜矿与乙黄药相互作用后的红外光谱图

（a）pH=8；（b）pH=9.20；（c）pH=11；（d）pH=12.67

6.4.3　电化学氧化机理

6.4.3.1　乙黄药溶液中黄铜矿表面发生的氧化还原反应及疏水相

图 6-14 所示为黄铜矿在 pH 值为 9.20、乙黄药浓度为 5×10^{-4}mol/L 的电解液中测得的 CV 曲线。

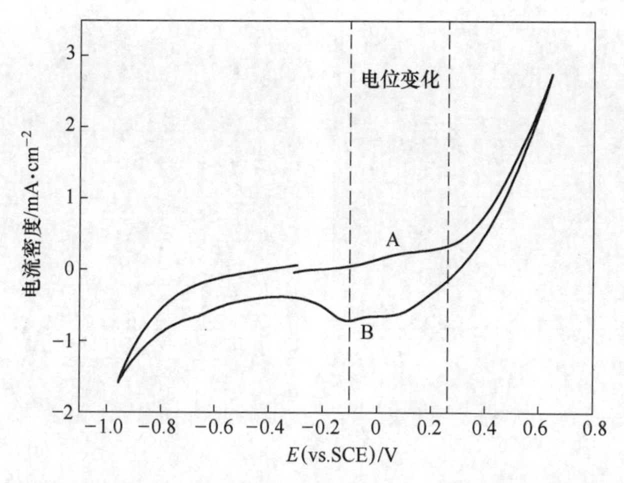

图 6-14 黄铜矿在 pH 值为 9.20、浓度为 5×10^{-4}mol/L 的乙黄药溶液中的循环伏安图

从图 6-14 中可以看出，在阳极扫描方向-0.11~0.26V 电位范围内出现阳极峰 A。黄铜矿在该电解液中的 OCP（-0.09V）高于双黄药（X_2）还原为黄药阴离子（X^-）的可逆电位（-0.11V）。因此，阳极峰 A 与黄铜矿表面 X_2 的氧化反应相关，反应见式（6-5）。在阴极方向电位为 0.12V 处，出现一个宽的阴极峰 B，它对应阳极扫描过程中形成氧化相 X_2 的还原过程。此外，从图中还可以看出，阴极峰 B 明显小于峰 A，这表明阳极方向上形成氧化相 X_2 的电化学过程是不完全可逆的。

$$2X^- \longrightarrow X_2 + 2e \tag{6-5}$$

6.4.3.2 电位对黄铜矿表面产物相显微特征的影响

为了更进一步研究在捕收剂体系中（pH 值为 9.20、乙黄药浓度为 5×10^{-4}mol/L）电位对黄铜矿表面氧化产物相的特征及种类的影响，后续的研究在选定的电位值下对乙黄铜矿进行 600s 的极化处理。极化的目的在于提高黄铜矿表面形成的氧化产物相的量。极化电位分别为 OCP、0V、0.10V、0.20V 和 0.30V，其中 OCP、0V、0.10V、0.20V 和图 6-14 中出现阳极峰 A 的电位范围相关。图 6-15 和图 6-16 所示为黄铜矿在乙黄药溶液中不同电位下极化 600s 后的表面形貌照片和表面碳氧含量，图 6-17 所示为表面的能谱（EDS）测试结果。

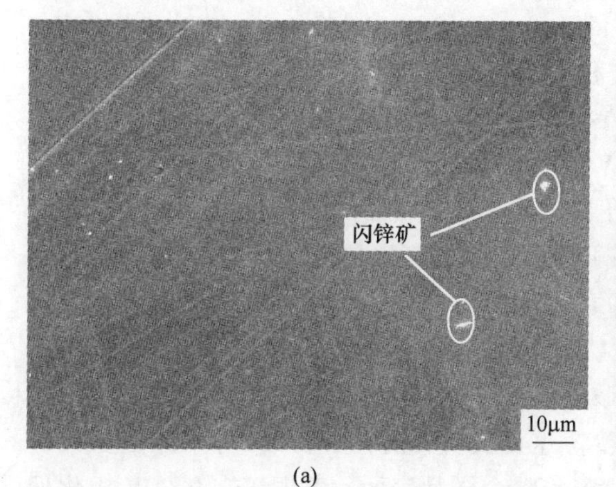

(a)

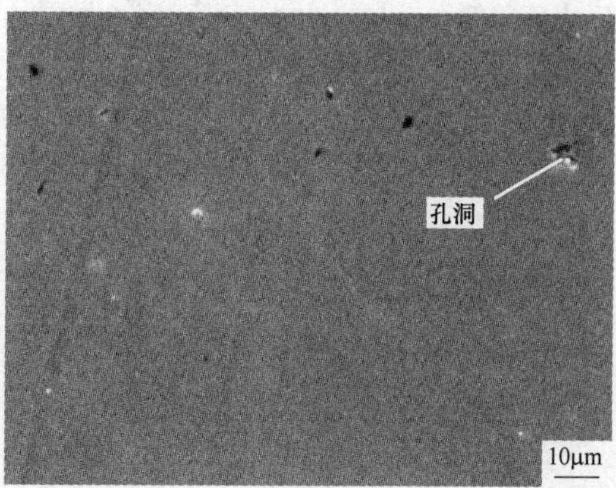

(b)

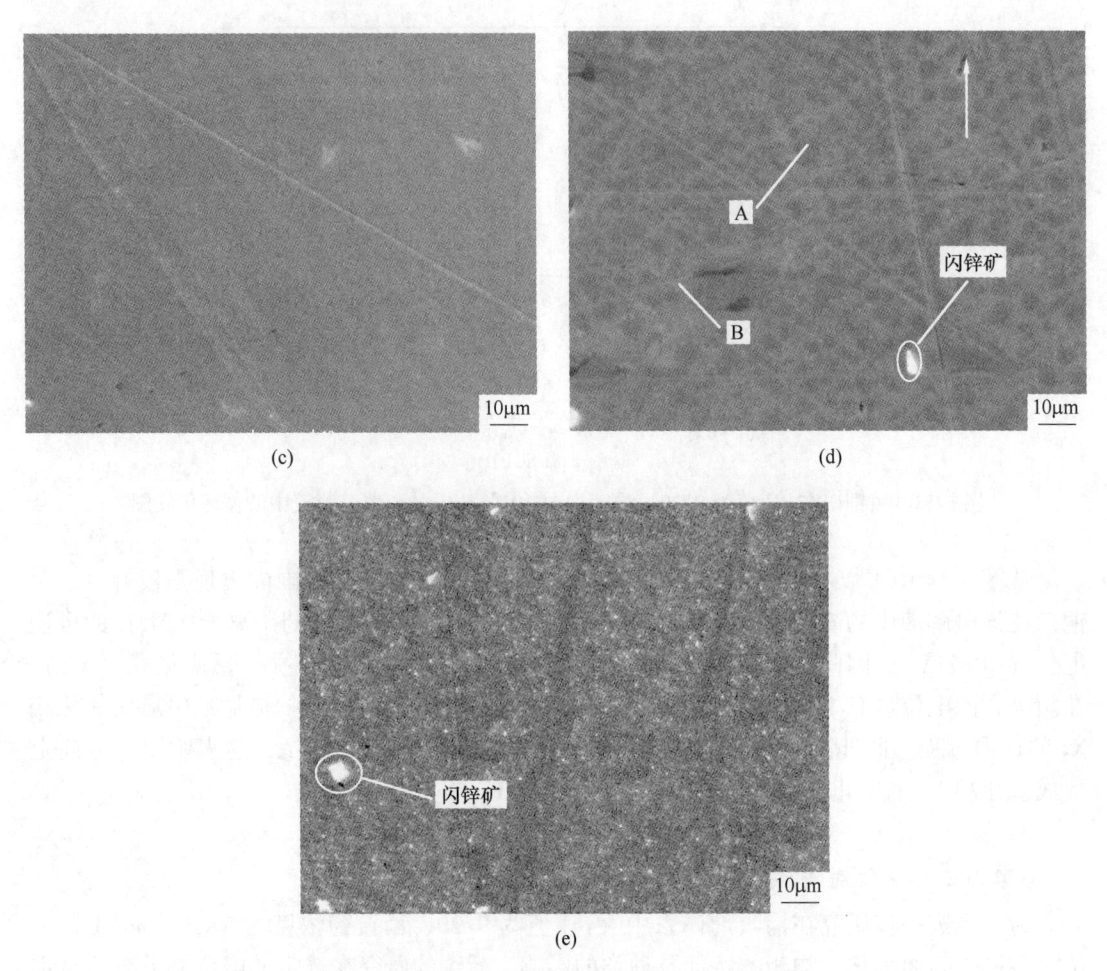

(c) (d) (e)

图 6-15 黄铜矿在乙黄药溶液中不同电位下极化后 600s 后的 SEM 照片
(a) 抛光后; (b) OCP; (c) 0V; (d) 0.10V; (e) 0.30V

从图 6-15 可以看出，黄铜矿样品表面存在一些白色物质，EDS 分析结果显示表面这些区域主要包含 Zn 元素和 S 元素（见图 6-17），这表明白色物质为闪锌矿。黄铜矿较软，抛光后表面仍然留有少量的划痕和孔洞（见图 6-15（a）和（b））。从图 6-15（b）可以看出，黄铜矿在 OCP 极化后表面变得均匀，抛光过程中留在表面较浅的划痕变得不明显。黄铜矿表面的 EDS 分析结果表明，电极表面碳的含量较原矿有所增加，这可能是黄铜矿表面发生了黄药阴离子（X^-）的吸附。黄铜矿在 0V 极化后表面的形貌（见图 6-15（c））与在 OCP 极化后相比没有明显的差别，但 EDS 结果显示黄铜矿表面的碳含量急剧增加，这可能是样品表面形成了大量的双黄药膜层。黄铜矿在 0.10V 进行极化处理后，从黄铜矿的表面照片（见图 6-15（d））可以明显地看出，黄铜矿表面的吸附层以片状的形式存在。分别对电极表面出现片状吸附物的 A 处和无片状吸附物出现的 B 处进行了 EDS 检测，结果显示：表面 A 处碳含量明显高于 B 处，而 B 处的氧含量较高（见图 6-16），这说明黄铜矿表面片状 A 处主要为 X_2，而 B 处 X_2 含量较少。这也表明黄铜矿在 0.10V 氧化时，黄铜矿表面的 X_2 出现脱落，双黄药膜层不能完整地覆盖整个样品表面。黄铜矿在 0.30V 极化处理后的表面形貌如图 6-15（e）所示，从图中可以看出，黄铜矿表面的片状吸附物完全消失，并且出现大量尺寸较小的白色凸起物。EDS 检测结果显示凸起物中氧的含量非常高，这表明这些白色的凸起物质为黄铜矿在较高电位极化时发生自身活化过程形成的大量含有 Cu(Ⅱ) 和 Fe(Ⅲ) 的氧化相，这一结果与 CV 结果一致。

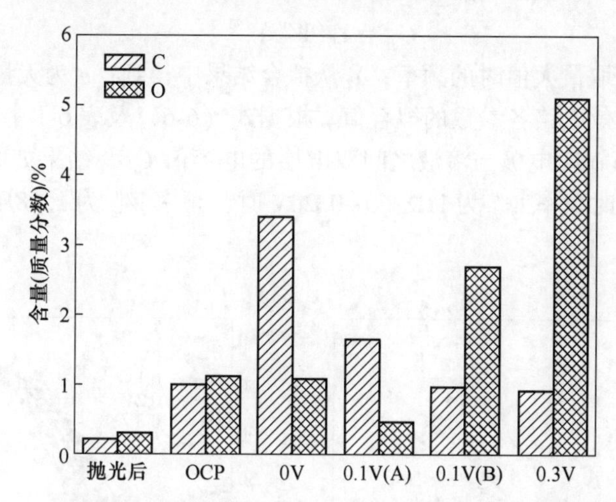

图 6-16 黄铜矿在乙黄药溶液中不同电位下极化 600s 后表面碳和氧含量

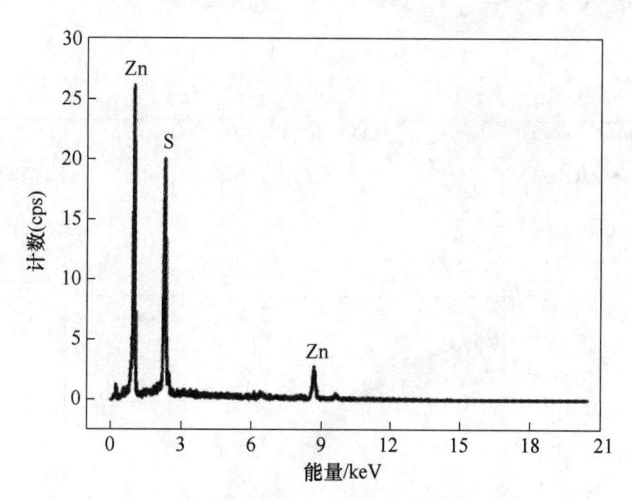

图 6-17 黄铜矿表面白色亮片处 EDS 谱

6.4.3.3 电位对黄铜矿表面产物相的性质影响

为了在黄铜矿表面形成一定量的产物膜，将黄铜矿电极在乙黄药溶液（5×10^{-4}mol/L）中在选定的电位值下极化 600s，选定的电位分别为 OCP、0V、0.10V、0.20V、0.30V 和 0.40V。之后，在乙黄药溶液中对黄铜矿电极进行阻抗测试（OCP）。EIS 结果不能反映极化过程中黄铜矿表面发生的电化学过程，但能反映黄铜矿表面已经形成的膜层的性质。测试结果如图 6-18 所示，从图中可以看出，Nyquist 谱图均由一个高频容抗弧和一个反映扩散性质的低频容抗弧组成，它们分别反映黄铜矿电极与溶液之间的双电层和电极表面产物膜层的性质。图 6-19 所示为与阻抗对应的等效电路。等效电路中，R_e 为溶液电阻，R_{ct} 和

R_f分别为电荷转移电阻和膜层孔隙电阻，W 为膜层孔隙内的扩散阻抗，CPE_{dl}、CPE_f分别反映双电层电容和膜层的容抗特征。常相位元件（CPE）用来补偿体系的非匀质性，包括孔隙率、分型几何、界面电容的分布等[14-16]。CPE 由两个参数确定，即 Y_0和 n。当 n 等于1 时，则 CPE 为电容 C。电容 C_{dl}的表达式见式（6-6）[17]：

$$C_{dl} = Y_0(W''_m)^{n-1} \tag{6-6}$$

式中，W''_m 为虚部 Z'' 取最大值时的频率；Y_0从拟合结果中得到；n 为无量纲数（$0 \leqslant n \leqslant 1$）。

表 6-1 所列为等效电路各参数的拟合值。根据式（6-6）及表 6-1 中常相位角组件 Y_0的拟合值，计算得到黄铜矿电极与溶液之间双电层的电容值 C_{dl}，结果如图 6-20 所示。在计算 C_{dl}时，电位 OCP 时频率 W''_m 为 1Hz；0~0.20V 时，频率 W''_m 为 1.58Hz；大于 0.30V 时，频率 W''_m 为 2.51Hz。

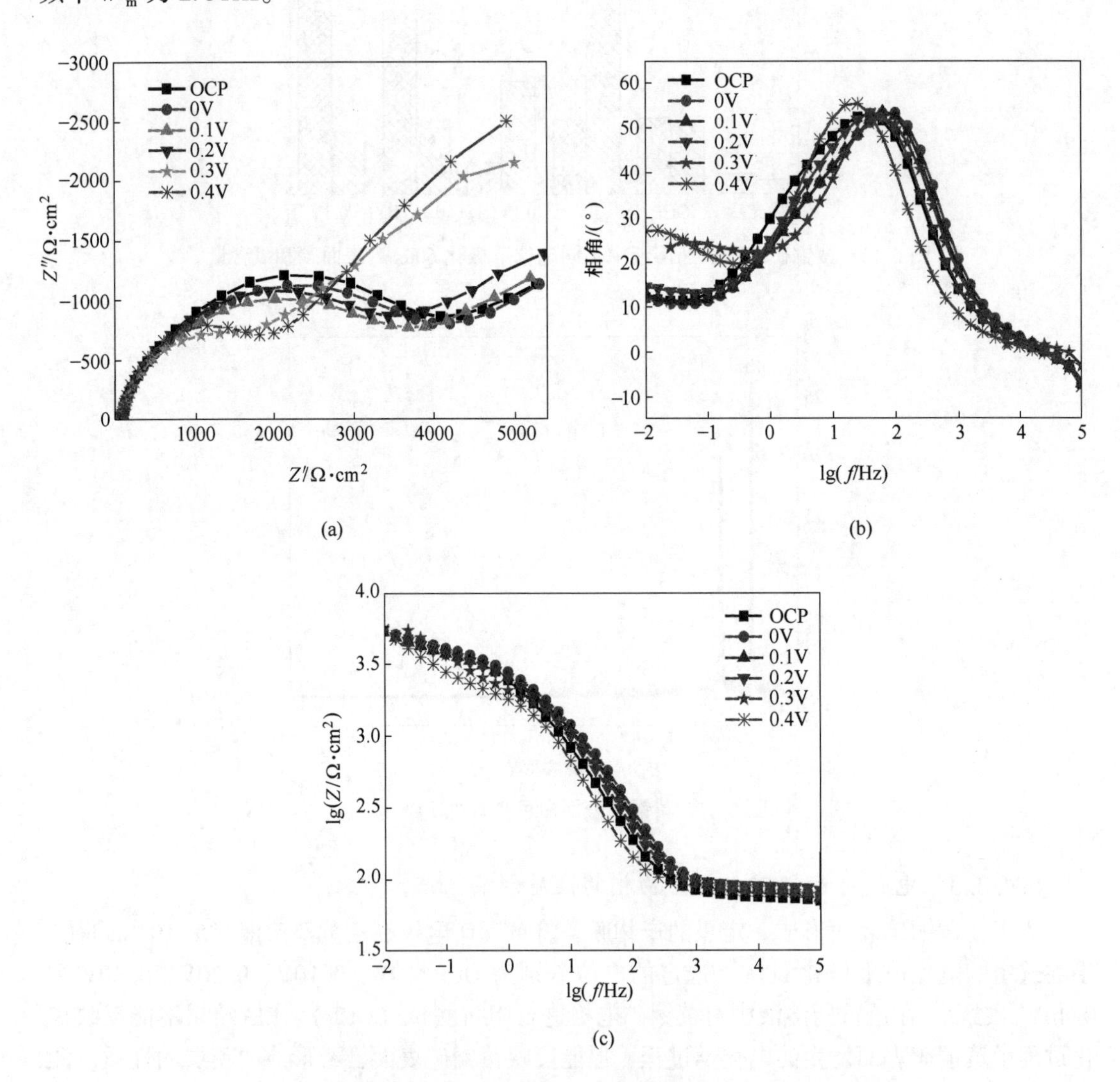

图 6-18　黄铜矿在乙黄药溶液中不同电位极化 600s 后的 EIS 谱图

（a）Nyquist 图；（b）Bode 图；（c）Bode |Z|图

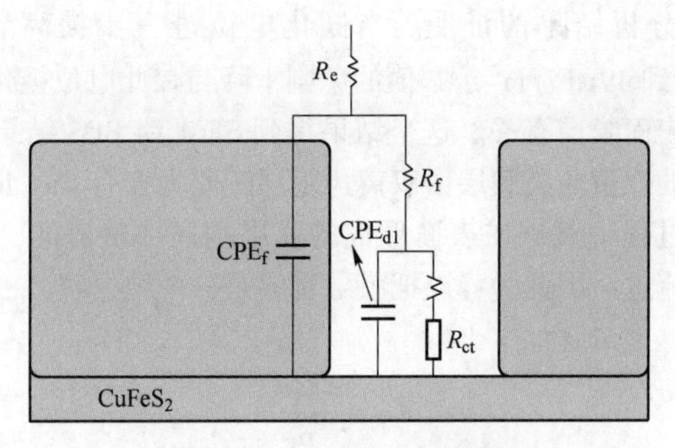

图 6-19 EIS 等效电路模型

表 6-1 等效电路模型拟合参数值

E (vs. SCE) /V	R_e /Ω·cm^{-2}	CPE$_f$ Y_0' /Ω^{-1}·s^{-n}·cm^{-2}	CPE$_f$ n_1	R_f /Ω·cm^{-2}	CPE$_{dl}$ Y_0 /Ω^{-1}·s^{-n}·cm^{-2}	CPE$_{dl}$ n_2	R_{ct} /Ω·cm^{-2}	W
OCP	74.55	2.81×10^{-5}	0.84	1310	1.10×10^{-4}	0.60	3012	2.84×10^{-3}
0V	83.12	1.23×10^{-5}	0.88	1145	0.95×10^{-4}	0.59	3167	2.70×10^{-3}
0.10V	82.12	1.36×10^{-5}	0.88	1045	1.10×10^{-4}	0.55	3061	2.57×10^{-3}
0.20V	88.58	1.86×10^{-5}	0.87	1086	1.20×10^{-4}	0.50	3055	2.06×10^{-3}
0.30V	82.28	67.7×10^{-5}	0.47	13510	0.39×10^{-4}	0.86	1409	
0.40V	82.37	95.4×10^{-5}	0.56	14510	0.39×10^{-4}	0.87	1782	

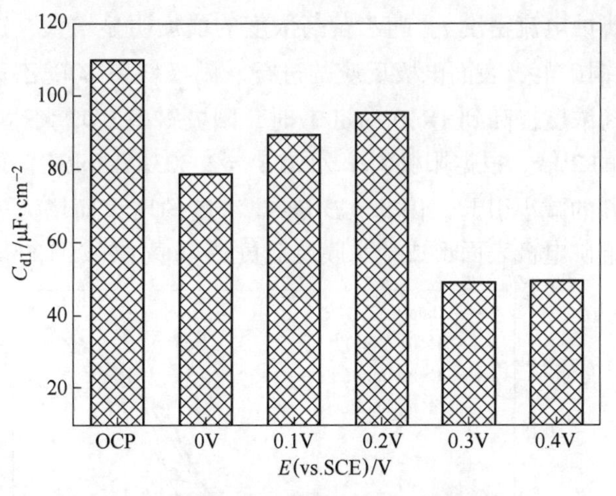

图 6-20 双电层电容 C_{dl}的计算值

从图 6-20 可以看出，黄铜矿在 OCP 极化后，其表面的 C_{dl}值为 110μF/cm^2。此时，黄铜矿表面形成了少量的双黄药。当极化电位提高到 0 V 时，黄铜矿表面形成了覆盖度比较高双黄药膜层，导致 C_{dl}值急剧减小到 78.8μF/cm^2。随着极化电位提高到 0.10V，由于黄铜矿表面形成双黄药膜层的覆盖度有所下降，导致 C_{dl}值相对于 0V 时稍有增大，这个结果也得到 SEM 和 EDS 分析结果的证明。当极化电位进一步提高到 0.30V 时，C_{dl} 值从 95.5μF/cm^2 急剧下降到 49μF/cm^2。C_{dl}值的急剧下降与在此电位极化后黄铜矿表面形成了大量区别于双黄药的表面膜层有关。这个结果得到 SEM 和 EDS 结果的证实，即在此极化电位下，黄铜矿表面的双黄药类膜层由双黄药膜层转变为含有 Cu(Ⅱ) 和 Fe(Ⅲ) 的氧化相的膜层。由于极化过程中黄铜矿表面形成的膜层是局部覆盖的，可以将它认为是绝缘相，没有法拉第电流流过。因此，可以把膜层看成是一个纯电容 C_f，这个电容值与膜层的介电常数及厚度有关，表示式如下[18]：

$$C_f = \frac{\varepsilon\varepsilon_0 A}{\delta} \tag{6-7}$$

式中，δ 为膜层的厚度；ε 膜层的介电常数；ε_0为真空介电常数；A 为膜层的面积。

其中，膜层介电常数 ε 与溶液的介电常数、膜层中孔隙的大小和数量相关，即膜层介电常数 ε 随着膜层孔隙率的增加而增加。如果在固定溶液中膜层的化学构成不变，则 ε 是常数[19]。从拟合结果表 6-1 可以看出，当极化电位为 OCP 时，黄铜矿表面膜层的 CPE_f值为 $2.81\times10^{-5}\Omega^{-1}\cdot s^{-n}\cdot cm^{-2}$。当极化电位提高到 0V 时，电极表面膜层的 CPE_f值为 $1.23\times10^{-5}\Omega^{-1}\cdot s^{-n}\cdot cm^{-2}$，$CPE_f$的增大与电极表面形成覆盖度较大的双黄药膜层相关。当电位增加到 0.10V 时，黄铜矿表面膜层的 CPE_f值稍有增加，但不明显。当极化电位提高到 0.30V 和 0.40V 时，黄铜矿表面膜层的 CPE_f值急剧增加，这与表面形成的膜层的特征有关。此时，黄铜矿表面形成了厚度和孔隙度较大的 Cu(Ⅱ) 和 Fe(Ⅲ) 氧化相膜层。

6.4.3.4　捕收剂浓度对黄铜矿表面相的影响

图 6-21 所示为黄铜矿在 pH 值为 9.20 的不同乙黄药浓度溶液中的极化曲线。表 6-2 所列为极化曲线参数拟合值，从表中可以看出，黄铜矿的自腐蚀电位 E_{corr}随乙黄药浓度的增加稍有降低，而自腐蚀电流密度 I_{corr}随乙黄药浓度的增加明显增大，这说明溶液中的乙黄药阴离子 X^-促进黄铜矿电极表面电极反应的进行。阳极斜率 B_a随乙黄药浓度的增大逐渐增大，尤其当乙黄药浓度提高到 1×10^{-3}mol/L 时，阳极斜率 B_a增大达到 0.87V，相当于不加入黄药体系中 B_a的 2 倍。根据阳极斜率公式 $B_a = 2.303RT/(n\beta F)$ 可知，阳极斜率的增大由电子传递系数 β 的减小引起。因此，B_a随 X^-浓度的增大而增大表明：当溶液中乙黄药浓度较大时，黄铜矿电极表面形成疏水膜层双黄药和黄原酸铜的量增大，从而在一定

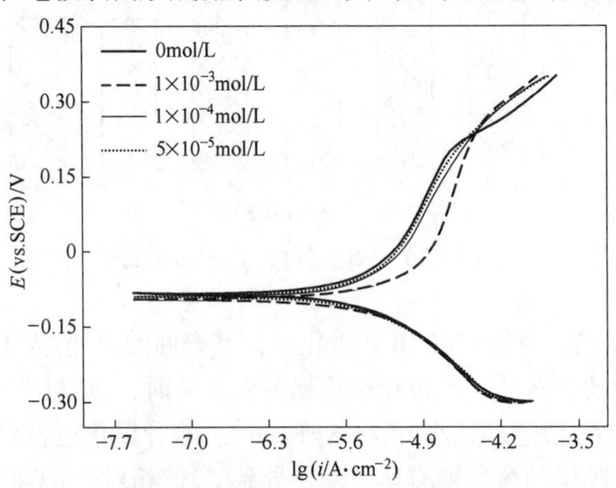

图 6-21　黄铜矿在不同浓度乙黄药溶液中的极化曲线

程度上抑制电极的阳极反应，导致电子传递系数β相对较小；而乙黄药浓度较低时，乙黄药阴离子的吸附较弱，不能完全覆盖黄铜矿电极表面，产物膜层对阳极反应的抑制效果较差，导致电子传递系数β相对较大。

表 6-2 黄铜矿在不同浓度乙黄药溶液中的极化曲线拟合参数值

浓度/mol · L^{-1}	E_{corr}（vs. SCE）/V	I_{corr}/μA · cm^{-2}	B_a（vs. SCE）/V	B_c（vs. SCE）/V
0	-0.08	5.95	0.44	0.19
5×10^{-5}	-0.09	7.33	0.62	0.22
1×10^{-4}	-0.09	8.49	0.66	0.24
1×10^{-3}	-0.10	19.61	0.87	0.47

图 6-22 所示为黄铜矿在 pH 值为 9.20 的不同乙黄药浓度溶液中的 EIS 谱图。在无黄药（0mol/L）和黄药浓度量较低（5×10^{-5}mol/L 和 1×10^{-4}mol/L）的溶液中，对应的阻抗谱的 Nyquist 图只含有一个大的容抗弧。但是，在阻抗谱拟合过程中，只采用简单的具有一个时间常数的等效电路 $R_e(CPE_{dl}R_{ct})$ 对其进行拟合并不合适，存在较大的误差。而采用具有两个时间常数电路 $R_e(CPE_{dl}(R_{ct}(CPE_f(R_fW))))$ 拟合时，误差约为 4%，这表明黄铜矿表面形成的膜层虽然量较少但不可以忽略。当乙黄药浓度增加到 5×10^{-4}mol/L 和 1×10^{-3}mol/L 时，谱图中明显呈现两个容抗弧，因此拟合过程中采用具有两个时间常数电路 $R_e(CPE_{dl}(R_{ct}(CPE_f(R_fW))))$。表 6-3 为拟合参数 CPE_{dl} 值和根据式（6-6）计算出的双电层电容 C_{dl} 值。其中，当黄药浓度为 0mol/L 时，频率 W''_m 采用 0.63Hz；浓度为 5×10^{-5}mol/L 时，W''_m 采用 1Hz；浓度为 1×10^{-4}mol/L 时，W''_m 采用 1.58Hz；浓度为 5×10^{-4}mol/L 时，W''_m采用 2.51Hz；浓度为 1×10^{-3}mol/L 时，W''_m采用 3.98Hz。

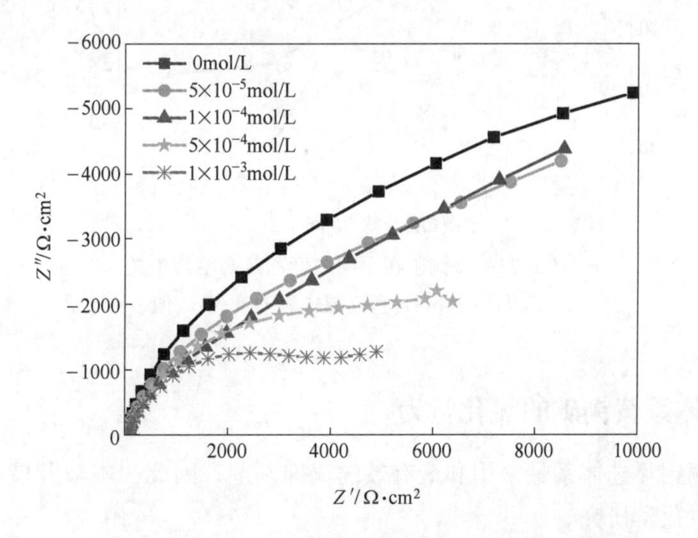

图 6-22 黄铜矿在不同浓度乙基黄药溶液中的 EIS 谱图

表 6-3　双电层电容 C_{dl} 计算值

浓度 /mol · L^{-1}	$CPE_{dl}/\Omega^{-1} \cdot s^{-n} \cdot cm^{-2}$		W''_m/Hz	C_{dl} /μF · cm^{-2}
	数值	n		
0	1.39×10^{-4}	0.83	0.63	150.20
5×10^{-5}	1.14×10^{-4}	0.79	1.00	114.30
1×10^{-4}	97.8×10^{-4}	0.78	1.58	88.42
5×10^{-4}	82.9×10^{-4}	0.78	2.51	67.69
1×10^{-3}	85.9×10^{-4}	0.79	3.98	64.33

图 6-23 所示为乙黄药浓度对黄铜矿电极表面膜层 CPE_f 及双电层 C_{dl} 值的影响。从图中可以看出，黄药的加入后电极表面双电层 C_{dl} 值和膜层的 CPE_f 值迅速降低，这是由于乙黄药的加入促进电极表面的阳极反应（这点从极化曲线 I_{corr} 的急剧增大可以看出），使电极表面形成双黄药和黄原酸铜疏水膜层。随着乙黄药浓度的升高，C_{dl} 值和 CPE_f 值下降的趋势变缓，当乙黄药浓度提高到 5×10^{-4}mol/L 和 1×10^{-3}mol/L 时，C_{dl} 值分别降低为 67.69μF/cm^2 和 64.33μF/cm^2。这表明在此浓度范围内，黄铜矿电极表面形成的具有疏水性质的膜层量不随乙黄药浓度的提高而出现明显的增加。另外，在此浓度范围内，膜层电容 CPE_f 值几乎不变，保持在 $2\times10^{-4}\Omega^{-1} \cdot s^{-n} \cdot cm^{-2}$，这表明电极表面疏水膜层的性质并未随黄药浓度的变化而出现改变。

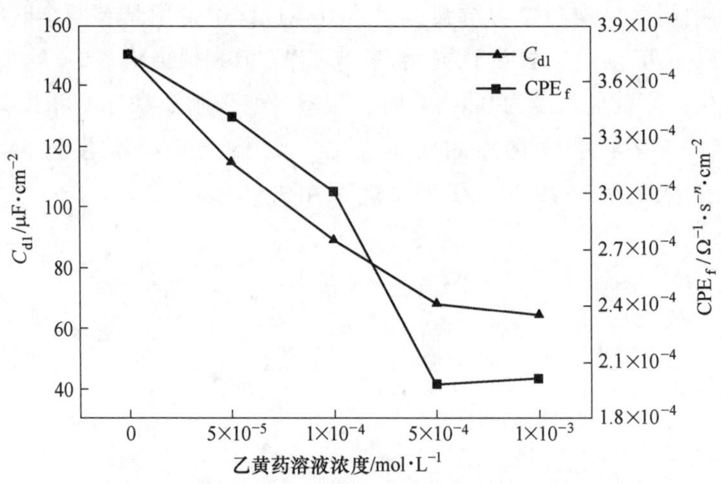

图 6-23　黄铜矿在不同浓度乙黄药溶液中的双电层电容 C_{dl} 和膜层电容 CPE_f 参数值

6.5　抑制剂体系黄铜矿的氧化行为

硫化钠是铜钼浮选体系最常用和最有效的铜抑制剂。因此，本节开展了对黄铜矿在硫化钠溶液中的电化学研究。

图 6-24 所示为黄铜矿在不同浓度硫化钠电解液中的极化曲线测试结果，表 6-4 所列为极化曲线参数的拟合值。从图 6-24 和表 6-4 可以看出，随硫化钠浓度的增加，黄铜矿的

E_{corr}负移，I_{corr}急剧增大，这表明硫化钠促进黄铜矿电极表面反应的进行。硫化钠在溶液中会发生如式（6-8）所示的水解反应。阳极极化时，水解产物 HS^-会在电极表面发生氧化，形成中性硫 S^0并沉积在黄铜矿电极表面，反应如式（6-9）所示，这个过程在一定程度上促进了黄铜矿电极表面的钝化。钝化性产物膜中性硫 S^0的量随着硫化钠浓度的增加而增加，导致当体系硫化钠浓度低于 1×10^{-3}mol/L 时，极化曲线的阳极分支斜率随硫化钠浓度增加逐渐增大。当硫化钠浓度高于 1×10^{-3}mol/L 时，溶液中的 S^{2-}量急剧增大，这导致溶液的 pH 值急剧升高。产生的大量的 OH^-导致反应式（6-8）很难向右进行，使黄铜矿电极表面无法形成钝化性产物膜中性硫 S^0，而且溶液中大量存在的 HS^-和 OH^-会吸附在黄铜矿表面，同时排挤黄铜矿表面的双黄药类疏水分子，从而导致极化曲线的阳极分支斜率随硫化钠浓度的增加急剧减小。

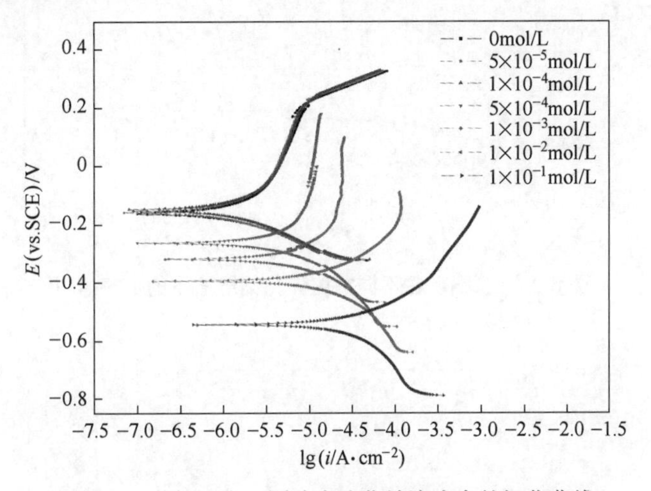

彩图

图 6-24 黄铜矿在不同浓度硫化钠溶液中的极化曲线

表 6-4 黄铜矿在不同硫化钠浓度溶液中的极化曲线拟合参数值

C/mol · L^{-1}	E_{corr}（vs. SCE）/V	I_{corr}/μA · cm^{-2}	B_a/V	B_c/V
0	−0. 16	2. 16	0. 42	0. 16
5×10^{-5}	−0. 15	2. 19	0. 49	0. 16
1×10^{-4}	−0. 14	2. 71	0. 52	0. 20
5×10^{-4}	−0. 26	8. 91	0. 84	0. 23
1×10^{-3}	−0. 32	28. 33	2. 07	0. 37
1×10^{-2}	−0. 39	32. 96	0. 34	0. 37
1×10^{-1}	−0. 54	48. 81	0. 19	0. 43

$$S^{2-} + H_2O \longrightarrow HS^- + OH^- \tag{6-8}$$

$$HS^- \longrightarrow S^0 + H^+ + 2e \tag{6-9}$$

图 6-25 所示为黄铜矿在不同浓度硫化钠溶液中的 EIS 谱图。采用等效电路 R_e（CPE_{dl}（R_{ct}(CPE_fR_f)））对谱图进行拟合后，通过式（6-6）计算硫化钠浓度对黄铜矿表面双电层

电容 C_{dl} 值，计算结果如图 6-26 所示。从图 6-26 中可以看出，当硫化钠浓度低于 1×10^{-3} mol/L 时，硫化钠浓度对黄铜矿表面双电层电容 C_{dl} 值影响不明显；当硫化钠浓度达到 1×10^{-2} mol/L 时，C_{dl} 值迅速增大到 862μF/cm²。C_{dl} 值的迅速增加与黄铜矿表面生成大量亲水的铁和铜的羟基化合物密切相关。因此，铜钼分离过程中，抑制剂硫化钠的用量非常关键，只有其用量达到一定浓度时，黄铜矿才能得到良好的抑制。

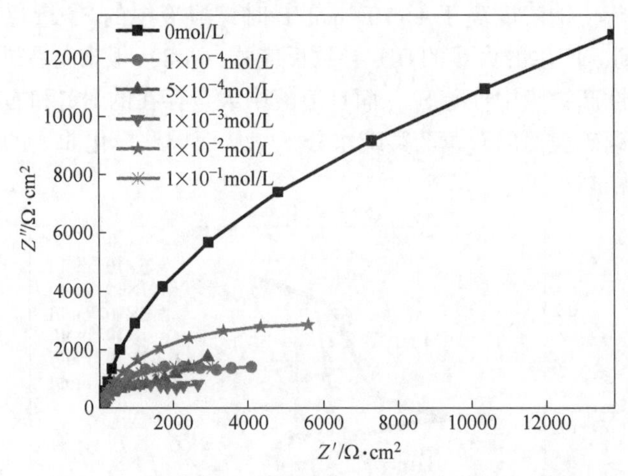

图 6-25　黄铜矿在不同浓度硫化钠溶液中的 EIS 谱图

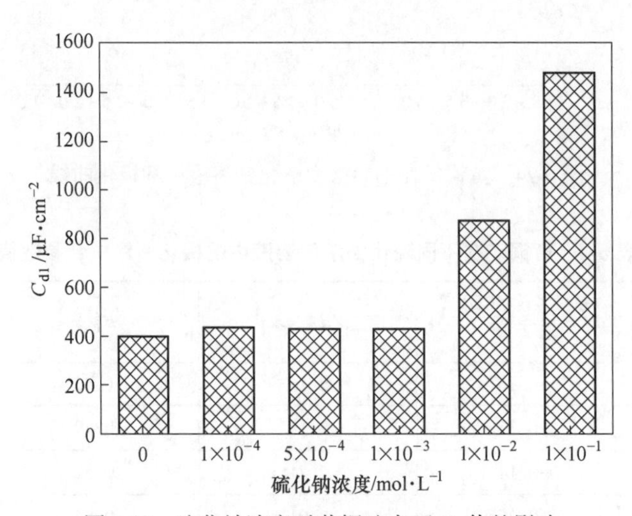

图 6-26　硫化钠浓度对黄铜矿表面 C_{dl} 值的影响

6.6　无捕收剂体系硫砷铜矿的氧化行为

6.6.1　电化学氧化机理

图 6-27 所示为天然硫砷铜矿在 pH 值为 9.2 的电解液中的循环伏安扫描曲线。从图中看出，在阳极方向上出现了氧化峰 A1、A2 和 A3。其中，阳极峰 A1 从 0.1V 开始，0.17V 达到峰值；阳极峰 A2 从 0.26V 开始，0.5V 达到峰值；阳极峰 A3 从 0.7V 开始，0.8V 达

到峰值。阴极方向上出现了 3 个还原峰 C1、C2 和 C3。阳极峰与硫砷铜矿表面发生的电化学氧化过程有关，阴极峰与阳极氧化过程中形成表面产物的不完全可逆还原反应相关。该循环伏安曲线与 Velasquez 等人[20]的测定结果基本一致，但与 Plackowski 等人[21]的测定结果存在一定的差别，这可能与所采用硫砷铜矿样品中杂质的类型及含量不同有关。

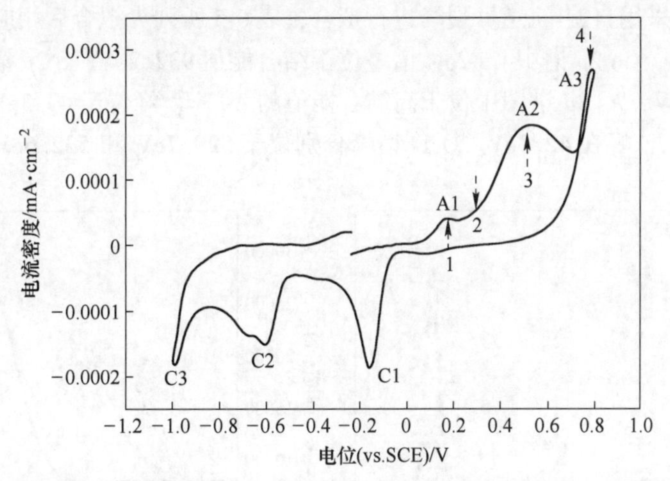

图 6-27 硫砷铜矿在 pH 值为 9.2 的电解液中的循环伏安曲线

1—0.17V；2—0.3V；3—0.5V；4—0.8V

由于整个循环伏安扫描过程较短，扫描过程中在硫砷铜矿表面形成氧化相的量很少，不便于对氧化相的组成进行研究，为此，分别在氧化峰 A1、A2 和 A3 电位值范围内对硫砷铜矿进行极化（1800s），使其表面形成一定量的氧化相后开展。选定的极化电位与 A1 峰、A2 峰和 A3 峰相关，分别为 0.17V、0.3V、0.5V 和 0.8V，已标示于图 6-27 中。

6.6.2 天然硫砷铜矿的化学组成分析

为了确定实验样品硫砷铜矿的矿物构成，采用 XPS 对矿物表面进行了成分检测，测定结果如图 6-28 所示。可以看出，硫砷铜矿 XPS 图谱中存在 Cu、As、S、O、C 的特征峰，

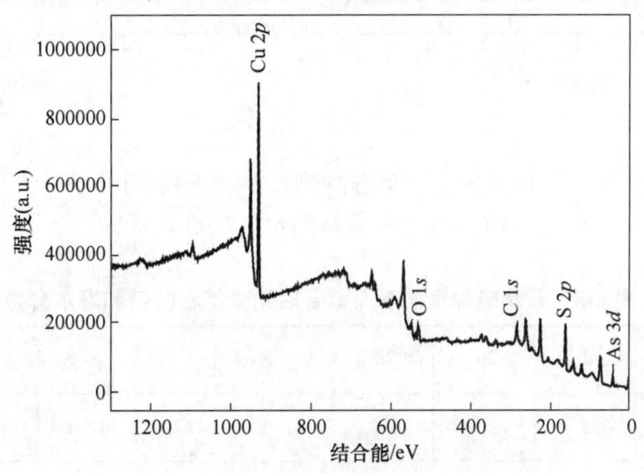

图 6-28 天然硫砷铜矿 XPS 全谱

Cu、As、S 的摩尔分数分别为 20.1%、7.9%、27.5%，即 $Cu_3As_{1.2}S_{4.1}$。与理论分子结构中 Cu、As、S 的含量有一定的偏差，硫砷铜矿样品中 As 和 S 的含量稍高于其化学计量结构中的理论含量。

图 6-29 所示为硫砷铜矿表面 Cu 2*p*、S 2*p*、As 3*d* 和 O 1*s* 的高分辨谱图，其中，Cu 2*p*、S 2*p*、As 3*d* 谱图采用自旋-轨道劈裂峰进行拟合，表 6-5 所列为拟合后相应的结合能值。从图 6-29 可以看出，Cu 2*p* 谱中 Cu $2p_{3/2}$ 谱峰位于结合能值 932.2eV，S 2*p* 谱中代表 S $2p_{3/2}$ 的谱峰位于 161.9eV，As 3*d* 谱图中位于高结合能值的 As $3d_{5/2}$ 峰位于 43.3eV，另一个位于低结合能值的 As $3d_{5/2}$ 峰在 42.3eV。O 1*s* 谱峰分别位于 529.7eV 和 532.6eV。

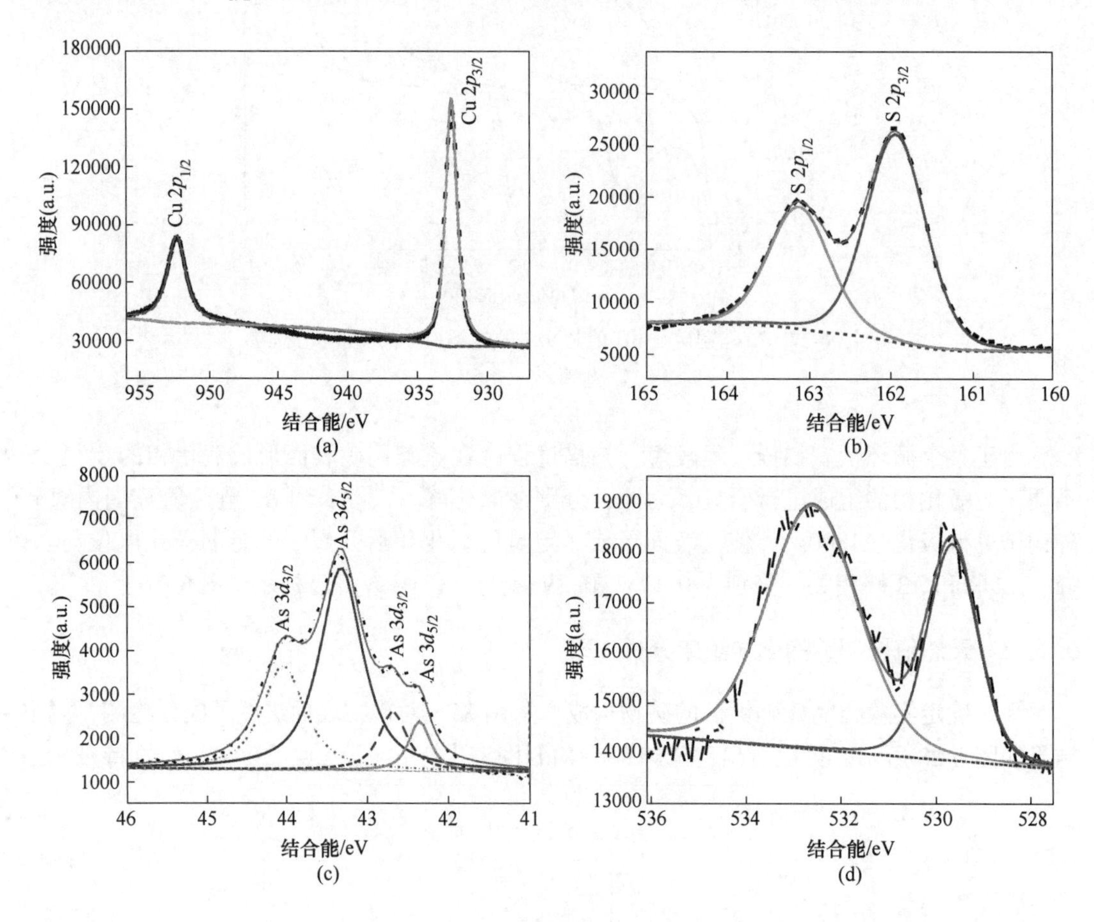

图 6-29　天然硫砷铜矿 XPS 高分辨图谱

(a) Cu 2*p*；(b) As 3*d*；(c) S 2*p*；(d) O 1*s*

表 6-5　天然硫砷铜矿表面拟合后元素结合能值和摩尔分数

天然硫砷铜矿	Cu $2p_{3/2}$	Cu $2p_{1/2}$	S $2p_{3/2}$	S $2p_{1/2}$	As $3d_{5/2}$		As $3d_{3/2}$		O 1*s*	
结合能/eV	932.2	952.4	161.9	163.1	42.3	43.3	42.7	44.0	529.7	532.6
摩尔分数/%	20.1		27.5		7.9				7.9	

6.6.3　硫砷铜矿不同电位下氧化后表面相组成分析

6.6.3.1　0.17V 氧化后硫砷铜矿表面相构成

图 6-30 所示为硫砷铜矿在 0.17V 氧化后表面的 Cu 2p、S 2p、As 3d 和 O 1s 的高分辨谱图，其中，Cu 2p、S 2p、As 3d 谱图采用自旋-轨道劈裂峰进行拟合，结合能值列于表 6-6。

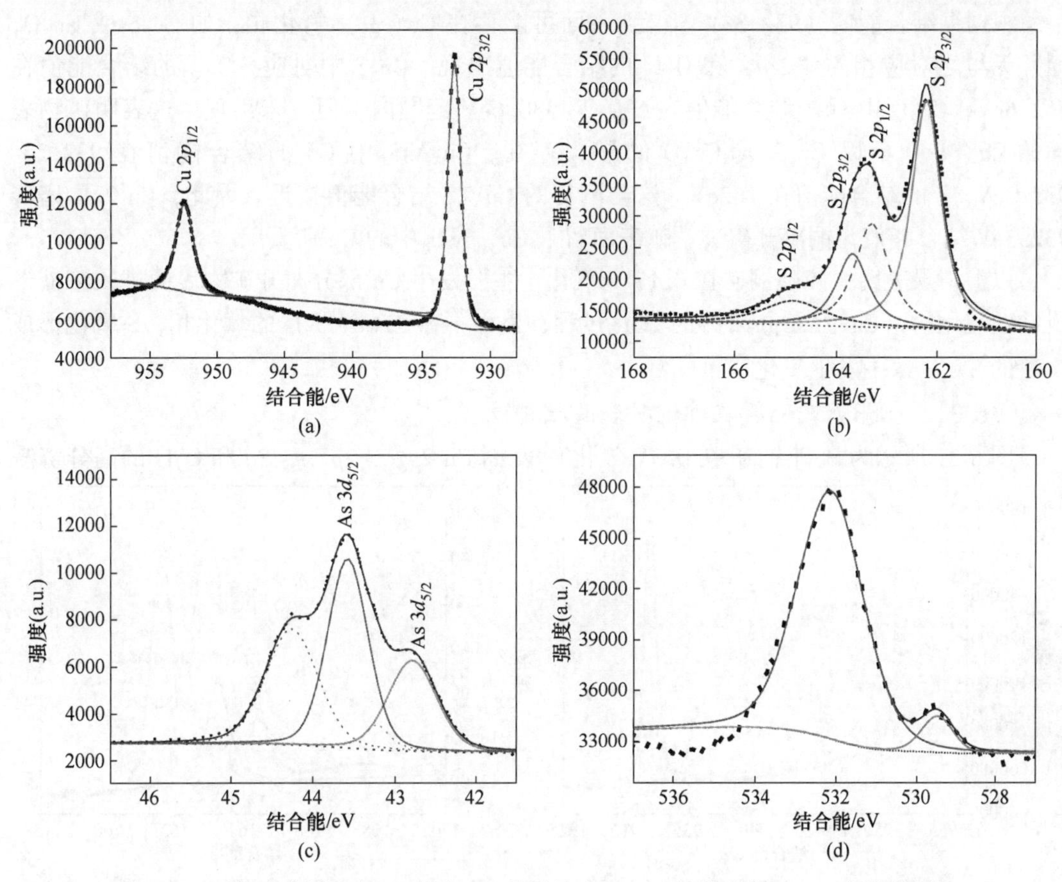

图 6-30　天然硫砷铜矿在 pH 值为 9.2 的溶液中 0.17V 氧化后表面 XPS 高分辨图谱

(a) Cu 2p；(b) As 3d；(c) S 2p；(d) O 1s

表 6-6　天然硫砷铜矿在 pH 值为 9.2 的溶液中 0.17V 氧化后表面拟合元素结合能值和摩尔分数

0.17V	Cu 2$p_{3/2}$	Cu 2$p_{1/2}$	S 2$p_{3/2}$		S 2$p_{1/2}$		As 3$d_{5/2}$		As 3$d_{3/2}$		O 1s	
结合能/eV	932.3	952.1	161.8	163.2	162.8	164.4	42.4	43.2	42.8	43.9	528.9	531.7
摩尔分数/%	12.42		27.43				5.8				11.3	

从图 6-30 可以看出，与未氧化硫砷铜矿表面谱图（见图 6-29）相比，硫砷铜矿在 0.17V 氧化后表面的 Cu 2p、As 3d 和 O 1s 谱均未发生明显变化，S 2p 谱变化较为明显。Cu 2$p_{3/2}$谱峰结合能值位于 932.3eV，与未氧化前相比，没有发生明显的位移变化，但 Cu 的摩尔分数由 20.1%降低到了 12.42%，这说明硫砷铜矿表面发生了 Cu 离开晶格表面的初步氧化过程。CuS、$Cu(OH)_2$ 和 CuO 等 Cu(Ⅱ) 的氧化相中 Cu 2$p_{3/2}$结合能值一般在934.6~

935.1eV，因此，该电位下矿物表面未形成 Cu(Ⅱ) 的氧化相，只可能形成 Cu(Ⅰ) 的氧化相。

与未氧化硫砷铜矿表面 S 2p 谱图相比，除了位于 161.8eV 的 S $2p_{3/2}$峰外，在 163.2eV 新出现了一个相对小的 S $2p_{3/2}$峰，此结合能值位于多硫化物 S_n^{2-} 的结合能值范围 162.0～163.7eV，这表明该电位氧化后矿物表面形成了少量的 S_n^{2-}。

根据铜结合能值（932.3eV）得到表面可能存在 Cu(Ⅰ) 氧化相，如 Cu_2S 或 Cu_2O，但并无与之对应相的 S 2 $p_{3/2}$和 O 1s 的结合能值出现。Cu_2S 中对应 S $2p_{3/2}$的结合能值在 162.6eV，Cu_2O 中 O 的结合能值在 530.2～530.6eV 范围内，但并未出现。这表明矿物表面的 Cu(Ⅰ) 不以 Cu_2S 或 Cu_2O 的形式存在。Cu_3AsS_4 中 Cu 的结合能值在 932.2～932.3eV，S 的结合能值在 162eV，这与测得的 Cu、S 结合能值接近。因此，Cu $2p_{3/2}$谱峰 932.3eV 结合能值为铜离开硫砷铜矿表面留下 $Cu_{3-x}AsS_4$中的 Cu 所贡献。

以上结果表明，硫砷铜矿在 0.17 V 氧化，主要发生 Cu 部分离开矿物表面进入溶液形成缺铜硫化物（$Cu_{3-x}AsS_4$）的初步氧化过程，表面不存在 Cu(Ⅱ) 的氧化相，S 氧化形成少量的 S_n^{2-}，As 不发生氧化。

6.6.3.2　0.3V 氧化后硫砷铜矿表面相构成

图 6-31 所示为硫砷铜矿在 0.3V 氧化后表面 Cu 2p、S 2p、As 3d 和 O 1s 的高分辨谱

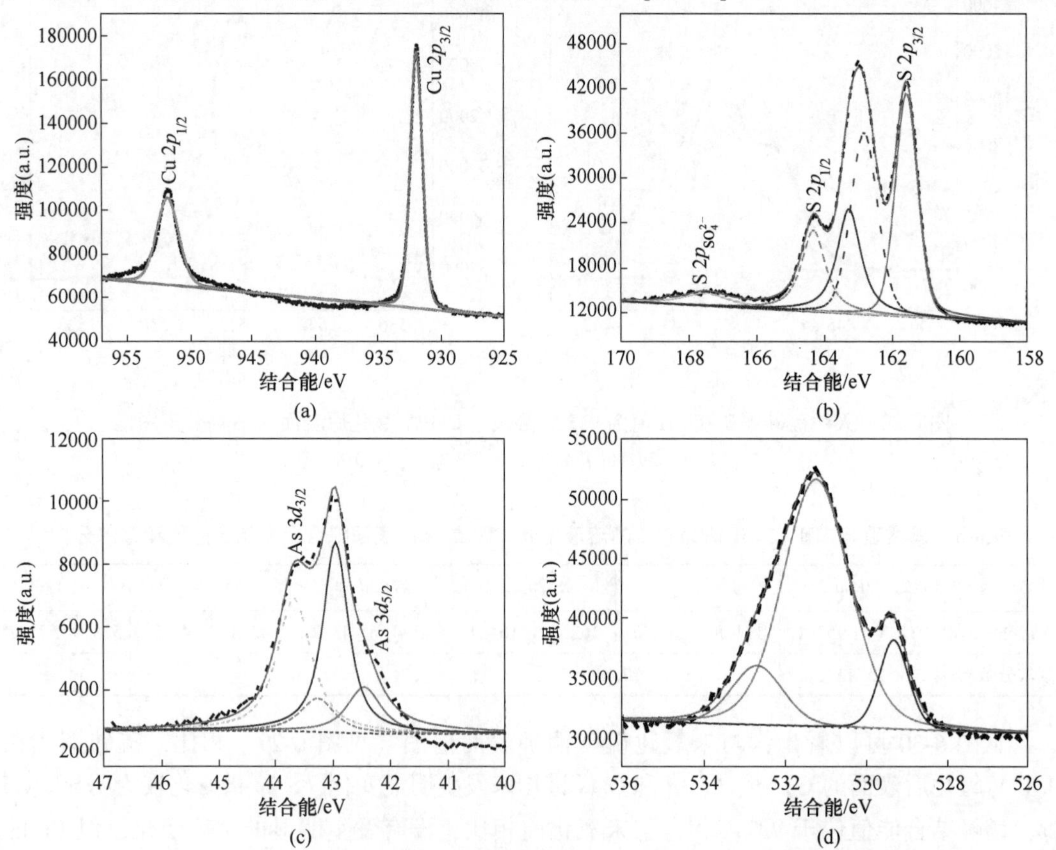

图 6-31　天然硫砷铜矿在 pH 值为 9.2 的溶液中 0.3V 氧化后表面 XPS 高分辨图谱

(a) Cu 2p；(b) As 3d；(c) S 2p；(d) O 1s

图，表 6-7 是相应的结合能值。与硫砷铜矿在 0.17V 氧化后的高分辨图谱对比，硫砷铜矿在 0.3V 氧化后表面的 Cu $2p$、As $3d$ 谱未发生明显变化，S $2p$ 和 O $1s$ 谱变化明显。Cu $2p_{3/2}$ 谱峰的结合能值为 932.3eV，说明此电位下表面仍然没有形成 Cu(Ⅱ) 的氧化相，但是 Cu 的摩尔分数进一步降低，由 0.17V 的 12.42%降到了 0.3V 的 7.09%，这表明在此电位下氧化时，硫砷铜矿表面大量的 Cu 溶解进入了溶液。As $3d_{5/2}$ 的结合能值分别为 42.9eV 和 43.4eV，和 0.17V 氧化后 As $3d_{5/2}$ 的结合能值 42.4eV 和 43.2eV 相比，分别提高了 0.5eV 和 0.2eV，但并无 As 物相的变化。

表 6-7　天然硫砷铜矿在 pH 值为 9.2 的溶液中 0.3V 氧化后表面拟合元素结合能值和摩尔分数

0.3V	Cu $2p_{3/2}$	Cu $2p_{1/2}$	S $2p_{3/2}$		S $2p_{1/2}$		S $2p_{SO_4^{2-}}$
结合能/eV	932.3	952.2	162.0	163.5	163.2	164.7	167.9
摩尔分数/%	7.09		30.82				
0.3V	As $3d_{5/2}$		As $3d_{3/2}$		O $1s$		
结合能/eV	42.9	43.4	43.7	45.1	529.7	531.6	533.1
摩尔分数/%	5.89				14.04		

S $2p$ 谱中除了位于 162.0eV 和 163.5eV 的 S $2p_{3/2}$ 峰外，位于 167.9eV 结合能值处出现了一个新的强度较小的 S $2p_{SO_4^{2-}}$ 峰，此结合能值在此处代表 $CuSO_4$ 相中的 S。但可能由于 $CuSO_4$ 相含量较低，XPS 分析结果中（见表 6-7）并无与 $CuSO_4$ 对应的 Cu $2p_{3/2}$ 和 O $1s$ 的结合能值出现（Cu $2p_{3/2}$ 934.9eV，O $1s$ 532.2~532.4eV）。S $2p_{3/2}$ 峰的结合能达到 163.5eV，相比 0.17V 氧化后的 S $2p_{3/2}$ 峰的结合能值（163.2eV），提高了 0.3eV，但此结合能值仍属于 S_n^{2-} 的结合能值范围。有报道称，S^0 的结合能值位于 163.5~164.4eV，但由于本章体系为碱性体系，形成 S^0 的可能性较小。故在 0.3V 电位条件下 S 以 S_n^{2-} 的形式存在于矿物表面。

通过以上分析，硫砷铜矿在电位 0.3V 氧化，大量的 Cu 离开矿物表面进入溶液，表面仍然不存在 Cu(Ⅱ) 的氧化相，可能存在少量的 $CuSO_4$，但处于检测下限，表面存在一定量的 S_n^{2-}，不存在 As 的氧化相。

6.6.3.3　0.5V 氧化后硫砷铜矿表面相构成

图 6-32 所示为硫砷铜矿在 0.5V 氧化 1800s 后的 Cu $2p$、S $2p$、As $3d$ 和 O $1s$ 的高分辨谱图，拟合后相应的结合能值列于表 6-8 中。

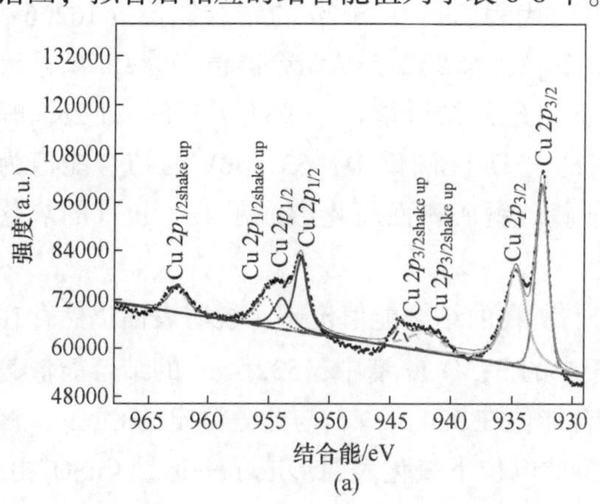

(a)

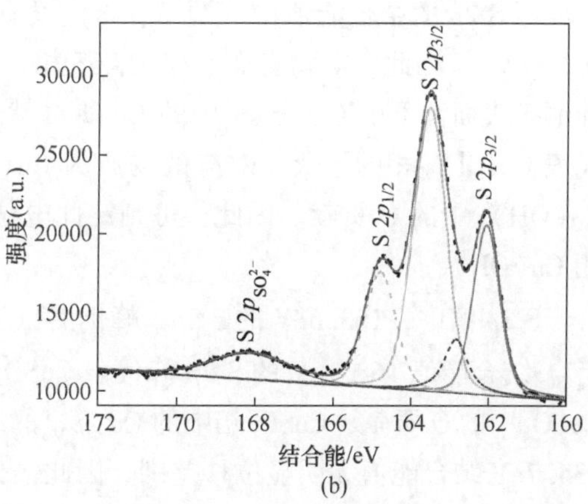

(b)

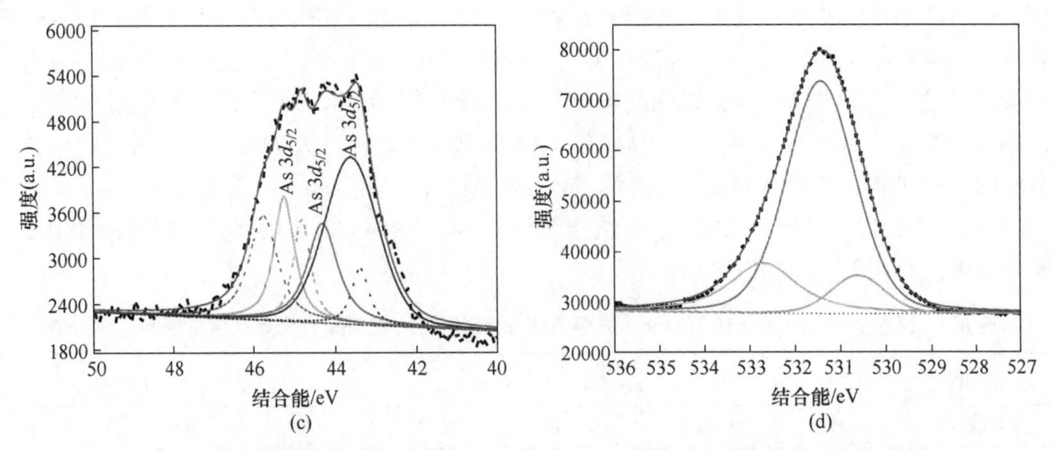

图 6-32 天然硫砷铜矿在 pH 值为 9.2 的溶液中 0.5V 氧化后表面 XPS 高分辨图谱

(a) Cu 2p; (b) As 3d; (c) S 2p; (d) O 1s

表 6-8 天然硫砷铜矿在 pH 值为 9.2 的溶液中 0.5V 氧化后表面拟合元素结合能值和摩尔分数

0.5V	Cu $2p_{3/2}$		Cu $2p_{3/2\text{shake up}}$		Cu $2p_{1/2}$		Cu $2p_{1/2\text{ shake up}}$	
结合能/eV	932.5	934.7	942.1	944.1	952.3	953.8	955.1	962.6
摩尔分数/%	8.11							
0.5V	S $2p_{3/2}$		S $2p_{1/2}$		S $2p_{SO_4^{2-}}$	As $3d_{5/2}$		
结合能/eV	162.1	163.6	162.9	164.8	168.1	43.6	44.3	45.2
摩尔分数/%	17.61							

0.5V	As $3d_{3/2}$			O 1s		
结合能/eV	43.4	44.8	45.8	530.6	531.4	532.4
摩尔分数/%	4.85			26.83		

与 0.3V 氧化后的高分辨 XPS 图谱相比，硫砷铜矿在 0.5V 氧化后，Cu 2p 谱、As 3d 谱出现了明显的变化，但 S 2p 谱无显著变化。Cu 2p 谱中，除位于 932.5eV 的 Cu $2p_{3/2}$峰外，在高结合能值 934.7eV 出现了另一个 Cu $2p_{3/2}$峰，并且还出现了 Cu $2p_{3/2}$和 Cu $2p_{1/2}$谱的多重分裂电子震激峰。结合能值位于 932.5eV 的 Cu $2p_{3/2}$理论上是由 CuS 相中的 Cu 贡献，但 S 2p 的结合能值中（见表 6-8）没有出现代表 CuS 中 S 2p 的结合能值（162.6~162.7eV）。因此，矿物表面不存在 CuS 相，Cu $2p_{3/2}$谱峰 932.5eV 结合能值仍为 Cu 离开硫砷铜矿表面留下的 $Cu_{3-x}AsS_4$中的 Cu 所贡献。新出现的结合能值为 934.7eV 的 Cu $2p_{3/2}$峰代表 Cu(Ⅱ) 相的形成，对应的物质为 $Cu(OH)_2$。O 1s 图谱中，531.4eV 的结合能值为 $Cu(OH)_2$ 中的 O 贡献。因此，可判定此电位下硫砷铜矿表面氧化形成了 Cu(Ⅱ) 的氧化相 $Cu(OH)_2$。

S 2p 谱中，163.6eV 的 S $2p_{3/2}$峰仍然位于 S_n^{2-}所在的结合能值范围，说明表面仍然存在 S_n^{2-}。结合能值 168.1eV 的 S 2p 峰代表 $CuSO_4$相中的 S；O 1s 谱中，532.4eV 的结合能值为 $CuSO_4$中的 O 贡献；$CuSO_4$相中的 Cu $2p_{3/2}$的结合能值在 934.9eV，与此处测定的 Cu $2p_{3/2}$峰 934.7eV 结合能值无明显位移差别。因此，分析此电位下氧化表面形成了一定量 $CuSO_4$相。

As 3d 谱中，除位于 43.6eV 和 44.3eV 的 As 3$d_{5/2}$峰外，在高结合能值 45.2eV 处出现了一个新的 As 3$d_{5/2}$峰。As_2O_5中 As 3$d_{5/2}$的结合能值在 45.9～46.5eV 范围内，因此，结合能值 45.2eV 由 As_2O_3 中的 As 贡献。且据报道，As_2O_3 中 O 1s 的结合能值在 531.5eV，故检测结果中 O 1s 谱峰 531.4eV 的结合能值应由 As_2O_3 中的 O 贡献。所以，证实表面不存在 As_2O_5相，存在 As_2O_3 相。

通过以上分析，硫砷铜矿在电位 0.5V 氧化，发生 Cu 和 As 的氧化沉积过程，分别在矿物表面形成 Cu(Ⅱ) 氧化相（$Cu(OH)_2$、$CuSO_4$）和 As_2O_3 氧化相，此外，表面还存在一定的 S_n^{2-} 相。

6.6.3.4 0.8V 氧化后硫砷铜矿表面相构成

图 6-33 所示为硫砷铜矿在 0.8V 氧化 1800s 后的 Cu 2p、S 2p、As 3d 和 O 1s 的高分辨谱图，拟合后相应的结合能值列于表 6-9 中。与硫砷铜矿在 0.5V 氧化后的高分辨图谱对比，硫砷铜矿在 0.8V 氧化后表面的 Cu 2p、S 2p、As 3d，和 O 1s 谱图均没有发生明显的变化。

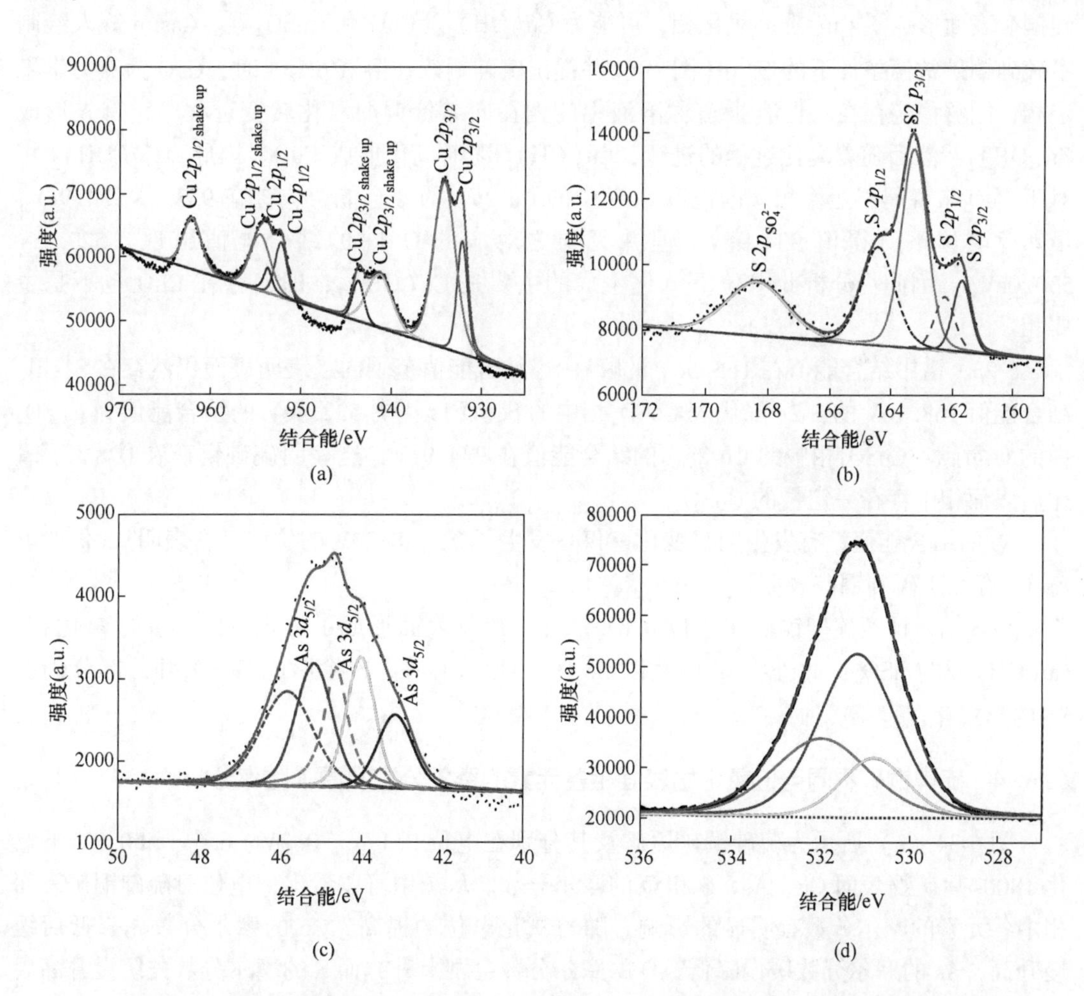

图 6-33 天然硫砷铜矿在 pH 值为 9.2 的溶液中 0.8V 氧化后表面 XPS 高分辨图谱

(a) Cu 2p；(b) S 2p；(c) As 3d；(d) O 1s

表 6-9　天然硫砷铜矿在 pH 值为 9.2 的溶液中 0.8V 氧化后表面拟合元素结合能值和摩尔分数

0.8V	$Cu\ 2p_{3/2}$		$Cu\ 2p_{3/2\ shake\ up}$		$Cu\ 2p_{1/2}$		$Cu\ 2p_{1/2\ shake\ up}$	
结合能/eV	932.5	934.9	941.5	943.9	952.4	953.8	954.6	962.2
摩尔分数/%	9.23							
0.8V	$S\ 2p_{3/2}$		$S\ 2p_{1/2}$		$S\ 2p_{SO_4^{2-}}$	O 1*s*		O 1*s* O-C
结合能/eV	161.9	163.5	162.5	164.6	168.6	531	532.4	531.4
摩尔分数/%	7.16					31.08		

0.8V	$As\ 3d_{3/2}$			$As\ 3d_{3/2}$		
结合能/eV	43.4	44.2	45.4	43.8	44.8	46.0
摩尔分数/%	4.32					

Cu 2*p* 谱中代表 Cu(Ⅰ) 相的 $Cu\ 2p_{3/2}$ 结合能值为 932.5eV，代表 Cu(Ⅱ) 相的 $Cu\ 2p_{3/2}$ 结合能值为 934.9eV。同样，出现了 $Cu\ 2p_{3/2}$ 和 $Cu\ 2p_{1/2}$ 谱的多重分裂电子震激峰。硫砷铜矿表面形成了 Cu(Ⅱ) 氧化相，可能为 $Cu(OH)_2$、CuO 和 $CuSO_4$ 等。Castro 等人绘制了硫砷铜矿常温条件下的 E_h-pH 图[22]，并提出硫砷铜矿在溶液 pH>4 时，CuO 为热力学稳定相，能够稳定存在，但有报道称溶液中的铜在向二价铜的氧化转变过程中，首先形成 $Cu(OH)_2$，然后随着氧化过程的进行，$Cu(OH)_2$ 逐渐氧化形成 CuO。因此，$Cu(OH)_2$ 相对于 CuO 来说属于亚稳相。据报道 CuO 中的 $Cu\ 2p_{3/2}$ 的结合能值应该在 933.2~934.9eV，虽然此电位下测得值 934.9eV，但并无与之对应的 O 1*s* 的结合能值出现（529.5~530.0eV）。因此，分析此电位下氧化生成的主要是 $Cu(OH)_2$，即使存在 CuO 也不是主要相。

$S\ 2p_{3/2}$ 谱中结合能值在 163.5eV 的峰在 S_n^{2-} 结合能值范围内，表明表面仍然存在 S_n^{2-} 相。结合能值 168.1eV 的 S 2*p* 峰代表 $CuSO_4$ 相中的 S；O 1*s* 谱中 532.4eV 的结合能值为 $CuSO_4$ 中的 O 贡献；$CuSO_4$ 相中的 $Cu\ 2p_{3/2}$ 的结合能值在 934.9eV，这表明硫砷铜矿在 0.8V 下氧化后表面相中存在一定量的 $CuSO_4$。

As 的结合能值没有发生明显变化，仅是发生了 0.1~0.2eV 的位移，这表明 As 仍然以 As_2O_3 存在于硫砷铜矿表面。

XPS 结果证实硫砷铜矿在电位 0.8V 氧化，矿物表面形成了一定的 Cu(Ⅱ) 氧化相，$Cu(OH)_2$ 和 $CuSO_4$；此外，As 仍然以 As_2O_3 的形式存在，S 除形成 $CuSO_4$ 外，部分仍以 S_n^{2-} 的形式存在。

6.6.4　硫砷铜矿不同电位氧化后表面相各元素的摩尔分数及原子比率分析

图 6-34（a）所示为硫砷铜矿原矿及其分别在电位 0.17V、0.3V、0.5V 和 0.8V 下氧化 1800s 后矿物表面 Cu、As、S 和 O 的摩尔分数。从图中可以看出，电位对硫砷铜矿表面相中各元素的摩尔分数有明显的影响。随着氧化电位的提高，Cu 的摩尔分数先降低后缓慢升高，As 的摩尔分数缓慢降低，O 的摩尔分数急剧上升，而 S 的摩尔分数先缓慢升高后迅速降低。

为了更直观地对比不同电位氧化后硫砷铜矿表面相各元素的原子相对含量，分别以

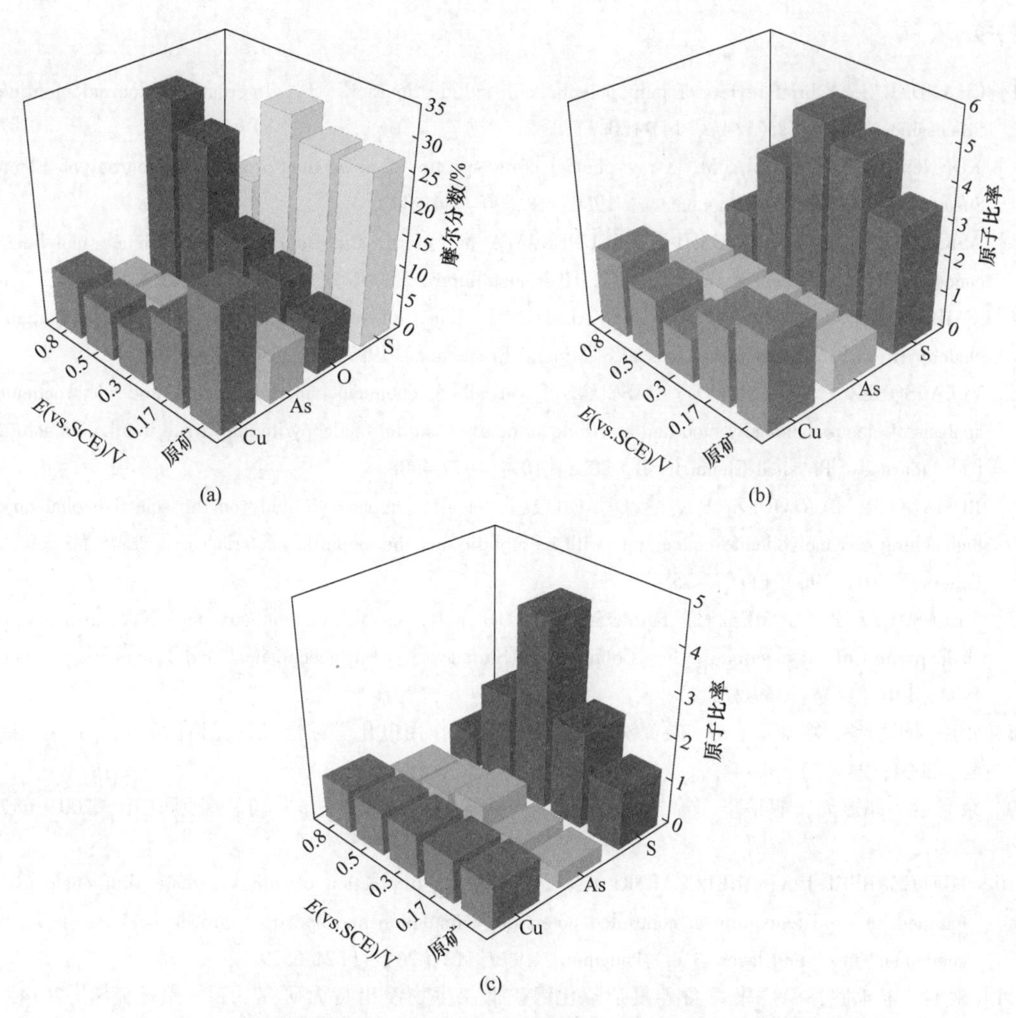

图 6-34 天然硫砷铜矿不同电位下氧化后表面相中各个摩尔分数和原子比率

(a) 摩尔分数；(b) $CuAs_xS_y$原子比率；(c) Cu_xAsS_y原子比率

As 和 Cu 的摩尔分数为基准，计算出硫砷铜矿表面各原子的原子比率，结果如图 6-34（b）和（c）所示。从图 6-34（b）可以看出，随着电位的提高，硫砷铜矿表面 Cu 的原子比率从原矿时的 2. 54 减小到 0. 3V 时的 1. 20，之后增加到 0. 8V 时的 2. 14。结合 XPS 组成分析结果，进一步证实在低的氧化电位（0. 17V 和 0. 3V）下，硫砷铜矿表面发生 Cu 部分离开矿物表面进入溶液的氧化过程，导致硫砷铜矿表面呈现缺 Cu 的状态；而随着电位的提高（0. 5V 和 0. 8V）硫砷铜矿表面形成了大量的亲水相 $Cu(OH)_2$ 和 $CuSO_4$，并沉淀在硫砷铜矿表面使得表面 Cu 的原子比率升高。此外，对于在不同电位下氧化后硫砷铜矿表面 S 相存在的相对含量可以用 S 的原子比率来解释（见图 6-34（b）和（c））。从图中可以看出，随着氧化电位的提高，表面 S 的原子比率逐渐升高，到 0. 3V 达到最大，之后进一步提高电位到 0. 5V 和 0. 8V，表面 S 的原子比率急剧下降。结合 XPS 组成分析结果，证实这是由于矿物表面氧化后形成大量的含有 $CuSO_4$的亲水相从电极表面脱落进入了溶液中引起的。

参 考 文 献

[1] CHANDER S. A brief review of pulp potentials in sulfide flotation [J]. International Journal of Mineral Processing, 2003, 72 (1/4): 141-150.

[2] KONNO H, NAGAYAMA M. X-ray photoelectron spectra of hexavalent iron [J]. Journal of Electron Spectroscopy and Related Phenomena, 1980, 18 (3): 341-343.

[3] ASKARI Z M A, HIROYOSHI N, TSUNEKAWA M, et al. Bioleaching of sarcheshmeh molybdenum concentrate for extraction of rhenium [J]. Hydrometallurgy, 2005, 80 (1/2): 23-31.

[4] FAIRTHOME G, FORNASIERO D, RALSTON J. Effect of oxidation on the colletorless flotation of chalcopyrite [J]. International Journal of Mineral Processing, 1997, 49 (2): 31-48.

[5] VELA'SQUEZ P, LEINEN D, PASCUAL J, et al. A chemical, morphological, and electrochemical analysis of electrochemically modified electrode surfaces of natural chalcopyrite and pyrite in alkaline solutions [J]. Journal of Physical Chemistry B, 2005, 109: 4977-4988.

[6] ROMANO P, BLAZQUEZ M L, ALQUACIL F J, et al. Comparative study on the selective chalcopyrite bioleaching of a molybdenite concentrate with mesophilic and thermophilic bacteria [J]. FEMS Microbiology Letters, 2001, 196 (1): 71-75.

[7] VELASQUEZ P, GOMEZ H, RAMOS-BARRADO J R, et al. Voltammetry and XPS analysis of a chalcopyrite $CuFeS_2$ electrode [J]. Colloids and Surfaces A: Physicochemical and Engineering Aspects, 1998, 140 (1/3): 369-375.

[8] 张芹，胡岳华，顾帼华，等. 磁黄铁矿与乙黄药相互作用电化学浮选红外光谱的研究 [J]. 矿冶工程，2004，24 (5)：42-44.

[9] 余润兰，邱冠周，胡岳华，等. 乙黄药在铁闪锌矿表面的吸附机理 [J]. 金属矿山，2004 (12)：29-31.

[10] MIELCZARSKI J A, MIELCZARSKI E, CASES J M. Interaction of amyl xanthate with chalcopyrite, tetrahedrite, and tennantite at controlled potentials. simulation and spectroelectrochemical results for two-component adsorption layers [J]. Langmuir, 1996, 12 (26): 6521-6529.

[11] 刘学，宋永胜，温建康. 含砷复杂硫化镍矿低温生物浸出行为研究 [J]. 稀有金属，2014，38 (6)：1127-1133.

[12] 吴瑾光. 近代傅里叶变换红外光谱技术及应用（上册）[M]. 北京：科学技术文献出版社，1994.

[13] BELLAMY L J. 复杂分子的红外光谱 [M]. 北京：科学出版社，1975.

[14] PAJKOSSY T, NYIKOS L. Diffusion to fractal surfaces—Ⅱ. Verification of theory [J]. Electrochimica Acta, 1989, 34 (2): 171-179.

[15] PAJKOSSY T. Capacitance dispersion on solid electrodes: Anion adsorption studies on gold single crystal electrodes [J]. Solid State lonics, 1997, 94 (1/4): 123-129.

[16] KERNER Z, PAJKOSSY T. Impedance of rough capacitive electrodes: the role of surface disorder [J]. Journal of Electroanalytical Chemistry, 1998, 448 (1): 139-142.

[17] SONG Y W, SHAN D Y, CHEN R S, et al. Investigation of surface oxide film on magnesium lithium alloy [J]. Journal of Alloys and Compounds, 2009, 484 (1): 585-590.

[18] SOUZA M E P, BALLESTER M, FREIRE C M A. EIS characterisation of Ti anodic oxide porous films formed using modulated potential [J]. Surface and Coatings Technology, 2007, 201 (18): 7775-7780.

[19] CHEN J, WANG J Q, HAN E H, et al. AC impedance spectroscopy study of the corrosion behavior of an AZ91 magnesium alloy in 0.1mol/L sodium sulfate solution [J]. Electrochimica Acta, 2007, 52 (31): 3299-3309.

[20] VELASQUEZ P, LEINEN D, PASCUAL J, et al. SEM, EDX and EIS study of an electrochemically modified electrode surface of natural enargite (Cu_3AsS_4) [J]. Journal of Electroanalytical Chemistry, 2000, 494: 87-95.

[21] PLACKOWSKI C, HAMPTON M A, NGUYEN A V, et al. An XPS investigation of surface species formed by electrochemically induced surface oxidation of enargite in the oxidative potential range [J]. Minerals Engineering, 2013, 45 (8): 59-66.

[22] CASTRO S H, BALTIERRA L. Study of the surface properties of enargite as a function of pH [J]. International Journal of Mineral Processing, 2005, 77 (2): 104-115.

7 低品位钼矿石的预处理及钼提取研究

7.1 引言

钼作为一种高熔点金属，主要应用于钢铁、军事及石油化工领域。世界上约一半的钼精矿产自单一钼矿床，其余主要产自铜、钨及钒伴生的矿床。随着钼工业的发展及钼资源的不断开采，钢铁行业生产钼铁及钼合金的标准钼精矿（含 $w(\mathrm{Mo}) \geqslant 45\%$）越来越少，品位低及成分复杂的低品位钼精矿（低品位钼精矿是指含钼在20%~40%，其中含有大量的二氧化硅、氧化钙、镁及少量的铜、铁、铅、钨、钒等杂质的精矿[1-2]）的比例却在不断增加。此类低品位钼精矿由于其处理工艺步骤烦琐、回收率低、渣量大及残渣需要再处理等因素，在工业应用当中受到了一定的限制，但是基于其矿石特性的分离和提取技术的研究日趋迫切[3-5]。

从钼精矿中提取钼的方法分为火法和湿法，无论是火法还是湿法，其共同点都是将硫化钼氧化成氧化钼或其盐类，之后将其从溶液中进一步除杂后得到纯的钼化合物的过程。湿法处理方法主要包括硝酸法、次氯酸钠氧化法、加压碱浸法、电氧化法和细菌氧化法。但湿法处理钼精矿还存在一些问题，如硝酸法会产生氧化氮有害气体，母液处理复杂，氧化钼纯度和回收率低[6]；次氯酸钠氧化法中 NaClO 消耗极大、成本高、原料 NaClO 易分解、不便于运输贮存[7]；加压碱浸法具有反应时间长的缺点；电氧化法能耗高[8]；细菌氧化法存在钼对细菌毒性大、细菌的适应性等问题。尽管火法在焙烧过程中会释放出危害环境的二氧化硫，但在工业中该法仍然占有主要地位。近几十年来，针对火法焙烧过程中产生的二氧化硫污染物，广泛采用苏打焙烧和石灰焙烧等方法固硫。石灰焙烧法适用于处理含有铼的钼精矿；苏打焙烧法适于处理低品位钼精矿，焙烧后的钼酸钠易溶于水，而大部分的其他金属和脉石矿物不溶于水。因此，它能有效地将钼与大部分金属和脉石矿物分离。

某企业产出的钼精矿属于低品位钼精矿，其中含有一定量的铜及大量的脉石矿物。本章根据该低品位钼精矿的矿石特性，首先开展酸法提纯预处理工艺研究，其次开展直接焙烧—氨浸法、苏打焙烧—水浸法和细菌氧化法提取钼的新工艺研究。此外，对获得的钼酸铵溶液在净化的基础上开展了结晶研究，制备了钼酸铵晶体。研究流程如图 7-1 所示。

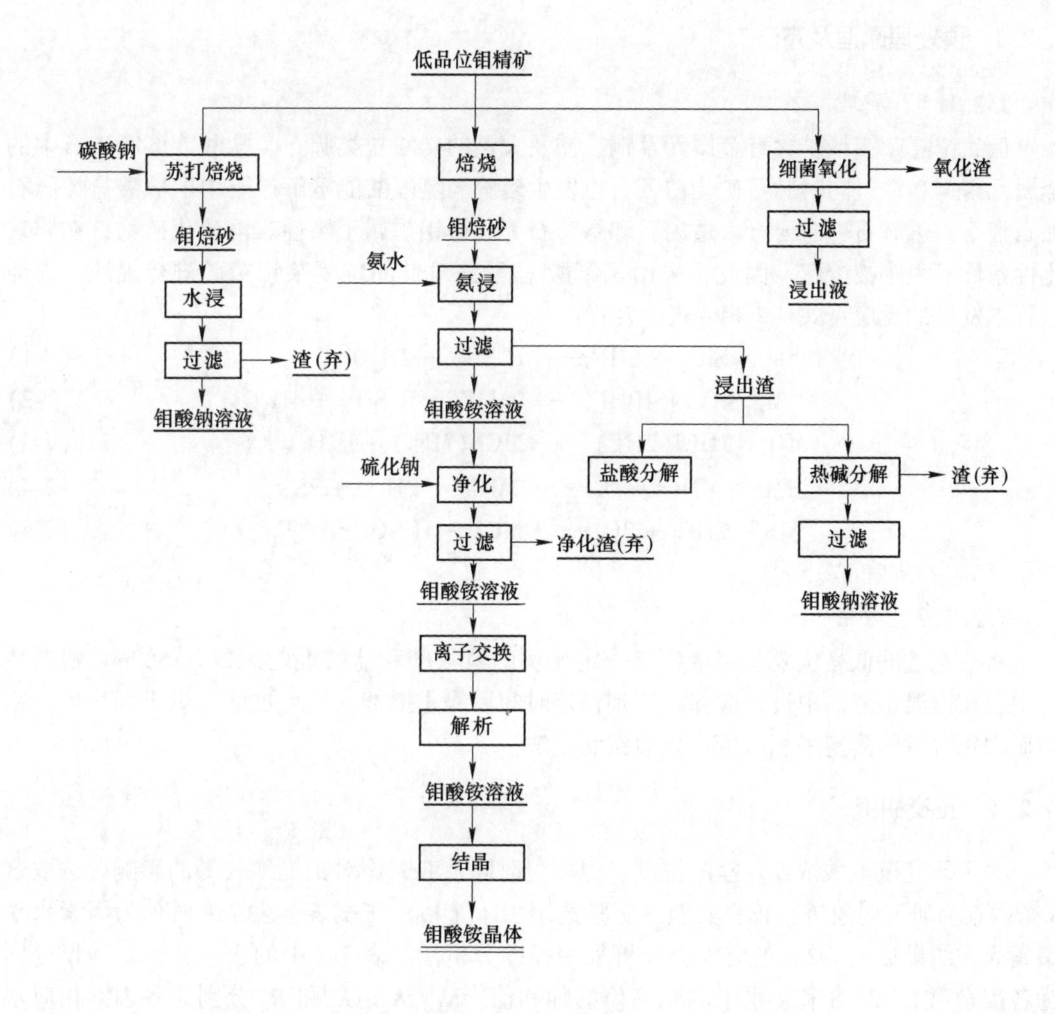

图 7-1 工艺流程图

7.2 低品位钼精矿的提纯预处理研究

低品位复杂钼精矿的提纯预处理方法主要有化学法和非化学法。目前，国内外采用的化学提纯方法有微生物法[9-10]、盐酸法[11]、卤化法[12]、重铬酸盐-硫酸法、硝酸-氢氟酸法[13]、氢氟酸-氯化焙烧法[14]及盐酸-氢氟酸法[15]；非化学法有浮选法。化学提纯方法中的微生物法、盐酸法、卤化法和重铬酸盐-硫酸法能够在一定程度上溶出硫化矿中的铜、锌、镍和铁等金属杂质，但几乎不能溶出脉石矿物。硝酸-氢氟酸法和氢氟酸-氯化焙烧法能够溶出矿石中的部分脉石，但不能溶出金属杂质。而非化学提纯的浮选柱法虽然在一定程度上能够达到提纯钼精矿的目的[16]，但是对于脉石矿物嵌布粒度非常细的钼精矿，该法提纯效果非常有限。

本章主要开展针对低品位钼精矿中金属杂质和脉石矿物的化学溶出研究，采用盐酸-氢氟酸法对低品位钼精矿进行提纯，验证提纯低品位钼精矿的可行性及有效性，为处理低品位复杂难处理钼精矿奠定基础。

7.2.1 预处理原理及方法

7.2.1.1 原理

低品位复杂钼精矿含有金属元素铜、铁及大量的硅酸盐类脉石。盐酸能溶解矿石中的金属元素铜和铁，同时脉石矿物白云石也发生溶解。氢氟酸能溶解矿石中的硅酸盐类脉石如石榴石、透辉石、白云石、透闪石和绿帘石等。辉钼矿属于惰性难溶硫化矿物，在非氧化性条件下很难被溶解。因此，采用氢氟酸-盐酸法对低品位复杂钼精矿进行提纯。提纯过程中发生的反应见式（7-1）~式（7-5）：

$$SiO_2 + 6HF \longrightarrow H_2SiF_6 + 2H_2O \tag{7-1}$$

$$Mg_2SiO_4 + 10HF \longrightarrow 2MgF_2 + H_2SiF_6 + 4H_2O \tag{7-2}$$

$$MO + 2HCl(2HF) \longrightarrow MCl_2(MF_2) + H_2O \tag{7-3}$$

$$2MS + 4HCl + O_2 \longrightarrow 2MCl_2 + 2H_2O + 2S^0 \tag{7-4}$$

$$MS + 2HCl + 2O_2 \longrightarrow MCl_2 + H_2SO_4 \tag{7-5}$$

式中，M 为 Cu 和 Fe。

7.2.1.2 方法

将一定量的低品位复杂钼精矿与一定比例的氢氟酸和盐酸混匀后放入 500mL 塑料烧杯中，在恒温水浴锅中进行搅拌，达到预定时间后停止搅拌，进行过滤、烘干和称量。钼精矿中钼含量的测定采用碱熔—钒酸铵滴定法。

7.2.2 正交研究

为了研究氢氟酸浓度、盐酸浓度、温度、时间及液固比对钼提纯效果的影响，选取这 5 个因素为研究对象进行正交实验，实验选用 L16（45）正交表，表 7-1 所列为因素水平编码表，结果见表 7-2。正交数据分析采用极差分析法。表 7-2 中的Ⅰ、Ⅱ、Ⅲ和Ⅳ分别为各因素第 1、2、3 和 4 水平的钼品位的加和值。K_1、K_2、K_3和 K_4 分别为各因素相应水平的钼品位的平均值。极差 R 为 K_1、K_2、K_3和 K_4 最大平均值与最小平均值之差。因此，R 值的大小反映因素的水平变化对钼精矿钼品位影响的大小。从表 7-2 中可以看出，因素 A（氢氟酸浓度）、B（盐酸浓度）、C（温度）、D（时间）和 E（液固比）的极差 R 分别为 4.8、6.1、9.34、3.31 和 2.01。这表明 5 个因素对钼精矿中钼品位提高影响由大到小的顺序为温度、盐酸浓度、氢氟酸浓度、时间、液固比。

表 7-1 钼精矿提纯正交实验因素水平表

水平	因素				
	氢氟酸浓度/% A	盐酸浓度/% B	温度/℃ C	时间/h D	液固比 E
1	5	5	25	0.5	3 : 1
2	10	10	50	1.0	4 : 1
3	20	15	70	1.5	5 : 1
4	25	20	90	2.0	7 : 1

表 7-2 钼精矿提纯正交实验结果

实验	因素					Mo 品位/%
	A	B	C	D	E	
1	5	5	25	0.5	1∶3	29.43
2	5	10	50	1.0	1∶4	33.70
3	5	15	70	1.5	1∶5	36.80
4	5	20	90	2.0	1∶7	46.15
5	10	5	50	1.5	1∶7	37.19
6	10	10	25	2.0	1∶5	35.30
7	10	15	90	0.5	1∶4	46.72
8	10	20	70	1.0	1∶3	41.82
9	20	5	70	2.0	1∶4	36.29
10	20	10	90	1.5	1∶3	41.23
11	20	15	25	1.0	1∶7	30.65
12	20	20	50	0.5	1∶5	37.96
13	25	5	90	1.0	1∶5	35.56
14	25	10	70	0.5	1∶7	32.11
15	25	15	50	2.0	1∶3	37.22
16	25	20	25	1.5	1∶4	36.95
Ⅰ	146.08	138.47	132.33	146.22	149.7	
Ⅱ	161.03	142.34	146.07	141.73	153.66	
Ⅲ	146.13	151.39	147.02	152.17	145.62	
Ⅳ	141.84	162.88	169.66	154.96	146.10	
K_1	36.52	34.62	33.08	36.56	37.43	
K_2	40.26	35.59	36.52	35.43	38.42	
K_3	36.53	37.85	36.76	38.04	36.41	
K_4	35.46	40.72	42.42	38.74	36.53	
R	4.80	6.10	9.34	3.31	2.01	

为了进行更直观的比较分析，采用各因素的不同水平和各水平下钼品位的平均值分别作为横、纵坐标，绘出各因素与钼品位的比较图（见图 7-2）。从图 7-2 可看出，5 个因素在研究的水平范围内，因素 A 和 E 对钼精矿中钼品位的影响均出现峰值，即在所研究的水平范围内，因素 A 和 E 分别在 A_2（氢氟酸浓度 10%）和 E_2（液固比 4∶1）对钼精矿钼品位的提纯效果最好。因素 B、C 和 D 在研究的水平范围内对钼精矿钼品位的提高呈直线上升趋势。这说明在所研究的水平范围内，因素 B_4（盐酸浓度为 20%时）最好，依据其变化规律，可以适当加大盐酸浓度，对提高钼精矿的品位仍然有利。同样，因素 C 和 D 的继续增大仍然有利于钼精矿品位的提高。因此，提高钼精矿中钼品位最佳因素水平组合为 $A_2B_4C_4D_4E_2$，即氢氟酸浓度为 10%，盐酸浓度为 20%，温度为 90℃，处理时间为 2h，液固比为 4∶1。

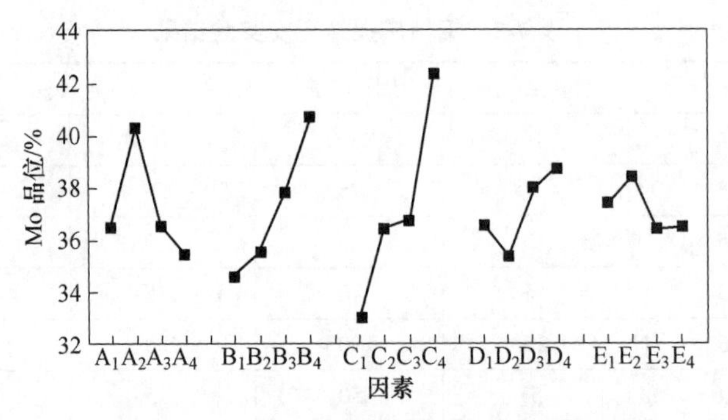

图 7-2　正交实验因素对钼品位的影响

7.2.3　单因素研究

极差 R 值显示，因素 D 和 E 对提高钼精矿钼品位的影响较小，而因素 A、B 和 C 对提高钼精矿钼品位的影响显著。因此，这里开展因子 A、B 和 C 的单因素研究，结果分别如图 7-3~图 7-5 所示。

7.2.3.1　氢氟酸浓度的影响

浸出条件：氢氟酸浓度 5%、10%、15%、20%、25%，盐酸浓度 20%，温度 90℃，时间 2h，液固比 4∶1。氢氟酸浓度（因素 A）对钼精矿品位提高的影响如图 7-3 所示。

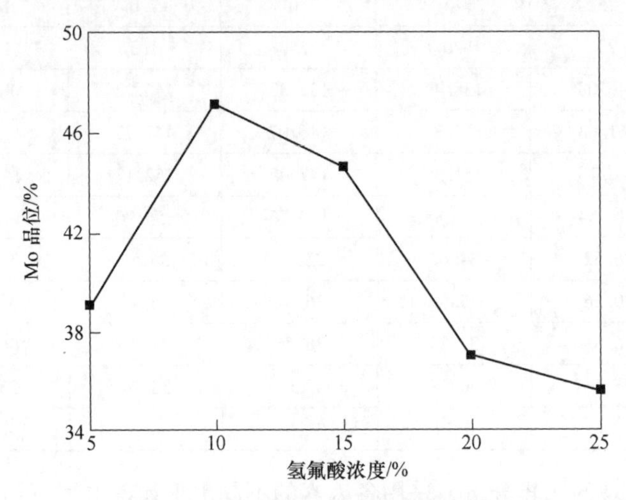

图 7-3　氢氟酸浓度对钼品位的影响

从图 7-3 可以看出，氢氟酸浓度对钼精矿品位的影响较为明显。当体系中氢氟酸浓度为 5%时，钼精矿的品位为 39.18%；当氢氟酸浓度提高到 10%时，钼精矿的品位迅速增加到 47.16%；再增大氢氟酸的浓度，钼精矿的品位不但未提高反而有所下降。在钼精矿中含有脉石镁铝榴石 $Mg_3Al_2(SiO_4)_3$、钙铁榴石 $Ca_3Fe_2(SiO_4)_3$、透辉石 $CaMg(SiO_3)_2$ 和透闪石 $Ca_2Mg_5Si_8O_{22}(OH)_2$，当加入高浓度的氢氟酸时，加剧了氢氟酸与硅酸盐类脉石矿物的反应，并且在反应初期形成了 MgF_2、CaF_2 和 FeF_3 沉淀，它们覆盖在脉石矿物表面，阻碍氢氟酸与脉石矿物的进一步反应。因此，最佳氢氟酸浓度为 10%。此外，氢氟酸在一定程度上有助于钼精矿中石榴石、透辉石、透闪石和绿帘石等硅酸盐矿物的溶解。

7.2.3.2 盐酸浓度的影响

浸出条件：盐酸浓度为 5%、10%、15%、20%、25%、30%，氢氟酸浓度 10%，温度 90℃，时间 2h，液固比 4∶1。盐酸浓度对钼精矿品位提高的影响如图 7-4 所示。

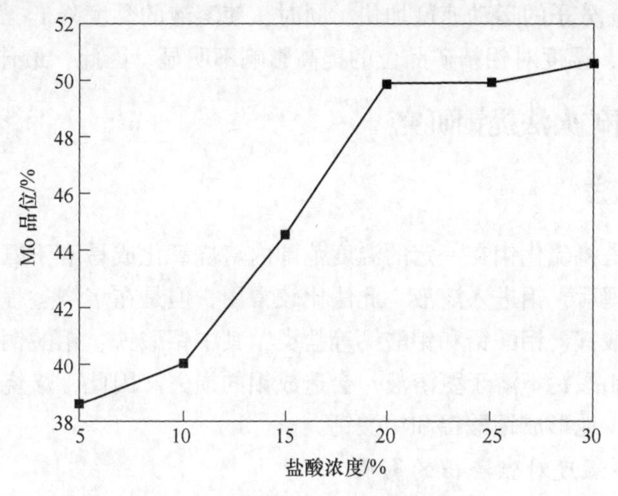

图 7-4 盐酸浓度对钼品位的影响

从图 7-4 可以看出，当体系中盐酸浓度为 5%时，钼精矿的品位为 38.8%。此时由于体系中盐酸浓度偏低，脉石矿物表面所覆盖的绝大部分 MgF_2、CaF_2 和 FeF_3 不能被溶解，它们仍然阻碍提纯反应的进一步进行；之后，随着盐酸浓度的增加，钼精矿的品位迅速提高，当盐酸浓度的增大到 20%时，钼精矿的品位提高到 49.89%。这表明在氢氟酸浓度为 10%的提纯体系中加入浓度为 20%的盐酸时，脉石矿物表面所覆盖的 MgF_2、CaF_2 和 FeF_3 基本被溶解，提纯反应能顺利进行。之后，再增大盐酸的浓度到 25%和 30%后，对提高钼精矿的品位影响不明显。因此，选择最佳盐酸浓度为 20%。

7.2.3.3 温度的影响

浸出条件：氢氟酸浓度 10%，盐酸浓度 20%，温度 60℃、70℃、80℃、90℃ 和 96℃；时间 2h，液固比 4∶1。温度对钼精矿品位提高的影响如图 7-5 所示。

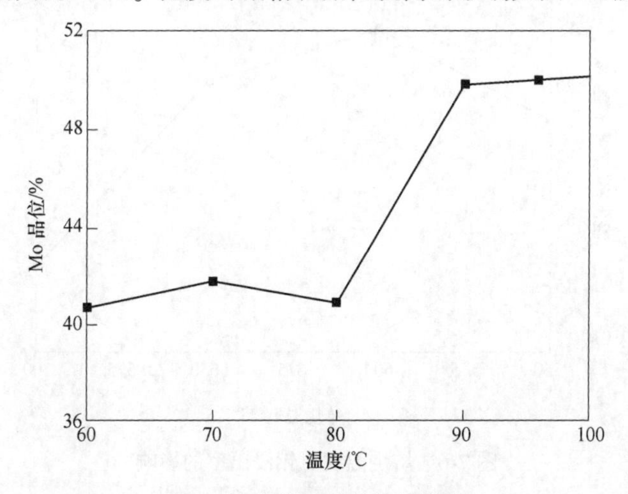

图 7-5 温度对钼品位的影响

从图 7-5 可以看出，提纯过程中温度的升高有利于钼精矿品位的提高。当提纯温度为 60℃时，钼精矿的品位为 40.61%；当温度升高到 80℃时，钼精矿的品位稍有提高；当温度升高到 90℃时，钼精矿的品位迅速提高到 49.94%。这是由于温度的升高使溶液中的分子获得的能量增大，分子的运动速度加快，同时，使溶液的黏度降低，分子扩散之后，再升高温度至 96℃时，温度对钼精矿品位的提高影响不明显。因此，最佳提纯温度为 90℃。

7.3 低品位钼精矿火法提钼研究

7.3.1 焙烧—氨浸法

焙烧—氨浸法是将硫化钼在一定的温度范围内焙烧氧化成易溶于氨溶液的三氧化钼焙砂，焙砂经氨浸处理后，钼进入溶液。此法比较常用，但是在焙烧过程中非常容易生成钼酸铁、钼酸铜、钼酸锌、钼酸铅和钼酸钙等盐类，其中钼酸铁、钼酸铜和钼酸锌易溶于氨溶液，而钼酸铅和钼酸钙不溶于氨溶液，会造成钼的损失。因此，焙烧过程中需要严格控制条件，保证尽量少地形成钼酸铅和钼酸钙。

7.3.1.1 焙烧温度对钼浸出的影响

焙烧温度是控制三氧化钼焙砂质量的重要因素之一。如果焙烧过程中温度太低，会导致物料燃烧不充分，形成大量的二氧化钼；如果焙烧温度太高，会引起物料过烧，物料烧结结块，出现生成各种不可溶性钼酸盐的副反应，影响钼的回收。图 7-6 所示为焙烧温度对钼浸出率的影响。从图中可以看出，随着焙烧温度的升高，钼浸出率呈先增大后减小的趋势。钼精矿在 550℃焙烧后，钼的浸出率为 67.40%，浸出率偏低主要由于焙烧温度偏低，形成了大量的二氧化钼；当温度升至 600℃时，钼的浸出率提高到 74.31%，浸出率的提高主要是由于二氧化钼在此温度下与氧气充分燃烧，形成可溶的三氧化钼；但是当焙烧温度升至 650℃和 700℃时，钼的浸出率没有提高，反而下降，这主要是由于温度过高，引起物料过烧，产生各种副反应，导致生成各种不利于钼浸出的钼酸盐。因此，确定最佳焙烧温度为 600℃。

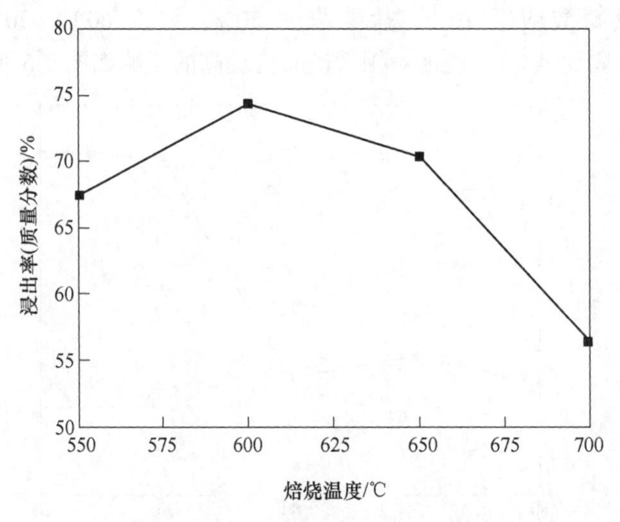

图 7-6 焙烧温度对钼浸出率的影响

7.3.1.2　焙烧时间对钼浸出的影响

图7-7所示为焙烧时间对钼浸出率的影响。从图中可以看出，焙烧时间对钼的浸出率的影响不明显。焙烧1h已足够完成从二硫化钼向三氧化钼的氧化过程。

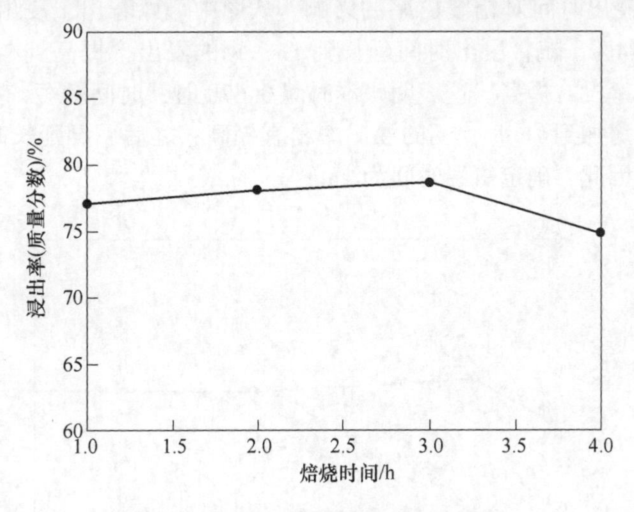

图7-7　焙烧时间对钼浸出率的影响

7.3.1.3　氨浸温度对钼浸出的影响

氨浸过程中，体系温度是焙砂与氨溶液反应生成钼酸铵的重要影响因素之一。当浸出温度偏低时，三氧化钼与氨反应不充分，导致钼的浸出率低；当浸出温度偏高时，会导致氨的挥发量过大，氨的有效浓度变小，影响钼的浸出效果。图7-8所示为浸出温度对钼浸出率的影响。从图中可以看出，钼的浸出率随着浸出温度的提高呈先升高后降低的趋势。当浸出温度为80℃时，钼的浸出率最高，达到78.96%；当温度升至90℃时，钼的浸出率迅速下降至64.89%。钼的浸出率随温度变化主要是因为：温度的提高使溶液中的分子获得的能量增大，分子运动速度加快，同时，使溶液的黏度降低，分子扩散阻力减小，这促

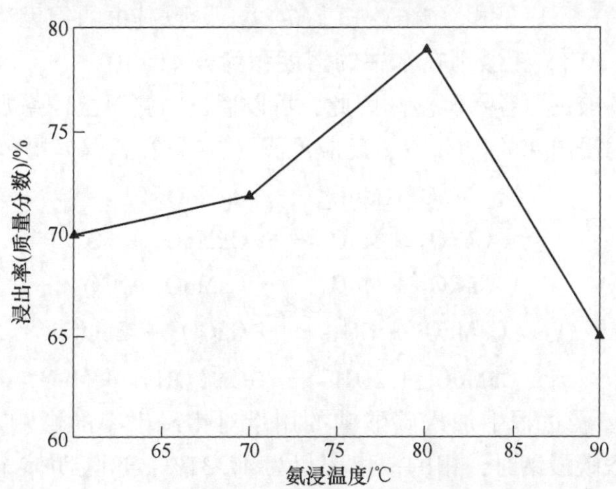

图7-8　氨浸温度对钼浸出率的影响

使三氧化钼与氨反应，进而提高钼的浸出率。而温度升至 90℃时，溶液中氨的挥发量增大，进而大大影响钼的浸出效果。因此，氨浸过程温度 80℃为宜。

7.3.1.4　氨浸时间对钼浸出的影响

图 7-9 所示为浸出时间对钼浸出率的影响。从图中可以看出，浸出时间为 0.67h 时，钼的浸出率为 73.14%；随着浸出时间延长到 1h，钼的浸出率提高到 78.96%，再延长氨浸时间，钼的浸出率没有提高。这表明氨浸时间 0.67h 时，时间较短，并不能使钼与氨反应充分。反应时间增加到 1h 时，钼的浸出率稍有提高；之后，再延长时间对提高钼的浸出率影响不明显。因此，确定氨浸时间为 1h。

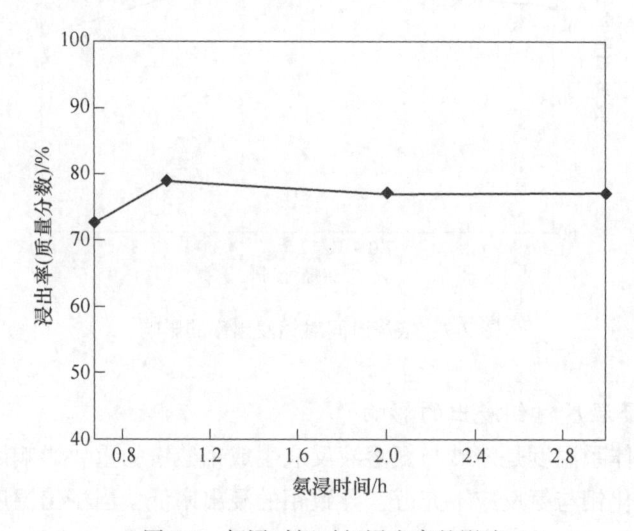

图 7-9　氨浸时间对钼浸出率的影响

7.3.1.5　碳酸钠用量对钼浸出的影响

由于矿石为低品位钼精矿，其中含有大量含钙的脉石矿物，如白云石、榴子石和辉石。因此，该矿在焙烧过程中，三氧化钼极易和焙砂中的氧化钙、硫酸钙和碳酸钙形成不溶于氨溶液的钼酸钙，反应见式（7-6）~式（7-8），导致其中的钼无法提取。碳酸钙在水中的溶度积为 8.70×10^{-9}，钼酸钙在水中的溶度积为 8.41×10^{-8}[17]，这表明碳酸钙与钼酸钙相比，在溶液中碳酸钙更容易沉淀。因此，可以通过向氨浸出体系加入碳酸盐来分解钼酸钙，达到提高钼的浸出率的目的[18]，反应见式（7-9）和式（7-10）：

$$CaO + MoO_3 \longrightarrow CaMoO_4 \tag{7-6}$$

$$CaSO_4 + MoO_3 \longrightarrow CaMoO_4 + SO_3 \tag{7-7}$$

$$CaCO_3 + MoO_3 \longrightarrow CaMoO_4 + CO_2\uparrow \tag{7-8}$$

$$CaMoO_4 + CO_3^{2-} \longrightarrow CaCO_3 + MoO_4^{2-} \tag{7-9}$$

$$CaMoO_4 + 2OH^- \longrightarrow Ca(OH)_2 + MoO_4^{2-} \tag{7-10}$$

图 7-10 所示为氨浸过程中加入碳酸钠的用量对钼浸出率的影响。从图中可以看出，当浸出体系中不加入碳酸钠时，钼的浸出率仅为 47.31%，这表明体系中有相当一部分的钼是以不可溶钼酸钙的形式存在的，浸出体系加入碳酸钠后，钼的浸出率明显提高；当加入 233kg/t 的碳酸钠时，钼的浸出率达到 68.87%；当加入 467kg/t 的碳酸钠时，钼的浸出

率提高到75.61%；之后，再增加碳酸钠用量到467kg/t及以上时，钼的浸出率并没有出现明显的提高。因此，确定氨浸过程中碳酸钠用量为467kg/t。

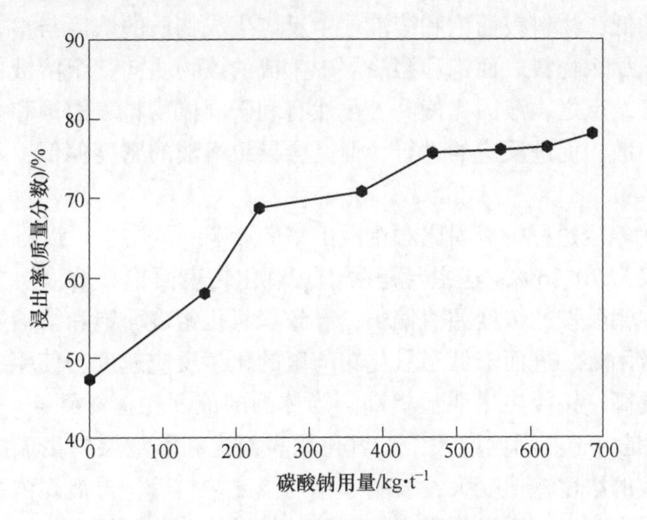

图7-10 碳酸钠用量对钼浸出率的影响

7.3.1.6 氨过量系数对钼浸出的影响

氨浸过程中，氨水的用量直接影响钼的提取效果。如果氨用量偏小，体系中就没有足够量的氨与三氧化钼反应，影响钼的浸出；如果氨水用量过大，不仅会造成浸出剂氨的浪费，还会造成浸出后钼酸铵溶液中带入大量的杂质，不利于后续工艺。因此，氨浸工艺必须严格控制氨的用量。图7-11所示为氨过量系数对钼浸出率的影响。从图中可以看出，钼的浸出率随氨过量系数的增加而增大。当氨水用量为理论用量时，钼的浸出率仅为62.48%，这表明浸出体系中的氨量不足；当体系氨水过量系数提高到1.4时，钼的浸出率达到76.98%；之后，再增大氨的用量对提高钼浸出率没有明显作用。因此，氨浸过程中氨用量为理论用量的1.4倍。

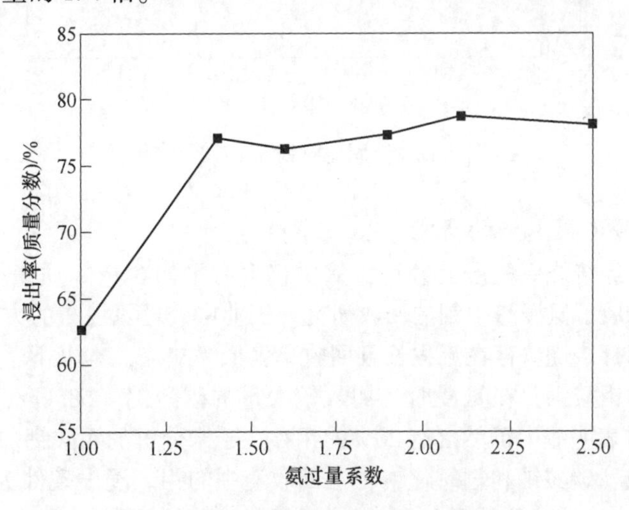

图7-11 氨过量系数对钼浸出率的影响

7.3.1.7　液固比对钼浸出的影响

液固比为固体物料表面饱和溶液层中生成物质的浓度与整个溶液中该物质的浓度的差值。如果液固比偏低，物料表面饱和溶液层中反应生成物质的浓度与整个溶液中该物质的浓度的差值偏小，那么物料表面饱和溶液层中生成的该物质向整个溶液中的扩散困难，阻碍反应的继续进行。反之，液固比偏高，虽然有利于固体物料表面饱和溶液层中生成的物质向整个溶液中扩散，促进反应的进行，但是会导致溶液的密度偏低，不利于溶液的后续处理。

图 7-12 所示为氨浸过程中液固比对钼浸出率的影响。从图中可以看出，液固比为 2：1 时，钼的浸出率仅为 70.16%。这主要是由于三氧化钼表面饱和溶液层中生成的钼酸铵的浓度与整个溶液中钼酸铵的浓度差值偏小，导致三氧化钼表面饱和溶液层中生成的钼酸铵向整个溶液中扩散困难，进而降低三氧化钼与氨的化学反应速度，使钼的浸出率偏低。随着体系液固比的提高，钼浸出率明显提高。当体系的液固比提高到 4：1 时，钼的浸出率达到 80.38%。这是由于液固比增大，三氧化钼表面饱和溶液层中生成的钼酸铵的浓度与整个溶液中钼酸铵的浓度差值变大，有利于钼的浸出。之后，再提高体系的液固比到 5：1 及以上时，钼的浸出率没有明显的提高。而且，如果体系液固比太大，会使得浸出液的密度偏低，不利于后续提取钼的操作。因此，氨浸过程选取液固比 4：1。

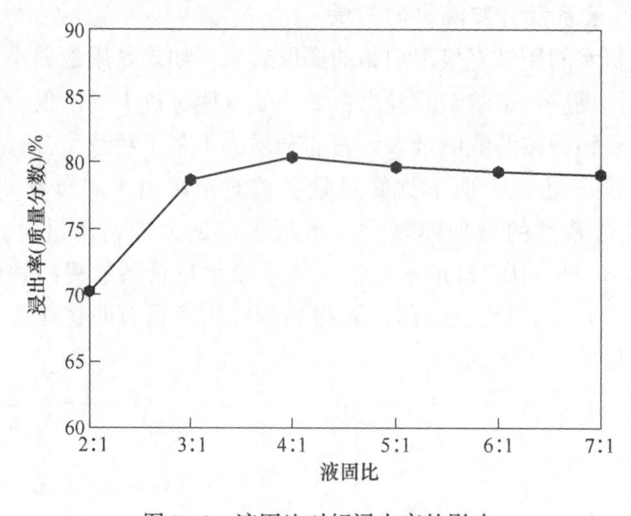

图 7-12　液固比对钼浸出率的影响

7.3.1.8　氨浸渣提取钼的研究

低品位钼精矿经焙烧—氨浸处理后，渣中仍含有平均含量（质量分数）为 6.30%的钼，因此，本书开展了氨浸渣中钼的回收研究。工业中处理氨浸渣的方法包括苏打焙烧法和盐酸法。由于苏打焙烧法存在流程长且回收率偏低等缺点，本书不予采用。由于焙烧过程中形成了大量的钼酸钙，在氨浸时，加入较大量的碳酸钠（685kg/t）只能将钼的浸出率提高到 80%，这表明渣中仍然含有 20%的钼存在于未分解的钼酸钙中。因此，本书分别采用盐酸法和热碱（碳酸钠和氢氧化钠）法回收渣中的钼。浸出条件为：浸出温度 95℃，时间 2h，液固比 5：1，试验结果如图 7-13 所示，对比结果可以看出，两种处理方法中，盐酸法对渣中钼的提取效果有限，当盐酸浓度高达 30%时，渣中钼的浸出率仅为 34.92%。

而且，采用盐酸法需加入氨水将溶液的 pH 值调节为 0.8～1.0，使母液中以 MoO_2Cl_2、$H(MoO_2Cl_3)$ 和 $MoOCl_4$ 形式存在的钼以 H_2MoO_4 的形式沉淀下来。但是，这个过程非常不容易控制，容易导致大量的钼损失在母液中。因此，盐酸法提取渣中的钼不合适。

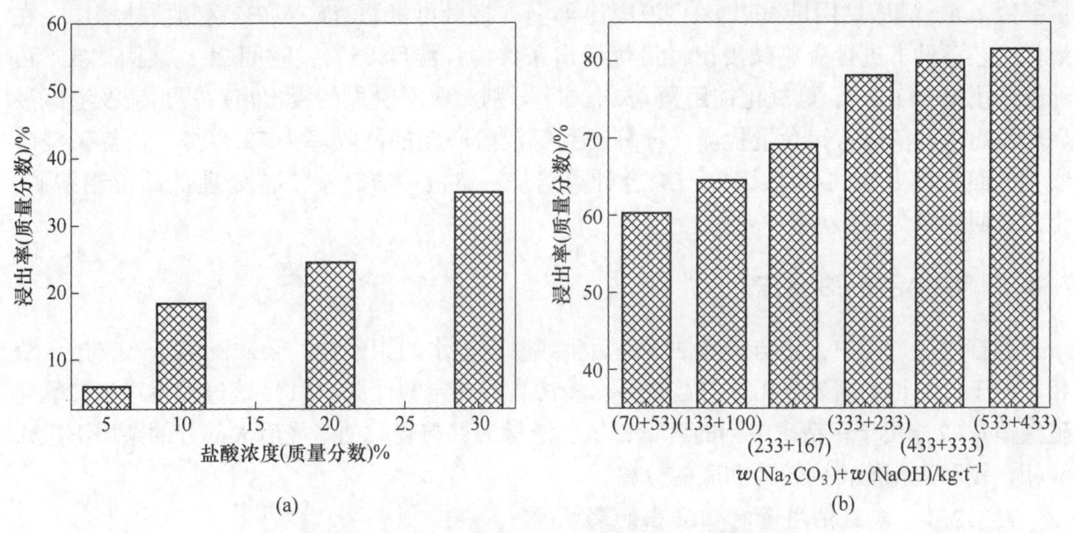

图 7-13 盐酸法和热碱法对渣中钼浸出率的影响
（a）盐酸浓度；（b）碱用量

从图 7-13（b）中可以看出，加入碳酸钠和氢氧化钠的用量为理论用量时（70kg/t Na_2CO_3 和 53kg/t NaOH），渣中钼的回收率为 60.42%。随碳酸钠和氢氧化钠用量的增加，渣中钼的提取率逐渐增大。当碳酸钠和氢氧化钠用量分别增加到 333kg/t 和 233kg/t 时，渣中钼的提取率提高到 78.20%；之后，再继续增加碳酸钠和氢氧化钠用量，渣中钼的浸出率稍有提高，但不明显。图 7-14 所示为采用热碱法提取钼后渣的物相（XRD）分析结果。从图中可以看出，经碱法处理后渣中含有 $CaCO_3$、SiO_2、$Mg_2Si_4O_{10}(OH)$ 和 $Ca(Mg, Al, Fe)Si_2O_6$，基本不含钼。因此，热碱法适于提取氨浸钼渣中的钼。

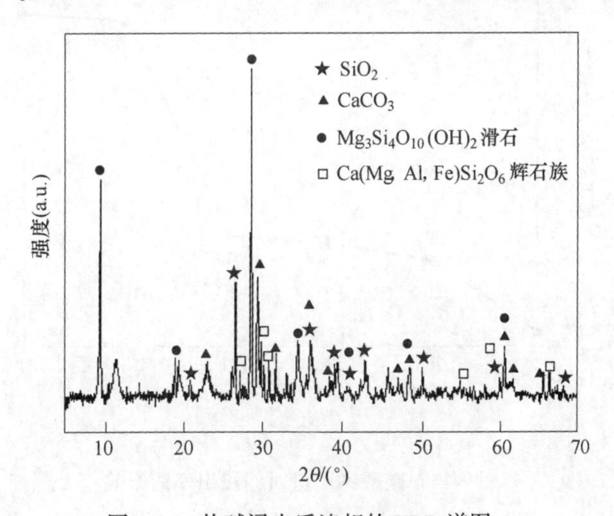

图 7-14 热碱浸出后渣相的 XRD 谱图

7.3.1.9　综合研究

先将 300g 经 600℃焙烧 2h 后的三氧化钼焙砂放入 2L 的钢制搅拌槽中。之后，在最优工艺条件下对焙砂进行氨浸处理，最优工艺条件为：浸出温度 80℃，氨浸时间 1h，氨过量系数 1.4，碳酸钠用量 467kg/t，液固比 4∶1。接着再将滤渣放入 2L 钢制搅拌槽中，在最优工艺条件下进行渣热碱浸出，最优浸出条件为：温度 95℃，时间 2h，液固比 5∶1，碳酸钠用量 533kg/t，氢氧化钠用量 433kg/t。分别对氨浸阶段的浸出液、浸出渣及渣碱浸后的浸出液和渣进行钼含量检测。计算得到氨浸阶段钼的回收率为 79.80%，渣热碱浸阶段钼的回收率为 82.11%。因此，综合计算焙烧—氨浸—渣碱浸工艺处理低品位钼精矿，钼的总回收率为 96.80%。

7.3.2　苏打焙烧—水浸法

苏打焙烧过程中，钼与碳酸钠焙烧后生成易溶于水的钼酸钠，杂质不溶于水，进入渣相。对于低品位钼精矿采用苏打焙烧—水浸法具有一定的优势：(1) 该过程不产生二氧化硫气体；(2) 由于钼精矿中钼的含量较低，渣量大，与碳酸钠焙烧后大部分的杂质不进入液相，钼和渣相能得到较为彻底的分离。

7.3.2.1　碳酸钠用量对钼浸出的影响

图 7-15 所示为碳酸钠用量对钼浸出率的影响。从图中可以看出，焙烧过程中，碳酸钠用量为理论用量，即钼精矿和碳酸钠质量比为 1∶1 焙烧后，钼的浸出率为 90.42%。随着碳酸钠用量的逐渐增大，钼的浸出率增大。当钼精矿与碳酸钠质量比达到 1∶1.4 时，钼的浸出率提高到 98.19%，这表明在此配比下，碳酸钠足够，二硫化钼与碳酸钠完全反应生成钼酸钠。之后，再继续提高钼精矿和碳酸钠的质量比到 1∶1.5 时，钼的浸出率稍有提高，但不明显。因此，苏打焙烧时，钼精矿和碳酸钠质量比为 1∶1.4。

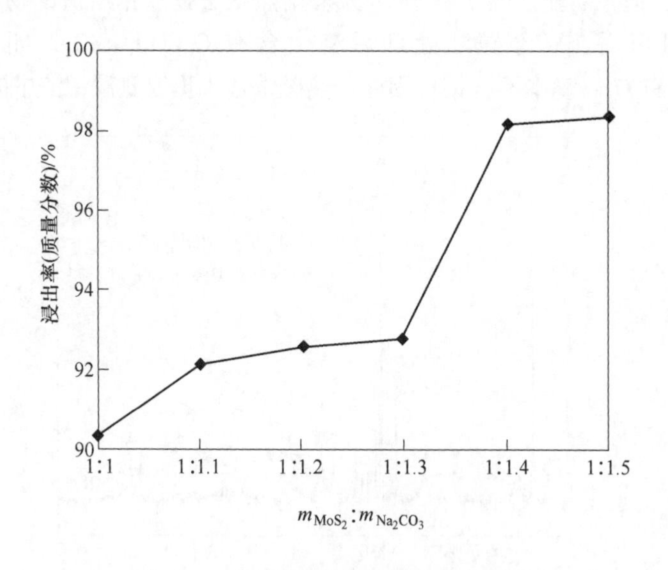

图 7-15　碳酸钠用量对钼浸出率的影响

7.3.2.2 焙烧温度对钼浸出的影响

图7-16所示为苏打焙烧过程中焙烧温度对钼浸出率的影响。从图中看出，随着温度的提高，钼的浸出率先升高后降低。在550℃时，由于焙烧温度偏低，硫化钼与碳酸钠反应不完全，导致钼的浸出率仅有86.31%；当温度提高到700℃时，钼的浸出率达到98.19%；之后再提高焙烧温度到750℃和800℃，钼的浸出率迅速下降，这与焙烧温度过高所导致的物料过烧、副反应增多有关。因此，苏打焙烧过程中焙烧温度控制在700℃为宜。

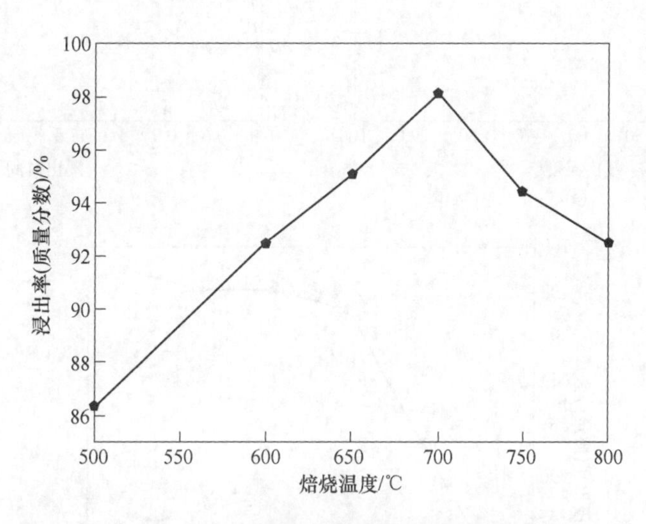

图7-16 焙烧温度对钼浸出率的影响

7.3.2.3 水浸参数对钼浸出的影响

图7-17所示为水浸参数对钼浸出率的影响。从图7-17（a）中可以看出，水浸温度从20℃提高到95℃时，钼的浸出率从89.46%提高到98.19%。这是由于温度的提高使溶液中钼酸钠分子获得的能量增大，钼酸钠分子的运动速度加快，促使钼酸钠与水反应，提高钼的浸出率。当浸出温度提高到75℃时，钼的浸出率达到98.13%；之后，温度再提高到85℃和95℃时，钼的浸出率稍有提高，但不明显。因此，水浸温度控制在75℃为宜。

从图7-17（b）可以看出，浸出0.3h后，钼的浸出率仅为91.22%，这与浸出时间短钼酸钠反应不充分有关；当浸出时间提高到0.5h，钼的浸出率迅速升高到97.82%；当浸出时间提高到1h时，钼的浸出率稍有增大，达到98.89%；之后再增加浸出时间，钼的浸出率几乎不变。因此，水浸出过程中，时间控制在1h。

从图7-17（c）可以看出，液固比为1∶1时，钼浸出率仅为86.11%。这是由于液固比小，钼酸钠颗粒表面饱和溶液层中溶解的钼酸钠的浓度与整个溶液中溶解的钼酸钠的物质的浓度差值偏小，因此钼酸钠颗粒表面饱和溶液层中溶解的钼酸钠向整个溶液中扩散困难。随着浸出体系液固比的增大，钼的浸出率明显提高。当溶液液固比增大到4∶1时，钼的浸出率迅速增大到98.16%。这是由于体系液固比的增大，钼酸钠颗粒表面饱和溶液层中溶解的钼酸钠向整个溶液中的扩散速度变快，从而使钼的浸出率大幅度提高。当液固比增大到5∶1和7∶1时，钼的浸出率提高不明显。因此，水浸过程中，体系的液固比控制在4∶1。

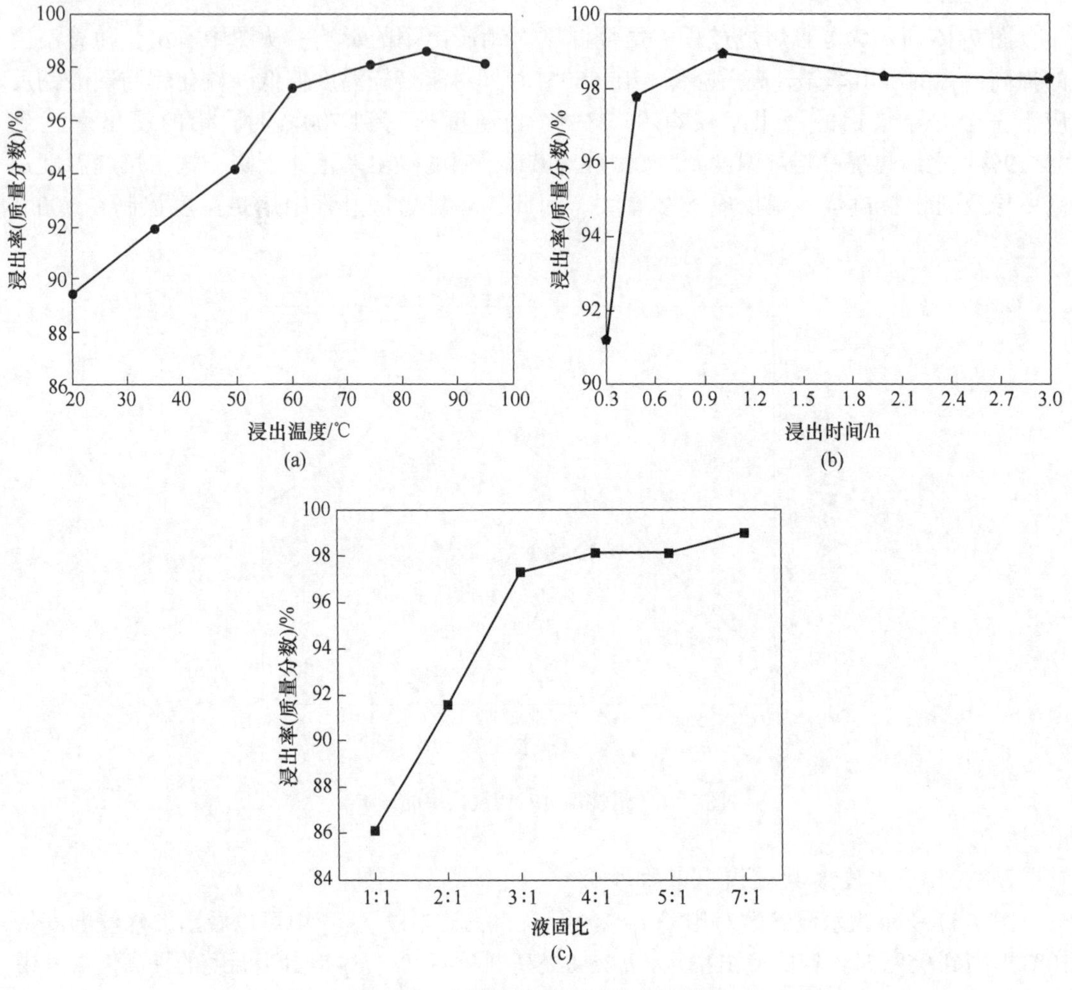

图 7-17　水浸参数对钼浸出率的影响
（a）温度；（b）时间；（c）液固比

7.3.2.4　综合研究

将 150g 钼精矿和 190g 碳酸钠混匀后放入炉中，接着将物料在 700℃下焙烧 2h。之后，将焙烧获得的钼酸钠焙砂放入 2L 的钢制搅拌槽中，在最优工艺条件下，对钼酸钠焙砂进行水浸处理，最优条件为：温度 75℃，时间 1h，液固比 4：1。之后，分别对水浸后的浸出液和浸出渣进行钼含量检测，计算得到苏打焙烧—水浸工艺处理低品位钼精矿，钼的总回收率达到 98.50%。

7.4　低品位钼精矿微生物浸出研究

细菌浸出工艺属于绿色冶金，条件温和、操作简单、环境清洁，是 21 世纪最具竞争力的技术。世界各国竞相开展研究，理论研究表明：细菌可以氧化几乎所有的硫化矿物。本书开展了低品位钼矿的细菌浸出技术探索。辉钼矿属于细菌难浸出矿石类型[19]，因此，对辉钼矿的细菌浸出研究非常少。目前，细菌强化浸钼的手段除控制浸出体系的酸度

(pH) 和电位 (E_h) 外，还包括菌种的驯化、采用耐钼性强的菌种如嗜热菌等。近几年，有研究报道，浸出体系中铁的加入对辉钼矿的细菌浸出具有促进作用。Askari 等人在 2005 年报道当黄铁矿作为细菌的能源物质加入到浸出体系时，*At. ferrooxidans* 能够在含有 0.025%钼的体系中良好的生长，不受钼离子的毒害[20]。Olson 等人在 2008 年报道细菌浸出体系中三价铁离子的加入能促进钼的浸出。

因此，本节开展了低品位钼矿的中温菌强化浸出技术探索。试验采用摇瓶浸出方法，分为两组，第一组试验主要开展能源物质硫酸亚铁对细菌强化浸钼的影响，试验过程为：分别向 6 个 500mL 锥形瓶中加入 70mL 的 9K 无铁培养基和不同量的硫酸亚铁（加入量见表 7-3)，然后加入矿浆浓度（质量分数）为 1%的辉钼矿，调节酸度至 1.50，再向每个瓶中加入 100mL 菌液（接种量（质量分数）50%)，最后将锥形瓶置于空气浴振荡器中，在转速 190r/min、温度 44℃的条件下振荡培养。第二组试验主要开展黄铁矿对细菌强化浸钼的影响。试验过程为：分别在 5 个 500mL 锥形瓶中先加入 70mL 的 9K 无铁培养基，然后再依次加入不同量的硫酸亚铁和黄铁矿（加入量见表 7-3)。然后再向这 5 个瓶中分别加入矿浆浓度为 1%的钼精矿，调节酸度至 1.5，再向 5 个瓶中各加入 100mL 菌液（接种量 50%)，最后将锥形瓶置于空气浴振荡器中，在转速 190r/min、温度 44℃的条件下振荡培养。在培养过程中，每隔一定时间测定体系的 pH、E_h、Fe^{2+}浓度和 Mo 含量等参数。

表 7-3 辉钼矿细菌浸出时加入的铁量

编号		体系中加入的铁（以标准 9K 的铁量计）		体系总铁（以标准 9K 的铁量计）
		$FeSO_4 \cdot 7H_2O$	FeS_2	
第Ⅰ组	1号	0.5	0	0.5
	2号	1	0	1
	3号	1.5	0	1.5
	4号	2	0	2
	5号	3	0	3
	6号	4	0	4
第Ⅱ组	7号	0	1	1
	8号	1	0.5	1.5
	9号	1	1	2
	10号	1	2	3
	11号	1	3	4

7.4.1 溶液电位的变化

图 7-18 和图 7-19 所示分别为浸出过程中加入硫酸亚铁和黄铁矿的量对溶液电位的影响。其中，1 号对应加入相当于 0.5 倍 9K 铁浓度的浸出体系；2 号和 7 号对应加入相当于标准 9K 铁浓度的浸出体系；3 号和 8 号对应加入相当于 1.5 倍 9K 铁浓度的浸出体系；4 号和 9 号对应加入相当于 2 倍 9K 铁浓度的浸出体系；5 号和 10 号对应加入相当于 3 倍 9K 铁浓度的浸出体系；6 号和 11 号对应加入相当于 4 倍 9K 铁浓度的浸出体系。

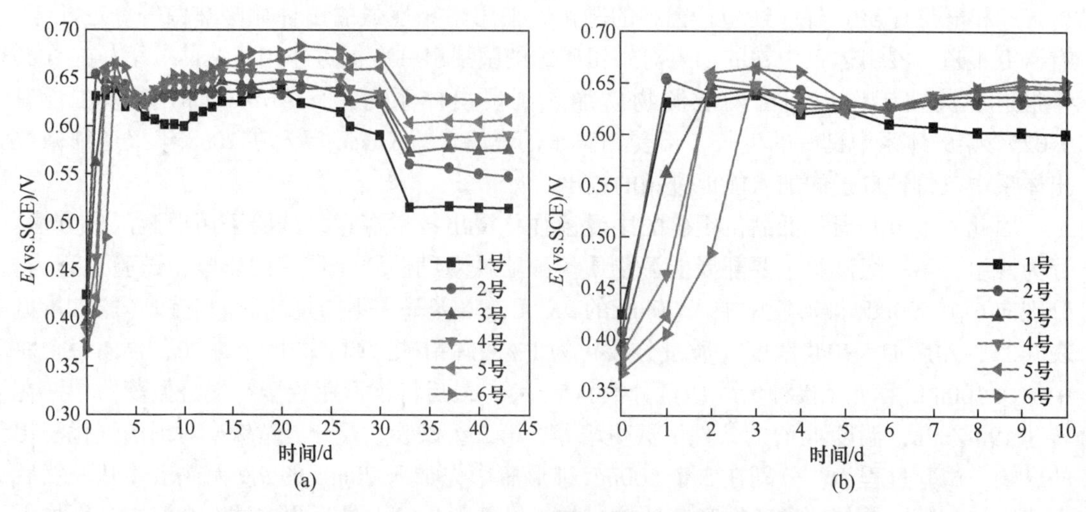

图 7-18　浸出体系中硫酸亚铁的加入对溶液电位的影响

(a) 44d；(b) 10d

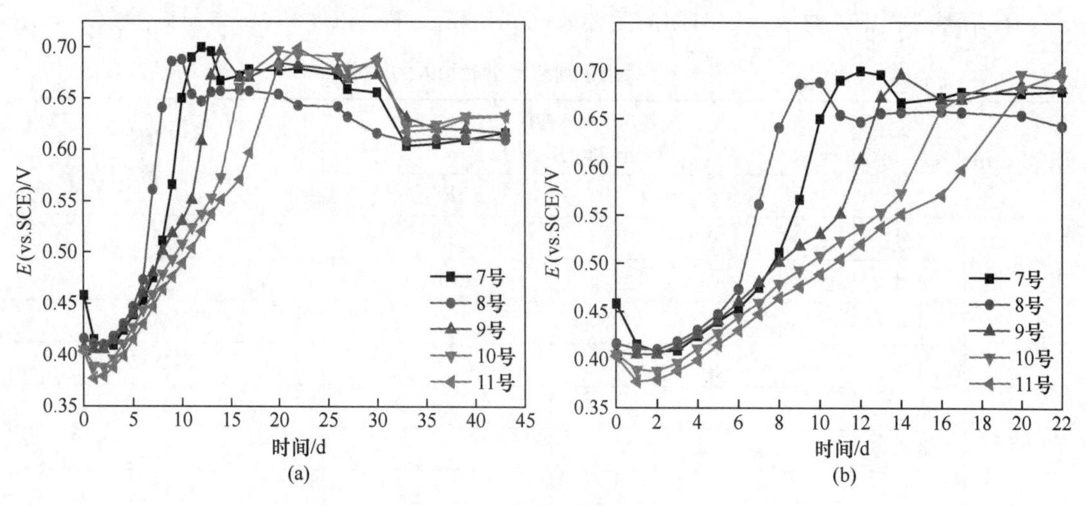

图 7-19　浸出体系中黄铁矿的加入对溶液电位的影响

(a) 44d；(b) 22d

从图 7-18 和图 7-19 可以看出，1 号初始电位为 0. 43V，1 天后电位迅速上升到 0. 63V，之后电位持续在 0. 60V，浸出 33 天后电位下降到 0. 52V，之后电位保持稳定。2 号初始电位为 0. 41V，1 天后电位迅速上升到 0. 66V，之后电位持续在 0. 63V，浸出 33 天后电位持续在 0. 56V，之后电位保持稳定。3 号初始电位为 0. 40V，2 天后电位上升到 0. 65V，之后电位持续在 0. 64V，浸出 33 天后电位持续在 0. 58V，之后电位保持稳定。4 号初始电位为 0. 39V，经过 2 天电位上升到 0. 66V，之后电位持续在 0. 64V，浸出 33 天后电位持续在 0. 59V，之后电位保持稳定。5 号初始电位为 0. 38V，经过 2 天电位上升到 0. 66V，之后电位持续在 0. 64V，浸出达到 33 天后电位持续在 0. 61V，之后电位保持稳定。6 号初始电位为 0. 37V，经过 3 天的氧化电位上升到 0. 67V，之后电位持续在 0. 65V，浸出 33 天后电位持续在 0.63V，之后电位保持稳定。7 号浸出初始电位为 0.46V，2 天后电位下降到 0.41V，在随后的 6 天内电位缓慢上升，在第 8 天电位上升到 0.51V，之后电位急剧上升，第 12 天电位达到 0.70V，之后电位持续在 0.68V，当浸出到 33 天时，电位开始下降，降到 0.61V。8 号初始电位为 0.42V，前 2 天电位稍有下降，第 3 天电位开始缓慢升高，第 6 天电位升高到 0.47V，之后电位急剧升高，第 9 天时电位达到 0.69V，之后电位持续在 0.68V，当浸出时间达到 33 天时，电位开始下降，下降到 0.61V。9 号初始电位为 0.41V，之后 2 天电位稍有降低，第 3 天开始电位开始缓慢上升，第 11 天时电位达到 0.55V，之后 3 天电位迅速升高，第 14 天时电位达到 0.70V，之后电位持续在 0.68V，浸出 33 天后电位开始下降，持续在 0.62V。10 号初始电位为 0.41V，浸出前 2 天电位下降到 0.39V，第 3 天电位开始缓慢上升，第 14 天电位达到 0.57V，之后 6 天电位迅速上升，浸出 22 天电位达到 0.70V，浸出第 33 天后电位稍有下降，持续在 0.64V。11 号初始电位为 0.40V，浸出前 2 天电位下降到 0.38V，第 3 天电位开始缓慢上升，第 16 天电位达到 0.57V，之后电位迅速升高，第 22 天电位达到 0.70V，之后 8 天电位持续在 0.69V，浸出 33 天后电位下降，持续在 0.64V。

7.4.2 Fe^{2+}浓度的变化

图 7-20 和图 7-21 所示分别为浸出过程中加入硫酸亚铁和黄铁矿的量对 Fe^{2+} 浓度的影响。

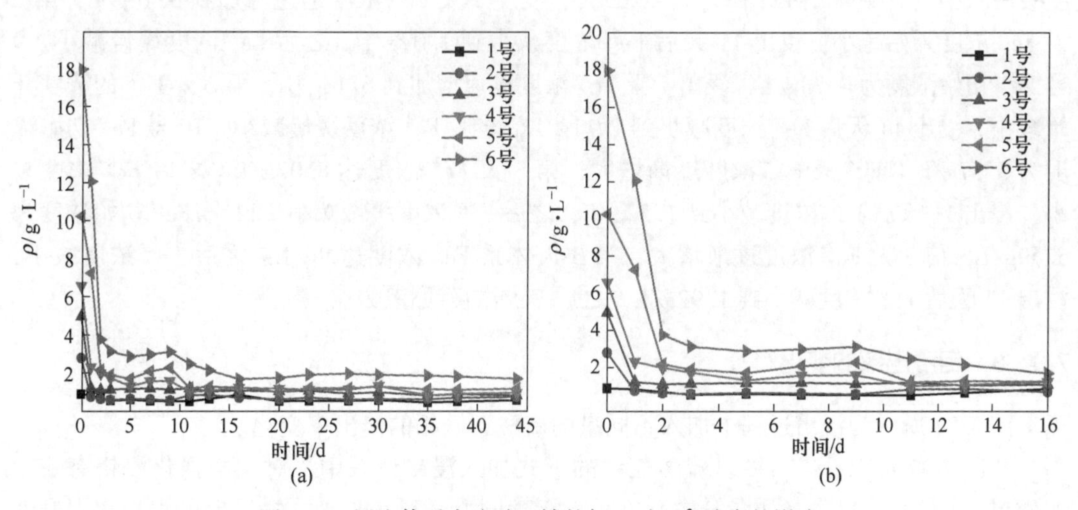

图 7-20 浸出体系中硫酸亚铁的加入对 Fe^{2+} 浓度的影响

(a) 44d；(b) 16d

从图 7-20 和图 7-21 可以看出，1 号初始 Fe^{2+} 浓度为 0.89g/L，1 天后 Fe^{2+} 浓度为 0.84g/L，第 2 天 Fe^{2+} 浓度减小到 0.50g/L，之后 Fe^{2+} 浓度缓慢减小。2 号初始 Fe^{2+} 浓度为 2.79g/L，1 天后 Fe^{2+} 浓度迅速减少到 0.76g/L，之后 Fe^{2+} 的浓度缓慢减小。3 号 Fe^{2+} 初始浓度为 4.96g/L，浸出 1 天后 Fe^{2+} 浓度迅速减少到 1.22g/L，之后 Fe^{2+} 的浓度缓慢减小。4 号 Fe^{2+} 初始浓度 6.58g/L，浸出 1 天后 Fe^{2+} 浓度迅速减少到 2.31g/L，之后 Fe^{2+} 的浓度缓慢降低。5 号 Fe^{2+} 初始浓度为 10.23g/L，浸出 2 天 Fe^{2+} 浓度迅速减少到 2.17g/L，之后 Fe^{2+}

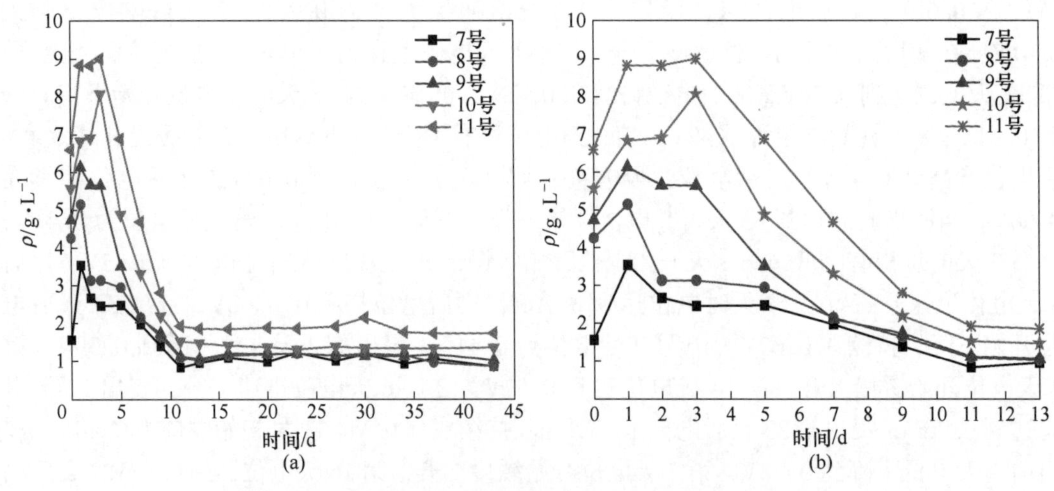

图 7-21 浸出体系中黄铁矿的加入对 Fe^{2+} 浓度的影响

(a) 44d; (b) 13d

的浓度缓慢降低。6 号 Fe^{2+} 初始浓度为 17.95g/L，浸出 2 天 Fe^{2+} 浓度迅速减少到 3.75g/L，之后 Fe^{2+} 浓度缓慢降低。7 号 Fe^{2+} 初始浓度为 1.56g/L，浸出 1 天 Fe^{2+} 的浓度迅速增加到 3.54g/L，第 2 天 Fe^{2+} 浓度开始减小，浸出 11 天后 Fe^{2+} 浓度减小到 0.82g/L，之后 Fe^{2+} 浓度缓慢减小。8 号 Fe^{2+} 初始浓度为 4.26g/L，浸出 1 天 Fe^{2+} 浓度迅速增加到 5.14g/L，第 2 天 Fe^{2+} 浓度开始减小，浸出 11 天后 Fe^{2+} 浓度减小到 1.07g/L，之后 Fe^{2+} 浓度缓慢减小。9 号 Fe^{2+} 初始浓度为 4.73g/L，浸出 1 天 Fe^{2+} 浓度迅速增加到 6.13g/L，第 2 天 Fe^{2+} 的浓度开始减小，浸出 11 天后 Fe^{2+} 浓度减小到 1.11g/L，之后 Fe^{2+} 浓度缓慢减小。10 号 Fe^{2+} 初始浓度为 5.57g/L，前 3 天 Fe^{2+} 浓度逐渐增大，第 3 天 Fe^{2+} 浓度达 8.07g/L，之后 Fe^{2+} 浓度减小，浸出 11 天后 Fe^{2+} 浓度减小到 1.52g/L，之后 Fe^{2+} 浓度缓慢减小。11 号 Fe^{2+} 初始浓度为 6.59g/L，前 3 天 Fe^{2+} 浓度逐渐增大，第 3 天体系 Fe^{2+} 浓度达 9g/L，之后 Fe^{2+} 浓度减小，浸出 11 天后 Fe^{2+} 浓度减小到 1.92g/L，之后 Fe^{2+} 浓度缓慢减小。

7.4.3 钼浸出率的变化

图 7-22 所示为浸出过程中加入不同量的硫酸亚铁钼的浸出率变化。

从图 7-22 可以看出，铁以硫酸亚铁的形式加入浸出体系中，对细菌强化浸钼有一定的效果。1 号钼浸出率（质量分数）在前 7 天急剧上升到 6.84%，之后钼的浸出率上升速度变缓，49 天后钼的浸出率为 8.24%。2 号钼浸出率在浸出前 3 天迅速上升到 5.12%，之后 31 天钼的浸出率匀速上升，34 天时钼的浸出率达到 14.53%，之后 15 天钼的浸出率上升缓慢，49 天，钼的浸出率为 15.22%。3 号钼的浸出率变化趋势与 2 号基本一致，经过 49 天的浸出后，钼的浸出率 2 号有所提高，达到 15.22%。4 号钼浸出率在浸出前 3 天迅速上升到 5.56%，之后的 34 天中钼的浸出率上升速度较 2 号和 3 号迅速，37 天时钼的浸出率达到 16.76%，之后的 12 天中钼的浸出率上升速度变缓慢，49 天时钼的浸出率达到 17.27%。5 号钼浸出率在浸出前 3 天迅速上升到 4.43%，但与 1 号、2 号、3 号和 4 号相比，钼的浸出率偏低，这是由于溶液中的初始二价铁离子浓度较高，在浸出的前 3 天溶液

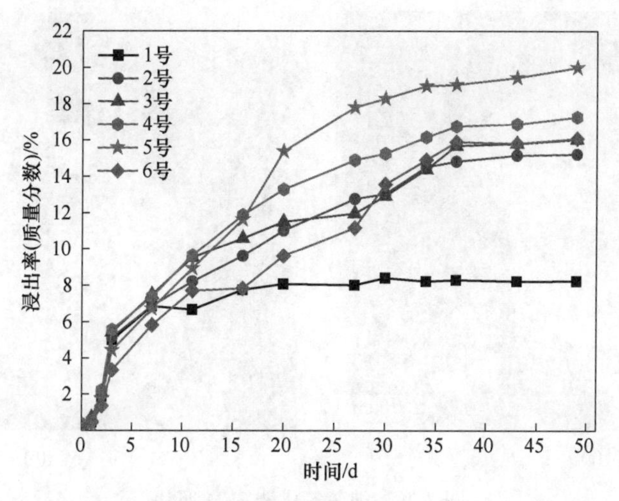

图 7-22 细菌氧化过程中硫酸亚铁的加入对钼浸出率的影响

中二价铁离子还没有完全氧化成三价铁离子。之后 34 天钼的浸出率上升速度明显高于 1 号、2 号、3 号和 4 号，在之后的 12 天中浸出率上升缓慢，浸出 49 天后钼的浸出率达到 20%。6 号钼的浸出率在浸出 3 天后达到 3.33%，之后的 34 天中钼的浸出速度较 2 号、3 号和 4 号慢，37 天后钼的浸出率达到 15.89%，之后的 12 天中钼的浸出率缓慢上升到 16.08%。结果表明，细菌浸出硫化钼过程中硫酸亚铁的加入能够促进辉钼矿中钼的溶出，但是这并不表明体系中加入硫酸亚铁的量越大钼的浸出率越高。6 号铁的浓度最高，但浸出率为 16.08%，较 5 号有所降低。为了进一步确定 6 号钼的浸出率下降的原因，对 5 号和 6 号的氧化渣进行了 SEM 研究。

图 7-23 所示为经 49 天细菌氧化后氧化渣的 SEM 照片，其中图 7-23（a）是 5 号氧化渣的 SEM 照片，图 7-23（b）为 6 号氧化渣的 SEM 照片。从图 7-23 可以看出，氧化渣中辉钼矿颗粒表面均覆盖有一定量的产物层，其中，5 号氧化渣颗粒表面覆盖的产物层的量明显小于 6 号，为确定此产物层的种类，对其进行 EDS 分析，结果如图 7-24 所示。从图中可以看出，氧化渣颗粒表面的产物层主要由 Fe、S、O、K 等元素组成，这表明氧化渣表面覆盖的产物层为黄钾铁矾类物质。因此，确定 6 号钼的浸出率偏低的原因为：浸出体系中铁的浓度太高，辉钼矿颗粒表面覆盖了大量的阻碍细菌和 Fe^{3+} 氧化溶解辉钼矿的黄钾铁矾层。

图 7-25 所示为浸出过程中加入不同量的黄铁矿钼的浸出率变化。从图中可以看出，铁以黄铁矿的形式加入浸出过程中，细菌强化浸出钼的效果非常好。7 号浸出 7 天后钼的浸出率为 1.84%，之后钼的浸出率开始缓慢上升，49 天后钼的浸出为 12.64%。8 号浸出 7 天后钼的浸出率开始上升，之后的 23 天中钼的浸出率迅速上升，第 30 天时钼的浸出率达到 27.96%，之后的 19 天中钼的浸出率缓慢上升，49 天时钼的浸出率达到 30.23%。9 号、10 号和 11 号钼的浸出率变化趋势同 8 号基本一致，只是整个过程中钼的浸出率上升速度较 8 号缓慢，经过 49 天浸出，9 号、10 号和 11 号钼的浸出率分别为 26.51%，20.31%和 16.03%。结果表明，8 号钼的浸出率最高，达到 30.23%，与 5 号相比较，黄铁矿强化浸钼的效果优于硫酸亚铁。这可能有 3 个原因：（1）黄铁矿的静电位高于辉钼矿，

图 7-23　细菌氧化渣 SEM 照片
(a) 5 号；(b) 6 号

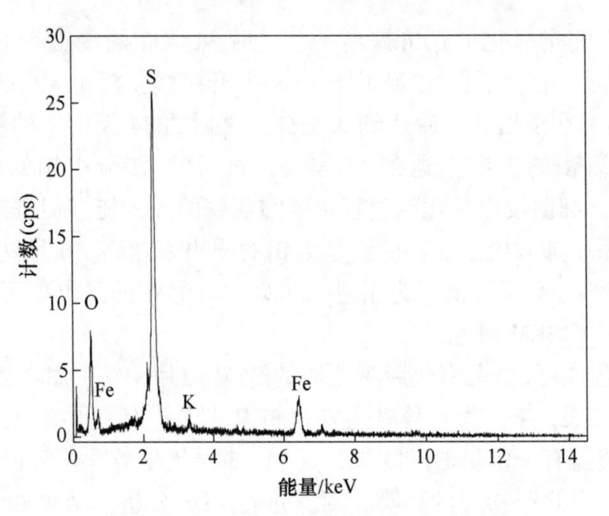

图 7-24　细菌氧化渣表面产物层的 EDS 谱图

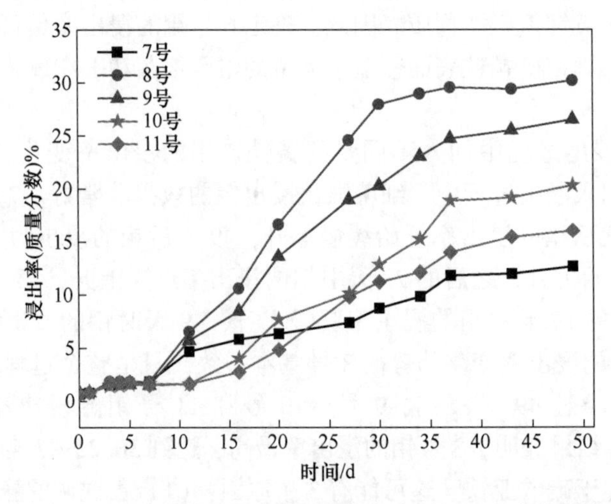

图 7-25　细菌氧化过程中黄铁矿的加入对钼浸出率的影响

在细菌浸出过程中形成原电池效应，辉钼矿充当阳极，黄铁矿充当阴极，原电池效应加速辉钼矿的氧化浸出；（2）在整个氧化过程中，加入黄铁矿体系的电位与加入硫酸亚铁体系的电位相比要高，而高的氧化电位有利于辉钼矿的氧化溶出[21]；（3）黄铁矿体系中辉钼矿颗粒表面覆盖的铁矾较少，如图 7-26 所示，细菌浸出过程中 Fe^{3+} 与辉钼矿颗粒能充分接触和作用。

图 7-26　11 号细菌氧化渣 SEM 照片

7.5　钼酸铵溶液的净化研究

硫化钼是生产钼酸铵的主要原料。随着高品位易选硫化钼矿的不断开采，低品位、共生关系复杂的难选硫化钼矿越来越受到人们的关注。由于品位低，且共生关系复杂，此类型的硫化钼矿经浮选产出的钼精矿钼品位一般在 20%～40%，而且其中铜、铁、铅、锌、钙、镁、钾等杂质的含量也较高，属低品位钼精矿，其质量很难达到钼精矿的国家标准。此类型的钼精矿在后续的浸出过程中会有大量的杂质离子（Cu^{2+}、Fe^{2+}、Pb^{2+}、Zn^{2+}、Ca^{2+}、Mg^{2+}、K^{+}等）进入钼酸铵溶液，使得钼酸铵溶液呈蓝色，且较为浑浊。因此，在生产钼酸的工序中，钼酸铵溶液的净化工序非常关键，它直接决定产品钼酸铵晶体的质量等级。为了将钼酸铵浸出液中的主金属离子 Mo^{6+} 和其他非主金属离子（Cu^{2+}、Fe^{2+}、Pb^{2+}、Zn^{2+}）分离，一般采用硫化沉淀法，即采用硫化钠或硫化铵对钼酸铵浸出溶液进行沉淀粗净化[22-23]。该方法的基本原理如下：硫盐在水溶液中水解后形成硫化氢，硫化氢与钼酸铵溶液中的非主金属离子反应生成溶度积较小的金属硫化物沉淀，从而达到除去非主金属离子的目的。反应见式（7-11）和式（7-12）：

$$S^{2+} + 2H_2O \longrightarrow H_2S(aq) + 2OH^- \tag{7-11}$$

$$Me^{z+} + H_2S(aq) \longrightarrow MeS(s)\downarrow + 2H^+ \tag{7-12}$$

在净化过程中，钼酸铵溶液中的 Cu^{2+} 和 Pb^{2+} 与 $H_2S(aq)$ 结合生成 CuS、PbS 的溶度积 K_{sp} 较小，分别为 2.4×10^{-35} 和 2.29×10^{-27}[24]，因此，溶液中的 Cu^{2+} 和 Pb^{2+} 几乎可以完全通过硫化沉淀除去。溶液中的 Fe^{2+} 由于其硫化物沉淀形成 FeS 的 K_{sp} 较大，为 1.32×10^{-17}[25]，不稳定，但是由于在硫化过程中溶液的 pH 值在 10 以上，Fe^{2+} 会形成氢氧化铁沉淀，因此，溶液中的 Fe^{2+} 几乎能完全沉淀除去。对于溶液中的 Zn^{2+}，其与氨配合形成的 $Zn\text{-}NH_3$

配合物较为稳定，且其与溶液中的 H_2S（aq）结合形成 ZnS 的溶度积较大，因此硫盐法对于 Zn^{2+}的去除能力有限。但 Zn^{2+}能与其他硫化物共沉淀，沉淀效果较好[26]。而对于溶液中其他金属阳离子 Ca^{2+}、Mg^{2+}和 K^+等，采用硫化沉淀法的去除效果较差。

离子交换法工艺设备简单，生产环境好，可以分离、富集和提纯含钼的溶液[27-29]，可使钼酸铵溶液中的杂质离子减到最低，而且离子交换树脂可以循环再生，长期使用成本低。因此，本书研究结合低品位复杂钼精矿溶液中杂质离子含量高的特点，采用硫化沉淀法对氨浸后的钼酸铵溶液进行初步粗净化，再利用离子交换树脂进行深度净化，以获得纯度较高的钼酸铵溶液，为钼酸铵的结晶提供基础。

7.5.1　硫化沉淀净化

7.5.1.1　钼酸铵原料

钼焙砂经氨浸后，产出的钼酸铵溶液作为净化初始料液，其主要成分见表 7-4。

表 7-4　钼酸铵溶液主要化学成分

元素	Mo	Cu	Fe	Pb	Zn	Ca	Mg	Na	K
含量/$g \cdot L^{-1}$	29.33	1.25	1.31	0.031	0.029	0.85	0.77	0.59	0.21

7.5.1.2　硫化沉淀方法

研究采用分析纯 $Na_2S \cdot 9H_2O$ 作为硫化沉淀法的沉淀剂。取一定体积氨浸出后的钼酸铵溶液放入烧杯中，将烧杯放入恒温水浴锅中并进行搅拌，在温度 35~40℃下保温 1h，然后用针管将配置好的硫化钠（现用现配）溶液逐滴加入烧杯中，观察烧杯中溶液颜色的变化。每隔一定时间，取一定烧杯中的上清液放入试管中和空白的蒸馏水进行比对，当上清液呈无色透明时，硫化沉淀净化法结束，停止搅拌和加热，迅速将烧杯中的液体进行过滤，滤液进行各离子含量测定后，转入离子交换法使用（硫化钠溶液的加入量要求严格，稍有过量上清液呈黄色，其中的钼会反应生成硫代钼酸盐，造成钼的损失）。

7.5.1.3　硫化沉淀净化结果

氨浸后的钼酸铵溶液经硫化沉淀、过滤后，测得的上清液中各离子浓度见表 7-5。

表 7-5　硫化沉淀后上清液化学成分

元素	Mo	Cu	Fe	Pb	Zn
含量/$g \cdot L^{-1}$	28.79	0.005	0.01	—	—

从表 7-5 中可以看出，经过硫化沉淀后，溶液中的铜离子由初始料液中的 1.25g/L 降低到 0.005g/L，沉淀率为 99.6%；铁离子的浓度由 1.31g/L 降到 0.01g/L，沉淀率为 99.24%；溶液中未检测出含有铅离子和锌离子，表明这两种离子完全从溶液中脱除。因此，采用硫化沉淀法脱除钼酸铵溶液中 Cu^{2+}、Fe^{2+}、Pb^{2+}及 Zn^{2+}的效果显著。

7.5.2　离子交换净化

7.5.2.1　离子交换方法

研究采用的树脂是 717 型（氯型）强碱性苯乙烯系阴离子交换树脂。实验前将阴树脂装入树脂罐中先用10%的NaCl溶液浸泡24h，然后用清水漂洗，使排出水不带黄色；再用4% NaOH溶液浸泡8h，然后放尽碱液，用水清洗至中性；之后再用5% HCl浸泡8h，然后放尽酸液，用水清洗至中性；最后使用4% NaOH溶液浸泡8h后，放尽碱液，用清水洗至中性。将预处理好的树脂装入规格为ϕ20mm×450mm的有机玻璃柱中待离子交换使用。交换后收集交后液并分析其中的钼含量，负载钼树脂经蒸馏水洗涤后，用一定浓度的解吸液进行解吸，并分析其中钼含量。

树脂的动态饱和吸附量实验中，钼的动态饱和吸附量计算公式如下：

$$w = \frac{(V_0 \times \rho_0 - \sum V_i \times \rho_i) \times 1000}{V_r}$$

式中，w为饱和吸附量，mg/mL；V_0为钼酸铵净化初始料液体积，L；ρ_0为初始料液中钼的浓度，g/L；V_i为分批接取流出液体积，L；ρ_i为接取流出液中钼的浓度，g/L；V_r为树脂体积，90mL。

7.5.2.2 离子交换净化结果

取硫化沉淀净化后的上清液进行离子交换深度净化，分别考察树脂的饱和吸附量、初始料液浓度、初始料液pH值、料液流速、解吸液种类及解吸液浓度对离子交换效果的影响。

A 树脂的动态饱和吸附量

取经过预处理的树脂进行动态吸附实验，确定树脂对钼的饱和吸附容量。实验条件为：初始料液中钼含量为28.79g/L，料液pH值为9，料液流速为3.5mL/min。实验过程中分批接取流出液，依次测定流出液中钼的含量，当流出液中钼含量恒定时，表明树脂达到饱和吸附量。图7-27所示为流出液中钼浓度的变化曲线。

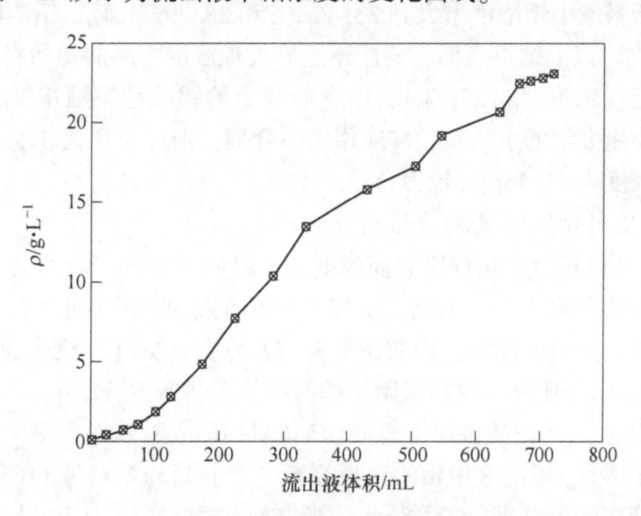

图7-27 717型阴树脂的钼吸附曲线

从图7-27可以看出，随着流出液体积的增大，流出液体积大于100mL后钼浓度呈线性增大。当流出液体积达到685mL时，流出液中钼含量为22.72g/L，之后再继续增加吸附料液，流出液中钼含量基本稳定在22.72~23.14g/L。这表明此时树脂的吸附量已基本达到饱和。经计算该树脂钼的动态饱和吸附量为125.28mg/mL湿树脂。

B　溶液钼浓度对钼吸附效果的影响

初始料液钼浓度对树脂吸附钼的效果有很大的影响，因此，研究了钼酸铵溶液中钼含量对钼的吸附率的影响。实验条件为：料液 pH 值为 9，料液流速 3mL/min，钼酸铵溶液浓度分别为 6.27g/L、11.46g/L、17.17g/L、23.46g/L、28.79g/L。结果如图 7-28 所示。

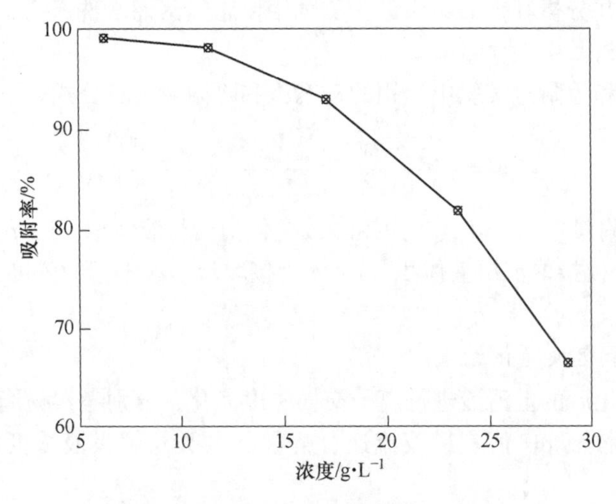

图 7-28　料液浓度对钼吸附率的影响

从图 7-28 可以看出，随着初始钼酸铵溶液中钼浓度的不断增大，钼的吸附率迅速降低。初始料液中钼浓度为 6.27g/L 时，钼的吸附率为 99.01%；初始料液中钼浓度增大到 11.46g/L 时，吸附率稍有降低，为 98.26%；继续增大初始料液中钼的浓度，钼的吸附率迅速下降，当初始料液中钼浓度增大到 23.46g/L 和 28.79g/L 时，钼的吸附率迅速降低到 81.72%和 66.39 %。以上结果表明，树脂不适宜处理浓度太高的初始料液。如果选用吸附率最高的初始料液（钼浓度 6.27g/L），由于氨浸后的钼酸铵溶液浓度较高，料液在进入离子交换柱前需要用大量的水稀释，在应用上不合理。因此，在离子交换净化过程中，初始料液钼酸铵的浓度为 11.46g/L 较为合适。

C　溶液 pH 值对钼吸附效果的影响

初始料液的 pH 值可以影响树脂表面的电荷及吸附质的离子化过程，进而对树脂吸附钼的效果产生很大的影响[30-31]。因此，研究了初始料液 pH 值分别为 6、7、8、9 和 10 时，树脂吸附钼的效果。实验条件为：钼酸铵料液浓度为 11.46g/L，流速为 3mL/min，钼酸铵溶液上液量为 150mL。pH 值对树脂吸附钼的影响如图 7-29 所示。

从图 7-29 可以看出，钼酸铵初始料液 pH 值对钼的吸附效果有很大的影响，随着初始料液 pH 值的不断减小，流出液中钼的含量逐渐增大。当初始料液 pH 值为 10、上液量为 150mL 时，流出液中钼的浓度为 0.18g/L；当料液初始 pH 值为 7、上液体积达到 100mL 时，流出液中钼浓度开始急剧增大，上液量达到 150mL 时，流出液中钼浓度达到1.37g/L；当料液初始 pH 值为 6、上液体积达到 60mL 时，流出液中钼浓度开始急剧增大，上液量达到 150mL 时，流出液中钼浓度达到 1.41g/L。这表明，初始钼酸铵料液 pH 值保持在弱碱性 10 时，树脂对钼的吸附性能最好。

图 7-30 所示为钼酸铵初始料液 pH 值对树脂吸附钼吸附率的影响。从图中可以看出，

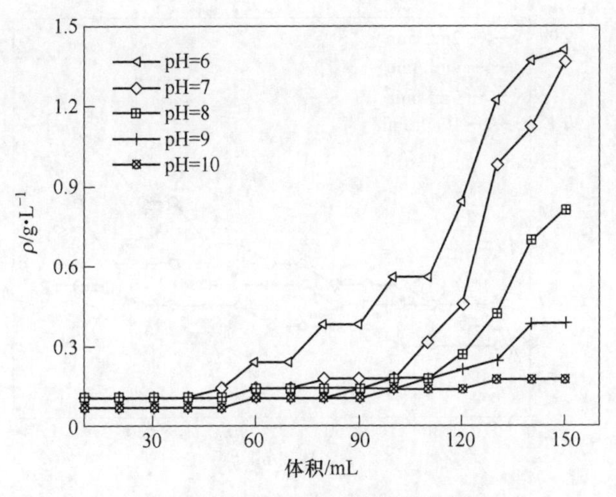

图 7-29　pH 值对钼吸附效果的影响

随着初始料液 pH 值的不断增大，树脂对料液中钼的吸附率逐渐增大。初始料液 pH 值为 6 时，树脂对钼的吸附率仅为 69.76%；提高初始料液 pH 值至 7，钼的吸附率稍有增大，为 72.02%；再增大料液 pH 值，钼的吸附率迅速增大，初始料液 pH 值增大到 9 时，钼的吸附率增大到 95.88%，明显高于其他 pH 值料液。这主要是由于料液 pH 值较高时，溶液中钼主要以 MoO_4^{2-} 形式存在，对树脂的亲和力好；而初始料液 pH 值低时，溶液中的钼以聚合阴离子形式存在，离子半径较大，影响树脂的吸附效果。因此，离子交换过程中，初始料液的 pH 值控制在 9~10 较为合适。

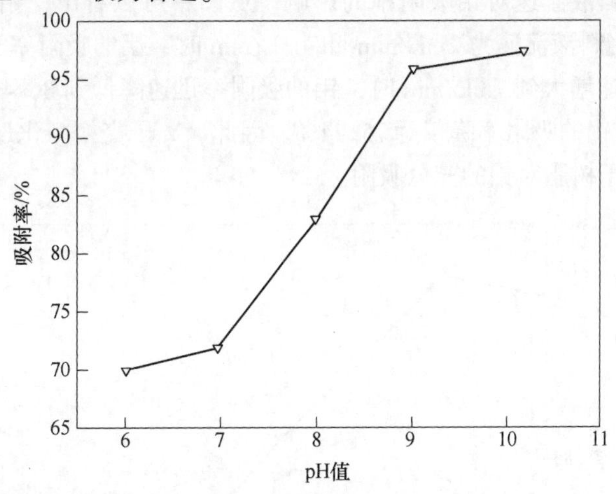

图 7-30　pH 值对钼吸附率的影响

D　料液流速对钼吸附效果的影响

图 7-31 所示为料液流速对树脂吸附钼效果的影响。实验条件为：料液 pH 值为 10，钼浓度为 11.46g/L，流速分别为 2mL/min、4mL/min、7mL/min 和 10mL/min，钼酸铵溶液上液量为 150mL。

从图 7-31 可以看出，钼酸铵溶液流速对树脂吸附钼的效果有较大的影响。随着离子

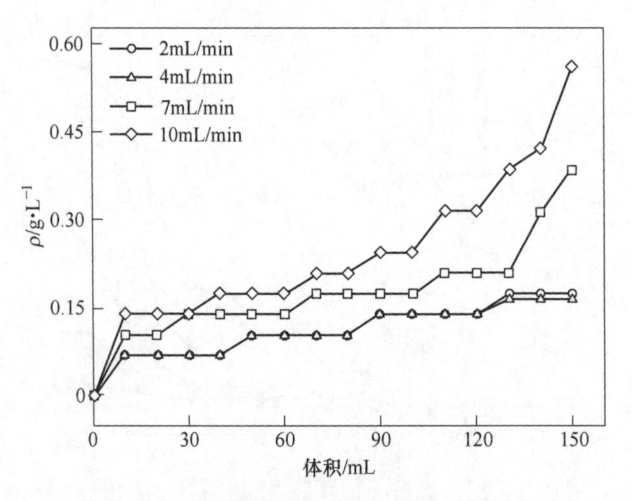

图 7-31　料液流速对树脂吸附钼效果的影响

交换过程中料液流速的不断增大，流出液中钼的含量迅速增大。当上液量达 150mL、料液流速为 2mL/min 和 4mL/min 时，流出液中钼的含量明显低于料液流速为 7mL/min 和 10mL/min 时钼的含量，这是由于料液流速为 7mL/min 和 10mL/min 时，料液流速过快所引起的单位体积料液所具有的动量大，因此料液穿透性强从而造成树脂不能充分吸附料液中的钼。而料液流速为 2mL/min 时，由于料液流速过慢，氨水挥发，造成料液的 pH 值降低，会影响树脂对钼的吸附效果。

图 7-32 所示为料液流速对钼吸附率的影响。从图中可以看出，钼的吸附率随料液流速的增大而减小。当料液流速为 2mL/min 和 4mL/min 时，钼的吸附率分别达到 95. 38%和 96. 77%；当料液流速增大到 7mL/min 时，钼的吸附率迅速降低到 86. 46%；再增大料液流速到 10mL/min 时，钼的吸附率降仅为 75. 24%。因此，离子交换净化过程中，料液流速控制在 4mL/min 有利于树脂对钼的充分吸附。

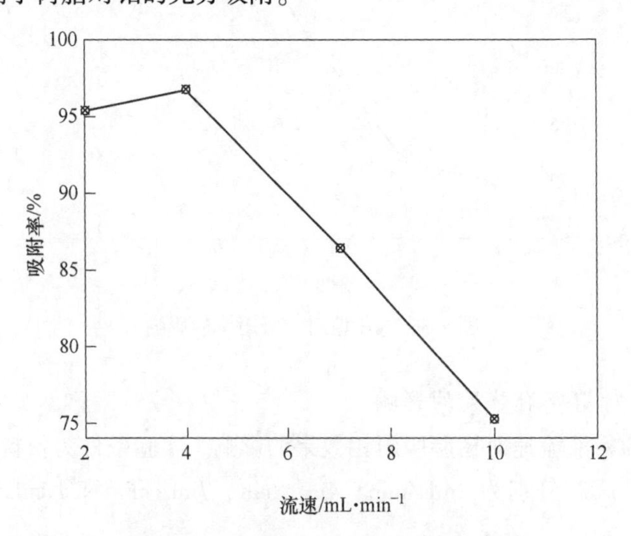

图 7-32　料液流速对钼吸附率的影响

E 解吸液种类对负载钼树脂解吸效果的影响

对于负载钼的717型阴离子树脂，通常采用碱性液体进行解吸。因此，本章分别采用$NH_3 \cdot H_2O$、NH_4Cl、NaOH及NH_4Cl与$NH_3 \cdot H_2O$混合液对负载钼的树脂进行解吸，结果如图7-33所示。

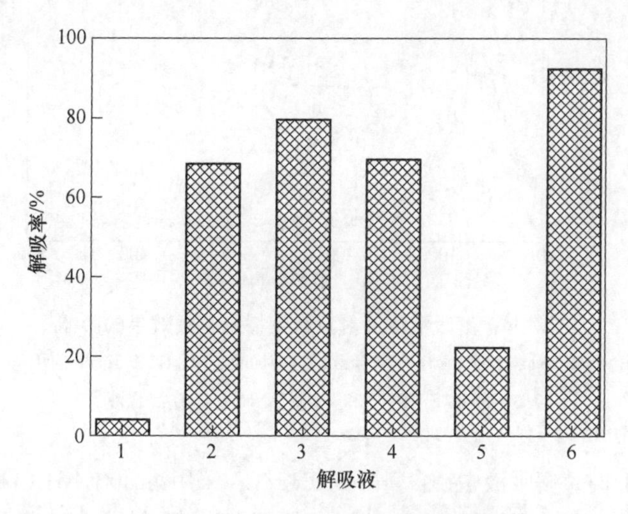

图7-33 不同解吸液中负载钼树脂解吸率

1— 3.0mol/L $NH_3 \cdot H_2O$；2— 1.0mol/L NH_4Cl；3—2.0mol/L NH_4Cl；4—3.0mol/L NH_4Cl；5—3.0mol/L NaOH；6—3.0mol/L NH_4Cl+2.0mol/L $NH_3 \cdot H_2O$

从图7-33可知，单独使用3mol/L $NH_3 \cdot H_2O$或3mol/L NaOH对负载钼的树脂的解吸效果不理想，解吸率分别仅为4.4%和22.43%；单独采用NH_4Cl作解吸液，钼的解吸率最高只有79.40%；而采用3mol/L NH_4Cl和2mol/L $NH_3 \cdot H_2O$的混合液时，负载钼的树脂的钼解吸率高于其他解吸液，达到92.61%。这表明，采用NH_4Cl和$NH_3 \cdot H_2O$混合液作为负载钼的717型强碱性阴离子交换树脂的解吸液最合适。

F 解吸液浓度对负载钼树脂解吸效果的影响

采用NH_4Cl和$NH_3 \cdot H_2O$混合液作为负载钼的717型强碱性阴离子交换树脂的解吸液。实验研究了NH_4Cl和$NH_3 \cdot H_2O$混合液的浓度对钼解吸效果的影响，旨在确定解吸液的最佳浓度。实验采用的解吸液浓度分别为：3mol/L NH_4Cl和2mol/L $NH_3 \cdot H_2O$混合液、4mol/L NH_4Cl和3mol/L $NH_3 \cdot H_2O$混合液、5mol/L NH_4Cl和4mol/L $NH_3 \cdot H_2O$混合液。实验过程中，分批接取洗脱液，测定其中钼含量。当洗脱液中钼含量降到0.1g/L时，停止解吸液的加入，洗脱曲线如图7-34所示。

从图7-34可知，解吸过程中，采用3mol/L NH_4Cl和2mol/L $NH_3 \cdot H_2O$混合液解吸时，洗脱液体积达到70mL时，解吸液中钼含量仅为87.82g/L；采用4mol/L NH_4Cl和3mol/L $NH_3 \cdot H_2O$混合液解吸时，解吸液体积60mL时，解吸液中钼的含量达到102.02g/L；进一步提高解吸液浓度，采用5mol/L NH_4Cl和4mol/L $NH_3 \cdot H_2O$混合液解吸，当解吸液体积为60mL时，解吸液中钼的浓度达到167.72g/L。这说明单位体积的解吸液，5mol/L NH_4Cl和4mol/L $NH_3 \cdot H_2O$解吸液的解吸能力要优于其他两个浓度条件的解吸液。

从图7-34中还可以看出，采用3mol/L NH_4Cl和2mol/L $NH_3 \cdot H_2O$混合液解吸时，流

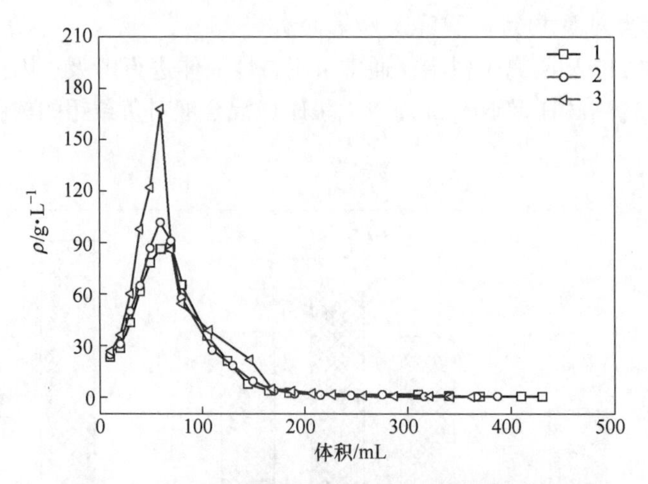

图 7-34　解吸液浓度对负载钼树脂解吸效果的影响

1—3mol/L NH_4Cl 和 2mol/L $NH_3·H_2O$ 混合液；2—4mol/L NH_4Cl 和 3mol/L $NH_3·H_2O$ 混合液；3—5mol/L NH_4Cl 和 4mol/L $NH_3·H_2O$ 混合液

出液体积达到430mL时，解吸液中钼含量降到0.1g/L；采用4mol/L NH_4Cl和3mol/L $NH_3·H_2O$混合液解吸时，流出液体积达到387mL时，解吸液中钼含量就已降到0.1g/L；而采用5mol/L NH_4Cl 和 4mol/L $NH_3·H_2O$ 混合液解吸时，解吸速度快，解吸液体积达到361mL时，解吸液中钼的含量降到0.1g/L。这表明采用5mol/L NH_4Cl 和 4mol/L $NH_3·H_2O$ 作为解吸液对负载钼的树脂解吸时，解吸速度快，解吸效果好。表7-6所列为三种浓度解吸液对负载钼树脂的解吸率的影响。

表 7-6　NH_4Cl 和 $NH_3·H_2O$ 混合液浓度对钼解吸率影响

解吸液浓度	解吸率/%
3mol/L NH_4Cl+2mol/L $NH_3·H_2O$	92.61
4mol/L NH_4Cl+3mol/L $NH_3·H_2O$	97.57
5mol/L NH_4Cl+4mol/L $NH_3·H_2O$	99.85

从表7-6可以看出，随着混合液中 NH_4Cl 和 $NH_3·H_2O$ 浓度的增加，负载钼的树脂的解吸率不断增大，浓度为5mol/L NH_4Cl 和 4mol/L $NH_3·H_2O$ 的解吸液对钼的解吸率达到99.85%，这表明较高浓度的 NH_4Cl 和 $NH_3·H_2O$ 溶液对钼的解吸效果好。但在实际应用中，解吸液浓度不宜太高，浓度过高一方面氨水容易挥发损失，耗量增加，另一方面会使劳动环境变差并且树脂再生困难。因此，综合以上结果，对负载钼的717阴树脂采用5mol/L NH_4Cl 和 4mol/L $NH_3·H_2O$ 的混合解吸液进行解吸。

7.6　钼酸铵溶液的结晶

蒸发结晶是制取钼酸铵晶体的基本方法。蒸发结晶所得的晶体一般为七钼酸铵或者二钼酸铵，反应见式（7-13）和式（7-14）：

$$7(NH_4)_2MoO_4 \longrightarrow (NH_4)_6Mo_7O_{24} + 4H_2O + 8NH_3\uparrow \tag{7-13}$$

$$2(NH_4)_2MoO_4 \longrightarrow (NH_2)Mo_2O_7 + H_2O + 2NH_3\uparrow \tag{7-14}$$

本章首先对采用焙烧—氨浸工艺制备得到的钼酸铵溶液进行除杂处理，之后对除杂后的钼酸铵溶液进行结晶。结晶过程如下：首先将较低浓度（18g/L）的钼酸铵溶液进行蒸发浓缩，当蒸发到溶液的 pH 值为 7.3、游离氨浓度为 15g/L 时，停止结晶，并对溶液进行过滤；接着，将以上得到的钼酸铵溶液在温度 45℃进行酸沉结晶，此过程中采用 HNO_3 调节溶液的 pH 值，当溶液 pH 值降到 2.0 时，停止结晶过程并对溶液进行过滤，得到白色颗粒状的钼酸铵晶体；最后，将酸沉得到的钼酸铵晶体进行氨溶，之后在温度 85℃时对钼酸铵溶液进行蒸发结晶，当溶液 pH 值为 7.0、游离氨浓度为 8g/L 时，停止结晶，冷却过滤后得到钼酸铵晶体。为确定钼酸铵晶体的构成及颗粒形貌，对结晶产物分别进行物相、形貌和纯度分析，结果分别如图 7-35、图 7-36 和表 7-7 所示。其中，图 7-35 所示为钼酸铵晶体的 XRD 谱图，图 7-36 所示为钼酸铵晶体的形貌照片，表 7-7 所示为钼酸铵晶体的纯度分析结果。从图中可以看出，蒸发结晶后获得的结晶产物是仲钼酸铵，且颗粒较大，呈块状或立方体状，粒度均匀，表面规则。钼酸铵产品纯度（质量分数）检测结果显示：钼含量 54.29%，Cu 和 Pb 含量小于 0.0001%，Fe 含量为 0.0009%，Mg、Ca 和 Al 含量为 0.001%，Na 含量为 0.004%，Si 含量为 0.002%，K 含量为 0.02%，P 含量为 0.0006%，Mn 含量为 0.0004%。

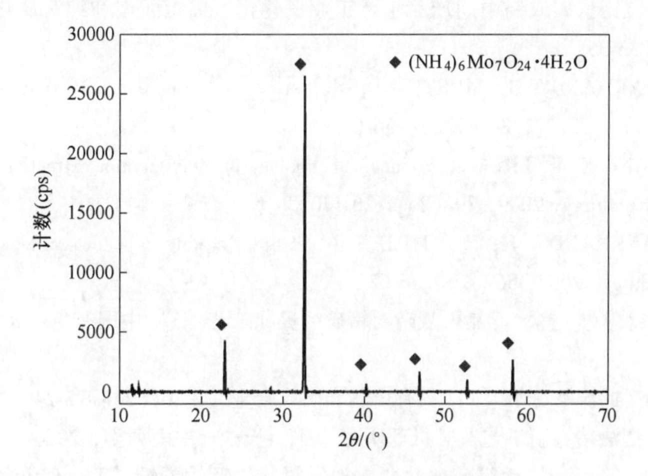

图 7-35 结晶产物的 XRD 图谱

（a）

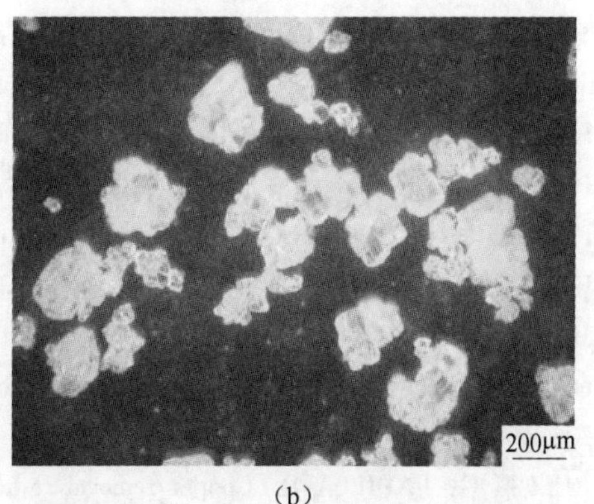

（b）

图 7-36 仲钼酸铵形貌照片

（a）SEM；（b）体视镜

表 7-7　仲钼酸铵产品纯度

元　素	含量（质量分数）/%	元　素	含量（质量分数）/%
Mo	54.29	Al	0.001
Cu	< 0.0001	K	0.02
Fe	0.0009	P	0.0006
Pb	< 0.0001	Mn	0.0004
Mg	0.001	Bi	—
Ca	0.001	Cd	—
Na	0.004	Ni	—
Si	0.002	Sb	—

参 考 文 献

[1] 张文钲. 从低品位钼精矿或钼中间产品生产工业氧化钼、二钼酸铵和纯三氧化钼［J］. 中国钼业，2004，28（4）：33-35.

[2] KUMAR M，MANKHAND T R，MURTHY D S R，et al. Refining of a low-grade molybdenite concentrate［J］. Hydrometallurgy，2007，86（1/2）：56-62.

[3] WANG M Y，WANG X W，LIU W L. A novel technology of molybdenum extraction from low grade Ni-Mo ore［J］. Hydrometallurgy，2009，79（2）：126-130.

[4] KUMAR M，MANKHAND T R，MURTH D S R，et al. Refining of a low-grade molybdenite concentrate［J］. Hydrometallurgy，2007，86（2）：56-62.

[5] 杨洪英，俞娟，佟琳琳，等. 低品位复杂钼精矿的提纯工艺［J］. 中国有色金属学报，2013，23（7）：2012-2018.

[6] 赖高惠. 辉钼精矿的湿法分解［J］. 稀有金属和硬质合金，1986（2）：22-24.

[7] 曹占芳. 辉钼矿湿法冶金新工艺及其机理研究［D］. 长沙：中南大学，2010.

[8] 王玉芳，刘三平，王海北. 钼精矿酸性介质加压氧化生产钼酸铵［J］. 有色金属，2008，60（4）：91-94.

[9] ORQUIDEA C，FEDERICO G，HERNANDEZ I，et al. Cobalt and nickel recoveries from laterite tailings by organic and inorganic bio-acids［J］. Hydrometallurgy，2008，94（2）：18-22.

[10] SHI S Y，FANG Z H. Bioleaching of marmatite flotation concentrate by Acidithiobacillus ferrooxidans［J］. Hydrometallurgy，2004，71（1）：1-10.

[11] FORWARD F A，WARREN I H. Extraction of metals from sulphides by wet methods［J］. Metallurgical Reviews，1999，5：137-164.

[12] JENNINGS P H，STANLEY R W，AMES H L，et al. Development of a process for purifying molybdenite concentrate［C］//Proceedings of the Second International Symposium on Hydrometallurgy. New York：AIME，1974：868-883.

[13] RUIZ M C，PADILLA R. Copper removal from molybdenite concentrate by sodium dichromate leaching［J］. Hydrometallurgy，1998，48（3）：313-325.

[14] SAHA A K，SRINIVADAN S R，AKREKAR D D. Acid treatment for purification and enrichment of low-

grade molybdenite concentrate [J]. National Metallurgy Laboratory Technical Journal, 1985, 27 (4): 46-55.

[15] 李哲，边明文．低品位钼精矿的化学提纯实验研究 [J]. 中国钼业，2007，31 (3)：35-37.

[16] 石德俊．浮选柱在钨钼浮选中的应用 [J]. 中国钼业，2009，33 (3)：9-13.

[17] 何柱生. 方解石在钼精矿焙烧过程中的变化及提高钼回收率的研究 [J]. 宝鸡：宝鸡文理学院学报(自然科学版)，1994 (1)：44-46.

[18] XIA W T, ZHAO Z W, LI H G. Thermodynamic analysis on sodium carbonate decomposition of calcium molybdenum [J]. Transactions of Nonferrous Metals Society of China, 2007 (17): 622-625.

[19] KELLEY B C. Biologial contributions to mineral cycling in nature with reference to molybdenum [J]. Polyhedron, 1986 (5): 597-606.

[20] ASKARI M A, HIROYOSHI N, TSUNCKAWA M, et al. Rhemium extraction in bioleaching of Sarcheshmeh molybdenite concentrate [J]. Hydrometallurgy, 2005, 80: 23-31.

[21] 余润兰，邱冠周，胡岳华，等. 乙黄药在铁闪锌矿表面的吸附机理 [J]. 金属矿山，2004 (12)：29-31.

[22] SHARIAT M H, SETOODEH N, ATASH D R. Optimising conditions for hydrometallurgical production of purified molybdenum trioxide from roastedmolybdenite of Sarcheshmeh [J]. Minerals Engineering, 2001, 14 (7): 815-820.

[23] 卢国俭，赵宏，李守荣．用钼精矿制取钼酸铵的试验研究 [J]. 湿法冶金，2005，24 (1)：19-22.

[24] 傅崇说．有色冶金原理 [M]. 北京：冶金工业出版社，2012：192-195.

[25] 张芹，胡岳华，顾帼华，等. 磁黄铁矿与乙黄药相互作用电化学浮选红外光谱的研究 [J]. 矿冶工程，2004，24 (5)：42-44.

[26] 周新文，王磊，唐丽霞．离子交换法除杂制备钼酸铵 [J]. 中国钼业，2011，35 (3)：33-35.

[27] HU J, WANG X W, XIAO L S, et al. Removal of vanadium from molybdate solution by ion exchange [J]. Hydrometallurgy, 2009, 95 (3): 203-206.

[28] LI Q G, ZHANG Q X, ZENG L, et al. Removal of vanadium from ammonium molybdate solution by ion exchange original research article [J]. Transactions of Nonferrous Metals Society of China, 2009, 19 (3): 735-739.

[29] 王惠君，熊春华，姚彩萍，等．D201×4 树脂吸附钼（Ⅵ）的性能及机理 [J]. 有色金属，2006，58 (4)：29-32.

[30] 汪民．在中国地质矿产经济学会 2016 年工作会议上的讲话 [J]. 中国国土资源经济，2017，30 (1)：4-10.

[31] 宋建军．新常态下地质工作创新发展的思考 [J]. 中国国土资源经济，2017，30 (3)：4-8.

索　引

Z